# 우연에 가려진 세상

# 우연에 가려진 세상

## 세상 생각 실험으로 이해하는 양자역학
### QUANTUM MECHANICS

**최강신** 지음

MID

양자역학을 처음 접하고 나서 충격을 받지 않은 사람은
아마도 이해하지 못했기 때문일 것이다.

- 닐스 보어의 말로 전해진다[1]


아무도 양자역학을
이해하지 못한다고 해도 과언이 아니다.

- 리처드 파인만, 《물리법칙의 특성》(1965)


[양자역학에서는] 합리적인 것이 먹히지 않는다.

- 존 스튜어트 벨

**과학은 상식입니다.**

- 브뤼노 라투르, 《과학인문학 편지》 (2010)

**과학은 다듬어지고 짜인 상식에 지나지 않는다.**

- 토마스 헉슬리

**과학은 매일매일의 상식을 조금 더 정교하게 해놓은 것에**
**지나지 않는다.**

- 알베르트 아인슈타인

    양자역학의 기괴한 결과를 이야기하기에는 우리의 상상력이 부족하다. 고양이가 살아 있는 동시에 죽어 있다든지, 물체가 여러 길로 동시에 간다거나, 심지어는 모든 방향으로 퍼져나간다는 말을 들어 보았을지도 모른다. 또 전자가 유령처럼 벽을 통과한다거나, 아주 멀리 떨어져 있는 두 물체가 곧바로 상호작용을 한다고 말하기도 한다.

더 이해할 수 없는 것은 이 세상이 양자역학이 보여주는 이 상한 방식으로 돌아가는 것 같다는 것이다. 원자가 안정하여 이 세상이 무너지지 않고 반도체가 작동하며 발광 다이오드 LED에서 특정한 색의 빛이 나온다는 것은 이 기괴한 현상을 받 아들이지 않으면 설명할 수 없다. 양자역학을 통해 사물이 우 리가 상상할 수 있는 방식으로 행동하지 않는다는 것을 깨닫 게 되었다.

그리고 보면 양자역학은 우리 삶 속에 생각보다 깊이 들어와 있다. 반도체는 컴퓨터에 들어 있고 LED는 텔레비전에 들어 있으며, 많은 가전제품이 양자역학의 효과를 의도적으로 활용 한다. 그러나 그 효과가 겉으로 드러나지는 않는다. 이들은 양 자역학의 효과를 눈에 보이지 않게 다루기 때문이다.

양자역학적 효과는 일상생활에서는 드러나지 않는다. 이상 한 양자역학을 따르는 물체들이 모여 전혀 이상하지 않은 우 리 세상을 이루는 것이다. 따라서 양자 현상은 경험을 통하여 직관적으로 이해할 수도 없고 비유로 설명할 수도 없다. 억지 로 일상의 말로 표현하면 오해를 가져올 뿐이다.

물리학자들은 양자역학이 왜 그렇게 작동하는지 이해하지 못하고 있지만, 어떤 상황에서 어떤 결과가 나오는지는 수학으 로 계산할 수 있다(이것이 이해가 아니면 무엇이 더 필요할까).

좋은 소식은 이 수학이 잘 작동한다는 것이다. 수학은 고양이가 살아 있는 동시에 죽어 있다는 것처럼 인간의 언어로 표현할 수 없는 것을 말끔하게 기술한다. 특히 그동안 불가능하다고 생각했던 일들이 일어날 수 있다는 것을 예견한다.

나쁜 소식은, 수학을 실제 세상에 적용하는 데 문제가 있다는 것이다. 계산 결과를 실제 세상에서 어떻게 확인해야 하는지 잘 모른다! 양자역학의 표준 해석으로 여겨지는 코펜하겐학파의 해석에 따르면 양자역학은 수학과 실제 세상의 경계에서 일어나는 일을 설명할 수 없다고 주장한다. 문제에 대한 답을 명쾌하게 계산할 수 있는데, 이것이 근본적인 설명이 아니라 그 일이 일어날 확률만 계산할 수 있다는 것이다.

우리가 올바른 수학을 가지고 있는데 설명으로 연결시키지 못하고 있는지, 아니면 원래 이 수학이 제대로 작동하지 않는 것인지는 모른다. 그런 면에서 양자역학은 개념적으로 완성되지 않았으며, 기초부터 새로 기술해야 한다고 하는 주장도 있다. 이 '해석'의 문제를 해결하는 것이 양자역학의 남은 과제이다.

이런 뜻에서, 양자역학만큼 '객관적'이라는 말이 무색해지는 주제가 없다. 이 책에서는 코펜하겐 해석에 되도록 의존하지 않으려고 노력했다. 이를 위해서는 다시 실험으로 돌아가야 한다. 해석이 분명하지 않은 수학을 쓰는 대신, 직접 확인할 수 있는 것이 무엇이고 어디까지인지 다시 살펴보는 것이다. 우리가 눈으로 지켜보는 가운데 이상한 일이 일어나면 어떤 것이 문제인지 따져볼 수 있다. 따라서 이 책의 절반까지는 수식을 사용하지 않고 대등한 생각실험(사고실험)을 통해서 똑같은 계산을 할 수 있도록 했다.

생각실험은 수식이 기술하는 상황을 마음 속에서 그려보면서 알고 있는 자연법칙을 적용시켜 어떤 결과가 일어나는지를 지켜보는 것이다. 가령, 탄성 충돌이라는 개념이 없어도 마음 속에서 당구공 두 개를 충돌시켜 보면 어떻게 튕겨나가는지를 알 수 있다. 정확한 양을 계산하기 위해서는 결국 수식이 필요하지만, 개념을 이해하는데는 우리가 태어나면서 가지고 있던 뇌라는 계산기를 활용하는 것도 유익하다.

실험으로 돌아간다는 말에는 우리가 직접 본 것과 짐작한 것을 구별한다는 뜻도 있다. 그러기 위해서는 당연히 받아들였던 많은 그림을 포기해야 한다. 20세기 물리학의 두 축인 상대성이론과 양자역학의 공통점은, 당연하게 생각되는 것이 잘 맞지 않아, 실제로 관찰한 것을 더 강조한 데 있다. 사실 많은 책에서 빛이나 전자가 작은 알갱이 모양으로 날아가는 것으로 그리는데, 우리는 그런 것을 관찰한 적이 없다. 기본적으로 이 그림 안에 들어 있는 생각은 이해를 도와주지만, 잘못된 생각을 심어주는 데도 크게 기여했다. 양자역학에서 (나뿐만 아니라 모든 과학자들이) 당황하는 지점이 바로 이 지식이 잘못된 편견이 되는 부분이다. 이 책의 생각 실험은 실제로 본 것부터 시작하여 받아들일 수 있는 것을 따져가므로 지루하더라도 돌다리를 두드려 보는 마음으로 살펴보았으면 한다.

눈으로 확인할 수 있는 실험을 통하여 사실을 확인하는 방식은 처음 양자역학을 만나는 사람에게 좋은 방법일 것이다. 누구나 상식만 있으면 양자역학에서 앞서 말한 이상한 점을 이해할 수 있다. 문제를 이해하고 하나하나 따져볼 수 있다. 과학을 추리게임으로 본다면, 그 게임을 내가 직접 해볼 수 있다는 것이 매력일 것이다. 모든 궁금증에 대한 증거를 원하는 대로 드릴 것이다. 사실 전공자가 보는 교과서에서도 실험이라는 부분을 무시하거나 생략하는 경우가 많다. 전공자에게도 이 책이 수식과 현실이 연결될 때 어떤 문제가 생기는지를 이해하는 데 도움이 되기를 바란다.

\* \* \*

이 책 앞부분, 특히 1부의 목표는, 양자역학을 직관적으로 이해할 수 없다는 것을 읽는 이들에게 납득시키는 것이다. 이해하는 것이 어렵다고 해도, 왜 이해할 수 없는지를 설명하는 것은 그리 어렵지 않다.

모든 것을 최대한 간략한 예로 파악할 수 있도록 1부를 짧게 쓰려고 노력했다. 이 책은 1부만을 가지고도 한 권의 책이될 수 있도록 하였고, 뒤로 갈수록 더 자세한 내용을 원하는 이들을 위하여 설명을 덧붙인 것이라고 보면 된다. 물리에 대한 특별한 지식이 없는 읽는이들이 이 책의 1부만 이해한다고 해도 글쓴이는 만족할 것이다. 책을 처음부터 끝까지 읽어야 뿌듯함을 느끼는 사람이 많다. 그러나 첫 장만 잘 읽고 그 느낌을 간직해도 충분한 책도 많다. 책은 대부분 한두 개의 생각(아이디어나 메세지)을 중심으로 전개되는데, 그 맛을 보는 것이 이해하는 과정의 대부분을 차지하기 때문이다.

이를 파악하고 나서 2부에서 파동의 개념을 배운다. 파동의 중첩과 간섭을 이해하는 것이 핵심이다. 양자역학에서 제일 문제가 되는 것은 단 하나의 입자가 자기 자신과 간섭한다는 것이다. 이것도 각각의 측면을 수학이나 모형을 통하여 부분적으로 이해할 수는 있다. 물을 떠다 놓고 두드리면 전자의 파동함수를 계산할 수 있다. 그래도 이 파동이 어떻게 진행하는지와 물결이 아닌 다른 추상적인 물리량의 파동성을 배우기 위해서, 또 세상의 물체에 어떻게 적용되는지를 응용하기 위해서는 수학이 필요하다. 따라서 수학을 조금씩 배우겠다.

3부에서는 양자역학의 측정과 해석 문제를 다룰 것이다. 앞서 말한 양자역학과 고전역학의 세계의 경계에 대한 것이다. 양자역학의 결과를 관찰할 수 있는 정밀한 도구의 역할을 따라가며 개념을 점검해 본다. 또 제시된 여러 해결책들도 살펴본다. 지금까지 양자역학이 잘 설명할 수 있는 부분을 극대화하여 경계에서 일어나는 문제를 설득력 있게 해결한 방안들이 많이 있다.

4부에서는 편광에 대하여 알아본다. 편광은 상태가 단 두 개만 있어 양자역학이 아주 간단해진다. 위치와 운동량을 다룰 때는 이해되지 않았던 성질(또한 5부에서 다룰 얽힘)을 보다 직관적으로 이해할 수 있다. 이를 위해, 우리가 직접 관찰한 사실과 가상으로 그린 설명을 차근차근 구별하며 배울 것이다.

5부에서는 얽힘을 배운다. 얽힘은 원래 양자역학의 불완전성을 비판하기 위하여 등장했지만, 양자역학 체계의 완성 이후 독자적으로 발전하였다. 양자역학이 처음 태어날 때는 원자의 구조나 전자의 운동을 이해하는 것이 주된 관심사였는데, 지금은 얽힘을 통한 양자 전송, 양자컴퓨터, 양자 암호학 등 21세기의 양자역학을 주도하고 있다. 심지어는 블랙홀과 우주를 이해하는 데 중요한 역할을 하고 있어, 중력을 양자역학으로 이해하는 데 중요하게 쓰이리라 기대하고 있다. 얽힘의 논의에서 나오는 (그리고 벨 부등식으로 비판받은) 물리 대상의 실재성과 국소성의 문제는 양자역학이 남긴 마지막 문제이다.

각 장은 난이도가 다르다. 그래서 읽다가 어려우면 다음 장으로 되도록 넘어가서 읽을 수 있도록 독립성을 유지하도록 노력했다. 이 책은 자세히 읽는 것보다 흐름을 타는 읽기가 더 좋다고 생각한다.

이 책은 2012년부터 2016년까지 이화여자대학교 스크랜
튼학부의 The Universe, Life and Light에서 함께 공부한 학
생들의 슬기를 거름으로 태어났다. 깨달음의 순간의 감탄사
와 한숨, 그리고 글쓴이가 답하기 어려웠던 질문들을 기억한
다. 양자역학을 박영우, 이준규, 최무영, 이수종, 김진의 선생
님께 배울 수 있어 감사하다. 무엇보다 박재헌 선생과 토론하
면서 양자역학이 무엇을 다루는지에 대한 생각이 많이 자랐
다. 많은 선배와 친구들, 그리고 물리 동호회인 물리사랑 여러
분의 귀한 도움을 받았다. 또 이재원, 황원영, 이진형 선생님의
강의가 도움이 되었다. 바른 개념을 잡도록 도와주신 김찬주
선생님께 감사드린다. 강진과 상민이, 최종현 편집자께서 책
을 읽고 도움말을 주어 더 읽기 쉬운 책이 된 것 같다. 글쓴이
가 하고 싶은 말을 마음껏 하도록 도와주신 김동출 편집위원과
최종현 대표, 최성훈 전 대표께 감사드린다. 늘 함께 해준 아내
에게 감사하고, 글 쓴답시고 놀아주지 못했던 주와 희에게 이
책이 선물이 되었으면 한다.

**12**     우연에 가려진 세상

## 3부

## 슈뢰딩거의 고양이는 살아있을까 / 179

## 4부

## 편광, 더 단순한 세상 / 261

## 얽힘, 그리고 실재에 대한 도전 / 299

## 자세한 이야기 / 363

## 들어가는 이야기: 운동의 문제

**나에게 충분히 긴 지렛대와 설 곳을 준다면 지구를 들어 올리겠다.**

*- 아르키메데스 (기원전 340년경)*

자연을 이해하는 한 가지 방법은 운동<sup>motion</sup>을 알아내는 것이다. 사물이 어떻게 움직이는가를 파악하고 예측할 수 있다면 세상을 이해했다고 할 수 있다. 우리 주변의 거의 모든 현상들을, 사물이 어떻게 힘을 주고 받으며 움직임을 일으키는가 하는 문제로 바꾸어서 생각할 수 있다.

자동차가 충돌하는 것은 당구공이 충돌하는 것과 크게 다르지 않다. 두 개의 덩어리가 서로 다가오고 접촉하는 순간 서로를 밀어내고 멀어지거나 멈추는 것이다. 물론 당구공은 찌그러지지 않지만 자동차는 찌그러진다. 그러나 자동차도 더 작은 부분으로 나누어 관찰하면, 작은 당구공들이 붙어 있는 것

그림 1 복잡한 구조물의 충돌도 당구공의 충돌과 근본적으로 다르지 않으며 환원할 수 있다.

으로 생각할 수 있다. 이 공들이 어떻게 붙어 있는가가 자동차의 모양을 결정한다. 모양이 변하는 것이 자동차가 찌그러지는 것과 크게 다르지 않다.

모두 작은 알갱이들이 서로 영향을 주고 받아서 속도가 변하는 것으로 생각할 수 있다. 이 생각을 극단적으로 밀어붙이면, 세상 모든 것이 더 단순하고 공통적인 기본 단위로 이루어져 있다는 원자론에 이른다. 호수의 물이 퍼져나가는 현상이나 뜨거운 기체가 팽창하는 현상, 전기의 흐름도 똑같이 작은 알갱이들이 어떻게 움직이는지로 바꾸어 생각할 수 있다. 이러한 방법을 쓰는 학문이 물리학인데, 운동과 힘을 연구하는 분과를 역학<sup>mechanics</sup>이라고 한다. 물리학 = 역학이라고 해도 지나친 말이 아니다.

## 제논

고대 그리스 엘레아$^{Elea}$에 살았던 제논$^{Ζήνων,\ Zeno}$은 누구보다도 운동에 대해 많이 고민했던 사람이었다. 물체가 움직인다는 개념에 어려움이 있다는 것을 깨닫고 이를 표현하는 역설$^{paradox}$들을 만들었다. 가장 유명한 역설 가운데 둘인 '여기에서 저기로 갈 수 없다$^{또는\ 둘로\ 나누기|dichotomy\ 역설.2}$'와 '화살의 역설[3]'을 생각해본다. 이를 지금의 말로 바꾸어 쓰면 다음과 같다.

화살이 날아가는 사진을 찍어보자(그림 2). 사진 속에서 화살은 그 자리에 가만히 있을 뿐이다. 운동은 존재하지 않는다.[4]

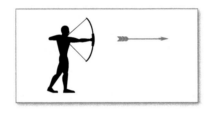

그림 2  사진 속의 화살은 움직이는 것일까, 가만히 있는 것일까. 날아가고 있다고 하더라도 저 순간만큼은 가만히 있는 것 아닐까? 그렇다면 모든 순간 화살은 그 자리에 가만히 있는 것일까?

**아킬레우스(그리스의 발빠른 전사):** 이런 엉터리같은 말이 어디 있나. 저 화살이 가만히 있다면 공중에 둥둥 떠있다는 말이네.
**거북이(이솝 우화의 느린 동물):** 물론 시간 간격을 두고 사진을

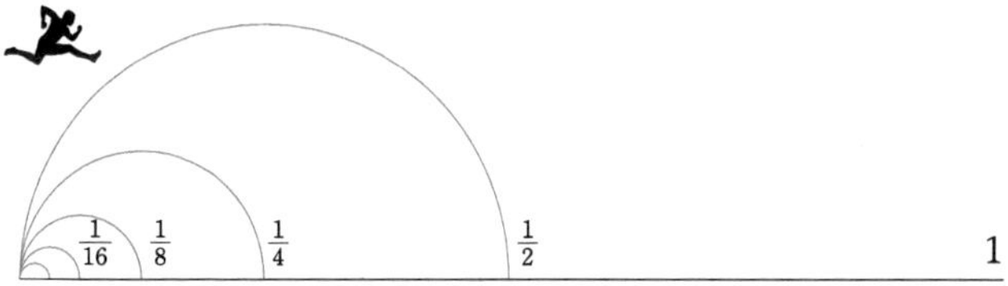


**그림 3** 제논의 '여기에서 저기로 갈 수 없다'는 역설. 1 지점에 가기 위해서는 먼저 이의 반인 1/2 지점에 가야 하고, 거기까지 가려면 이의 반인 1/4 지점까지 가야 한다. 이를 무한히 반복하면 지금 있는 곳에서 움직일 수 없다.

여러 장 찍으면 사진마다 화살의 위치가 바뀌었을 것이다. 그러나 각각의 사진에서는 역시 화살이 가만히 떠있는 것처럼 보이지 않나.

**아킬레우스:** 그것이 움직인다는 것이 아니고 무엇일까.

**거북이:** 매 순간 멈추어 있는 것이라고 할 수도 있지 않은가. 오히려 이상한 것은 화살이 한 곳을 차지하다가 다른 자리로 이동하는 것이다. 그게 어떻게 가능할까.

**아킬레우스:** 가만히 있다는 것은 무엇이고 이동한다는 것은 무엇일까?

**제논:** 그림 3을 보라. 여기에서 저기로 가려면, 가고자 하는 곳의 1/2 지점에 먼저 가야 한다. 그런데 또 거기까지 가려면 이의 반인 1/4 지점으로 먼저 가야 한다. 계속 생각해보면 1/8, 1/16 지점에 먼저 가야 하고, 이것이 무한히 반복된다. 따라서 가지 못한다.

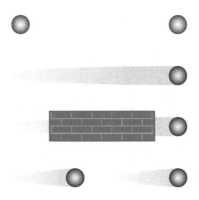

**그림 4** 물체가 순간적으로 사라졌다가 다른 장소에 나타나는 것은 이상하다. 그러나 물체가 연속적으로 이동하는 것은 아무도 이상하게 여기지 않는다. 그 차이가 무엇일까? 가령, 물체가 이동하는 도중에 없애버리고 똑같은 물체를 가던 길에 슬그머니 가져다 놓는다면, 그 사실을 안 사람은 이상하게 생각하지만, 그 과정을 모르면 알아채지 못할 것이다.

**아킬레우스:** 그래도 나는 여기에서 저기로 어쨌든 간다. 보아라, 지금 움직이는 내가 보이는가.

**거북이:** 이 자리에 있던 사과가 사라진 뒤 옆자리에 나타나면 누구나 깜짝 놀랄 것이다. 그런데 이 자리에 있던 사과를 내가 밀어 옆자리로 이동하면 아무도 놀라지 않는다. 사라졌다가 나타나는 마술은 같은 것 아닌가. 그게 연속적으로 이루어지는 것이다.

**아킬레우스:** 물체가 조금 옆으로 가는게 뭐가 신기하다는 말일까.

**거북이:** 사과가 이동하는 것을 생각해보자. 만약 중간중간에 이동하는 과정을 보지 못했다면 사라졌다 나타난 것과 이동한 것이 차이가 없다. 그런데 이동하는 도중에 그림 4의 세 번째 그림

처럼 물체의 이동 과정을 못 보도록 가리자. 그러면 사과가 그 가린 곳을 이동하는 것이나, 그 속에서 처음 사과를 파괴하고 다른 사과를 가져다 놓아도 차이가 없다.

**아킬레우스:** 사과에 표시를 몰래 해놓을 수 있다. 처음 사과에 칼로 작은 흠집을 낸 뒤 나중 사과에서 그것을 확인하면 이동한 것인지, 파괴되었다가 만들어진 것인지를 알 수 있다.

**제논:** 사과 대신 더 작은 물 분자를 생각하자. 거기에는 칼로 흠집을 내거나 잉크를 묻힐 수 없을 것이다. 칼날이나 잉크가 물 분자보다 훨씬 크기 때문이다. 만약 우리가 생각하는 물체가 표시를 남김으로써 절대로 구별할 수 없는 것이라면, 이동하는 것과 파괴-재생산 되는 것은 어떻게 구별할 것인가?

**아킬레우스:** 하지만 그것보다 더 작고 간단한 것을 생각할 수 없으면 구별할 수 없을 것이다.


## 갈릴레오와 뉴턴

갈릴레오는 두 사진 사이에 시간 간격이 있다는 것을 알았다.[5] 화살이 날아가는 사진 한 장을 보아서는 화살이 움직이는지 알 수 없다. 그러나 사진 두 장을 찍어보면, 배경과의 상대적인 위치 변화로 화살이 날아가는 것을 알 수 있다.

뉴턴은 이 문제를 해결하지 못했지만 어떻게 피해갈 수 있을지를 알아냈다. 사진 두 장을 더 짧은 간격으로 찍어도 화살의 위치는 조금이나마 변해 있다. 따라서 사진 한 장에 멈추어 있는 화살에 다른 성질을 주자. 즉, 사진 한 장에는 보이지 않지만 속력을 가지고 있는 화살을 생각하는 것이다. 그러면 가만히 있는 화살과 날아가는 화살은 같은 자리를 차지하고 있을 수 있지만, 그 순간의 속력은 다르다.

운동을 한다는 것은 받아들이되, 운동하는 것과 운동하지 않는 것 사이에 무슨 차이가 있나를 생각해보려고 한다.

**아킬레우스:** 속도를 어떻게 가지고 있나? 화살이 속도를 들고 다니기라도 한단 말인가?

## 하이젠베르크

사진은 순간을 남긴다. 그렇지만 정말 사진을 보면 모든 것이 멈추어 있을까? 날아가는 화살을 찍은 사진은 잔상을 남긴다. 화살의 속도에 비해 카메라 셔터가 느리게 작동하면 상이 흐릿하다. 빛이 들어오는 동안 화살이 움직여 자취를 남긴다.

빛이 충분히 밝다면 잔상이 남지 않는다. 짧은 순간에도 많은 빛을 많이 받을 수 있어 빨리 셔터를 열었다가 닫으면 되기 때문이다. 어둡다면 최소한의 빛을 받아들이기 위하여 오래 셔터를 열어야 하고 잔상이 남을 수밖에 없다. 빛이 비로소 눈에 들어와야만, 필름에 도달해야만 사물을 볼 수 있다는 사실은 중요하다. 빛이라는 수단이 없으면 화살을 관찰할 수 없다.

**하이젠베르크(1927):** 어떤 대상(예를 들면 전자)의 위치라는 말이 무슨 뜻인지를 분명히 하려면 [중략] 전자의 위치를 측정할 수 있는 실험을 구체적으로 규정해야 한다. 그렇지 않다면 이 말은 아무 뜻이 없다.

여기에서 실험이라는 것은 실험실에서 정교하게 하는 실험을 포함하여 모든 실제적인 수단을 이야기한다. 방이 어둡다면 책상 위에 놓여 있는 물체는 보이지 않을 것이다. 불을 켜서 그 물체를 보는 것은, 빛을 대상에 보내 튕겨나온 빛을 내 눈에 담아 보는 것이다.

눈으로 보는 것만이 관찰은 아니다. 대신 손으로 그 물체를 만져볼 수도 있다. 어떻게 관찰해도 그 결과들 사이에는 모순이 없어야 할 것이다.

물체를 건드려야만 관찰할 수 있다는 사실은 문제가 된다. 우리 주변에 있는 물건들은 이런 문제가 없는데 매우 무거워서 빛을 튕겨내고도 끄떡 없다. 따라서 대상을 있는 그대로 관찰할 수 있다.

그런데 우리가 보고자 하는 것이 전자 하나라면 문제가 된다. 전자는 이 책의 주인공 중 하나로, 전기가 있는 곳에는 어디에나 존재하는 녀석이다. 전자는 너무 가벼울 뿐 아니라 외부에서 건드리는 것에 대하여 그 거동이 너무 잘 바뀐다.

전자를 보려면 전자에 빛을 쬐어 반사된 빛을 보는 방법 밖에 없다. 그런데 전자는 빛에 맞으면 바로 튀어버린다. 빛이 때리는 세기를 감당하기에 너무 가볍기 때문이다. 예측할 수 없을 정도로 튄다. 보는 것이 의미가 없어진다. 가벼울수록 더, 어떤 방향 어떤 빠르기로 튈지 아무도 모른다.

빛보다 더 살짝 건드릴 수 있는 수단이 있으면 그것을 통해서 보면 될 것이다. 그런 것을 가정하고 '빛'이라고 불러보자. 그런데 이번에는 빛이 전자를 잘 건드리지 못한다. 우리는 전자에서 반사된 빛이 필요하다. 그러나 거의 반사되지 않고 지나가버린다. 반사가 안 되고 지나간 것을 반대쪽에서 보면 되지 않을까? 그러나 전자를 아주 살짝만 건드린 빛은 아무 것도 안 건드리고 지나간 것과 큰 차이가 없다. 살짝 건드린만큼 나타나는 차이는 전자의 존재를 정확히 알려줄 만큼 충분하지 않다.

결국 어떻게도 제대로 된 상을 볼 수 없다. 하이젠베르크는 이런 생각실험을 통해 불확정성 원리uncertainty principle를 만들었다. 위치와 속도 모두를 동시에 정확하게 측정할 수 없다. 근본적인 한계가 존재한다.

# 마흐

**마흐**<sup>Ernst Mach</sup> : 많은 책에서 그림으로 표현한 전자나 원자는 사실은 아무도 본 적이 없는 것이다.

마흐를 비롯한 빈<sup>Wien</sup> 학파 사람들은, 직접 경험할 수 없는 것이 아니면 그것에 대하여 이야기하는 것이 의미가 없을 뿐만 아니라 바람직하지 않다고 생각했다. 이들을 (논리)실증주의자<sup>Logical positivist</sup>라고 한다. 20세기에 발전한 물리학의 두 기둥인 상대성이론과 양자역학이 바로, 우리가 순진하게 마음속에 상상했던 그림을 모두 포기하고, 실험으로 확인할 수 있는 것만 설명하려는 노력을 통해 탄생하였다.

우리는 다음 장에서 전자가 우리의 기대와는 매우 다르게, 이상하게 움직이는 것을 볼 것이다. 따라서 작은 공이 날아가는 것처럼 전자를 생각하면 안된다. 전자를 처음 배우던 어린 시절에는 우리가 잘 알고 있는 공과 비교하면서 배웠지만, 이제는 날아가는 공의 그림이 전자를 이해하는 데 걸림돌이 될 것이다. 모두 내려 놓고 눈을 크게 뜨자.

# 1부

# 이상하고
# 아름다운

# 01
# 가장 아름다운 실험[6]

우리는 한 불가능한 현상을 살펴볼텐데,
절대로 불가능해서 고전역학으로는 설명할 수 없으나
양자역학의 핵심이 담겨 있다.

*- 리처드 파인만, 《물리학 강의》 3권 (1969)*

피직스 월드Physics World는 가장 유명한 과학 월간지 가운데 하나로 영국 물리학회Institute of Physics에서 발간한다. 여기에서 2002년, 독자들을 대상으로 세상에서 가장 아름다운 실험을 묻는 설문조사를 한 적이 있다. 그 결과 이 책에서 집중적으로 살펴볼 실험이 뽑혔다. 실험은 단순하다. 전자라는 것을 쏘아서 어디로 날아가는지를 관찰할 것이다.

결론부터 말하자면, 도저히 받아들일 수 없는 이상한 일이 일어난다. 이 이상한 실험 결과는 양자역학의 문제점과 작동 원리를 잘 보여줄 것이다. 우리의 가장 큰 목표는 이 실험을 최대한 자세히 들여다보면서, 정말로 이상한 일이 일어난다는 것을 납득하는 것이다. 이를 위해서 어떤 의혹도 없도록 실험을 최대한 면밀하게 분석할 것이다. 무엇이 이상한지를 알기 위해 먼저 우리가 잘 알고 있는 평범한 현상부터 돌아보자.


## 축구공: 대표적인 입자

축구공은 고전역학에서 말하는 전형적인 입자corpuscle, particle
이다. 공을 차면 공이 움직이기 시작한다. 그 후 공이 어떻게 움직일지도 자연스럽게 예상할 수 있다. 공은 곧게 나아갈 것이다.

이를 눈으로 쉽게 확인할 수 있지만 더 틀림없이 하기 위하여 다음처럼 실험을 고안한다. 공이 곧장 날아갔다는 것을 확인할 수 있도록 몇 가지 장치들을 만들 수 있다.

예를 들면 중간에 그림 5처럼 기둥 모양의 틈을 뚫어놓고 차

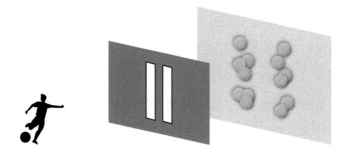

그림 5　벽에 기둥 모양의 틈을 두 개 뚫어놓고, 공을 찬다. 편의상 이 틈을 실틈이라고 부르고 맨 뒤 벽은 스크린이라고 부르겠다. 공은 스크린에 자국을 남긴다.

본다. 구멍을 두 줄 뚫어놓은 이유는 나중에 공이 아닌 다른 것으로 비슷한 실험을 해보고 비교해보기 위한 것이다. 그리고 틈 너머에 벽을 세운다. 벽은 조금 물렁물렁하여, 축구공이 벽을 때리면 눌린 자국이 남게 된다.

이제 공을 찬다. 공을 차는 사람은 축구 선수가 아니어도 좋고, 술을 마신 사람이어도 된다. 아무렇게나 차도 좋다.[7] 잘 겨냥해서 차는 것이 아니라면 공이 마구잡이로 나간다. 공은 틈을 통과하거나 틈 옆에 부딪혀 되튄다.

이 모든 과정을 순간순간 확인할 수 있다. 그러나 공이 날아가는 과정을 자세히 보지 않더라도 공이 직선으로 날아갔다고 전제한다면 벽에 생긴 자국으로 공이 통과한 틈을 알 수 있다. 다시 말해서, 공을 차던 자리와 틈과 벽의 자국을 직선으로 이을 수 있다는 것을 알 수 있다. 따라서 다음 질문에 대해 의심 없이 대답할 수 있을 것이다.

**문제:** 공을 여러 개 놓고 한참 차면 스크린에는 어떤 자국이 남을까?

**답:** 공 자국을 모아 보면 그림 5와 같이 두 줄의 기둥 모양이 된다. 틈의 모양을 정확히 반영하여 틈 뒤쪽에 생긴다.

공은 입자의 성질을 잘 보여준다.

- 공은 덩어리진<sup>lump</sup> 자국들을 남긴다. 자국들의 크기도 비슷비슷하다.
- 공이 찍은 점은 하나, 둘, 셀 수 있다.
- 공은 똑바로 직선을 그리며 날아간다. 공을 찬 곳과 틈, 그리고 공 자국이 찍힌 곳은 일직선을 이룰 것이다.
- 우리 눈이 빠르기만 하다면 공이 어느 경로로 날아가는지를 순간순간 파악할 수 있다. 그러나 중간 과정을 보지 않더라도, 그 자리를 지나간다는 것을 안다.

공을 찰 때 방향과 빠르기를 알면 공이 이후에 어디로 날아갈지를 계산하고 예측할 수 있다. 수학을 모르는 사람도 공을 차는 연습을 통하여 계산을 대신할 수 있다. 중간에 공이 다른 물체와 부딪칠지라도 얼마나 세게 부딪치는지만 알면 그후 공이 어디로 갈지도 계산할 수 있다.

공뿐만 아니라 세상 모든 것을 작은 입자들로 분해하고 이들 하나하나의 움직임을 이해하면 세상을 설명할 수 있다고 볼 수 있다. 이러한 체계를 고전역학<sup>classical mechanics</sup>이라고 한다. 앞으로 다룰 '양자역학'<sup>quantum mechanics</sup>의 실험에서는 이 그림이 틀렸다는 것을 보게 될 것이다. 고전역학은 그러한 이해가 언제 발전했는지와 상관 없이 양자역학의 반대 개념으로 쓰인다.[8]

## 전자: 이상한 일을 일으키는 주인공

이제, 공을 차는 대신 전자$^{electron}$를 쏘아서 같은 실험을 할 것이다. 똑같은 실험을 하는데도 너무나 다르고, 심지어는 받아들이기 힘든 결과를 보게 될 것이다.

전자처럼 많은 이름에 붙어 있는 단어도 없겠지만 전자라는 것이 무엇인지는 배울 기회는 적었을 것이다. 사실은 과학자들도 잘 모른다(32장에서 다시 생각해볼 것이다). 다만 전자를 얻을 수 있는 방법은 알고 있다. 화면이 불룩한 구식 텔레비전을 뜯어보면 유리로 된 부분(브라운관) 뒤쪽에 전자총$^{electron\ gun}$이라는 도구가 있다. 이름 그대로 여기에 전기를 흘려주면 끝에서 전자들이 나온다.

이제, 전자가 어떻게 날아가는지 관찰해보자. 실망스럽게도 전자가 날아가는 것을 직접 볼 수는 없다. 여러 가지 이유가 있는데 너무 빨리 날아가서만은 아니다.

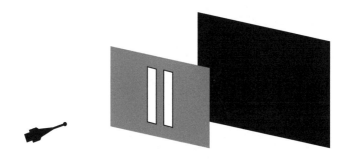

그림 6  전자를 가지고 같은 실험을 한다. 전자는 전자총이라는 도구에서 나오는 무엇이다. 전자가 실틈을 지나 스크린에 도달하면 형광 물질을 반응시켜 점이 찍힌다.

따라서 간접적인 방법으로 관찰한다. 앞의 축구공 실험처럼 전자를 구멍에 통과시키고, 벽에 부딪혀서 자국이 남도록 한다. 스크린에 형광 물질을 발라 놓아 전자가 이를 때릴 때마다 밝은 점이 켜지도록 한다.

중간에 놓여 있는 벽에는 면도날보다 가는 실틈slit을 두 줄 준비해야 한다. 따라서 이를 겹실틈double slit, 이중 슬릿 이라고 부를 것이다. 중요한 것은 왼쪽 실틈과 오른쪽 실틈을 최대한 가깝게 해서 전자가 왼쪽으로 들어가는지 오른쪽으로 들어가는지를 애매하게 해야 한다는 것이다. 그 이유는 뒤에 살펴볼 것이다.


## 시작

전자총을 켜고 기다리면 스크린에 점이 하나 둘씩 나타난다(참고자료에 링크된 웹페이지에 들어가면 실험 과정을 기록한 영상을 함께 볼 수 있다). 전자가 날아가서 스크린에 부딪히고 스크린에 발라져 있는 형광 물질이 반응해서 밝아진 것이다.

스크린에 점이 11개까지 찍힌 상황이 그림 7에 나타나있다.

**그림 7**　전자는 스크린에 점을 하나 하나 남긴다. 11개가 모여 만든 상.

여기에서 알 수 있는 것은 전자는 입자라는 것이다. 전자가 남긴 점은 축구공이 남긴 자국과 다를 바가 없다. 한 번에 하나 씩 점이 찍혔으며, 점의 크기도 균일하다.*

그러나 축구공처럼 입자의 모든 조건을 만족한 것은 아니 다. 스크린에 남겨진 결과만 보았을 뿐이고, 전자가 날아가는 과정을 보지는 못했다.

계속해서 실험을 진행한다. 전자가 만드는 점이 하나씩 늘 어난다. 전자 200여 개가 만든 상이 그림 8에 나타나있다.

---

*　어두운 점이 하나 있기는 하지만 링크된 동영상을 보거나 계속되는 실험 사진에는 등장하지 않으므로 무시해도 될 것이다.

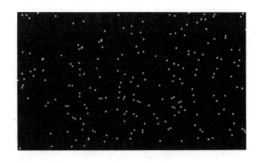

**그림 8** 200여 개가 만든 상. 도노무라 아키라.

**선생:** 무언가 이상한 일이 일어난다는 것이 느껴지기 시작하는 가?

**학생:** 리사 심슨의 얼굴이 보이는 것 같다.

**선생:** (침묵) 착각일 것이다……. 그건 그렇고, 실틈 두 개가 있는 자리를 스크린에 표시하면 무언가 이상하다는 것을 알 수 있을 것이다. 이를 표시한 그림 9를 보자.

**그림 9** 그림 8에 실틈이 있는 자리를 표시했다. 실틈을 통과한 전자는 왜 실틈 뒤뿐 아니라 다른 곳에 점을 남길까?

**학생:** 그러고 보니 이상하다. 공으로 실험할 때는 두 틈 뒤에만 공 자국이 생겼다. 기둥 두 개를 이룬 것 이외의 다른 곳에는 점이 찍히지 않았다. 실틈만을 통과했다면 찍힌 점들이 두 기둥을 이루어야 했을 것이다. 그런데 이 사진을 보면 표시된 두 실틈 뒤가 아닌, 찍히지 말아야 곳에도 점들이 찍혀 있다. 더군다나 화면의 가운데에는 왜이리 전자가 많이 찍힌 것일까?

**다른 학생:** 가운데에 점이 찍힌 것은 전자들이 실틈의 모퉁이에 맞고 튕겨 들어갔을 수도 있지 않나.

질문한 것은 모퉁이에 맞았다는 것인데, 그렇다면 전자는 임으로 튕겼을 것이다. 가운데 찍힌 점들을 보면 비교적 균일하다. 이렇게 일관되게 모여있다는 것은 마구잡이로 일어나는 일이 아닌 설명을 필요로 하는 일이 일어났다는 것을 보여준다.

전자를 6,000개 쯤 쏘면 스크린의 결과는 그림 10과 같이 된

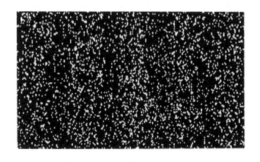

그림 10　전자 6,000여 개.

다. 이제 정말 무언가가 보이는 것 같다. 전자가 남긴 점은 모든 화면에 거의 균일하게 퍼진 것 같지만, 검은 기둥이 몇 개 보이는 것 같다. 또, 두 실틈 뒤에만 찍히는 것이 아니라 다른 곳에도 찍힌다는 것이 점점 분명해진다.

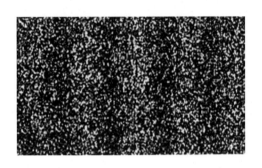

**그림 11**　전자 40,000여 개가 남긴 자국.

　실험을 계속하여 40,000개의 전자가 만든 그림 11를 보면 무언가가 있다는 것을 알 수 있다. 전자가 남긴 점이 그냥 고르게 퍼져 있는 것이 아니라 일정한 무늬를 만드는 것 같다.

　전자 14만여 개를 쏜 실험이 그림 12에 나와 있다. 여기까지 오면 확실히 전자가 특정한 무늬를 만들고 있다는 것을 알 수 있다! 밝은 기둥과 어두운 기둥이 번갈아가면서 나타난다.

　조금 자세히 보면 가운데 기둥이 가장 밝고, 바깥쪽으로 가면서 점점 어두워지다가 다시 밝아지면서 다른 기둥을 만들기를 반복한다.

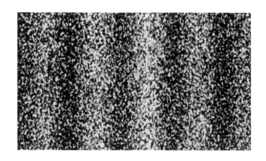

**그림 12**  전자 14만여 개가 만든 무늬. 여기까지 이르는 데 걸린 시간은 20분이다. 이 제 뚜렷한 무늬가 보인다. 여러 개의 기둥이 있고 가운데 기둥이 가장 밝으며, 바깥쪽으로 갈수록 어두워졌다 밝아졌다를 반복한다. 이를 간섭무늬라고 한다.

    왜 이런 특별한 모양의 기둥이 생겼을까? 이렇게 전자가 금지된 곳에 점을 남기고, 특정한 무늬를 남긴다는 것은 매우 이상한 일이다. 좋은 소식은, 이 무늬를 만드는 현상을 설명할 방법이 있다는 것이다. 나쁜 소식은, 그러나 그 설명이 사실이라면 세상이 매우 이해하기 어렵게 행동한다는 것이다.

# 02
# 실험 결과를 물결로 계산할 수 있다

닥치고 계산하라(Shut up and calculate)

- N. 데이빗 머민[9]

겹실틈 실험의 결과로 무엇인가 '있어 보이는' 무늬(그림 12)가 나왔다. 사실 이 무늬는 물리학자들에게 잘 알려진 것으로, 파동wave이라는 현상과 관계가 있다. 모든 파동은 이 무늬를 만든다. 파동의 잘 알려진 예는 물에서 생기는 물결이다. 따라서 물결로도 이 무늬를 만들 수 있다. 파동에 대한 자세한 설명은 8장에서 만나게 될 것이다.

이 장에서는 이 무늬를 직접 만들어보고, 어떤 성격을 가지고 있나를 살펴볼 것이다. 실험은 간단하다(이 책을 읽는 분들도 함께 만들어보기 바란다. 이 무늬를 직접 본다는 것은 바꿀 수 없는 값진 경험이 될 것이다).

## 실험

**그림 13** 잔잔한 물을 준비하고, 두 손가락으로 동시에 규칙적인 물결을 일으키면 물결이 특별한 무늬를 만든다. 이 무늬는 파동이 만드는 전형적인 무늬로 앞장의 실험 결과를 해석하는 데 도움을 준다.

1. 세면대나 욕조에 물을 담고 잔잔해질때까지 기다린다.

2. 연습삼아 손가락으로 물 표면을 살짝 건드려보자. 그 자리가 출렁이면서 원형으로 물결이 퍼져 나간다. 언제 출렁임이 높아지고 낮아지는지를 관찰해보고, 물결이 어떻게 퍼져 나가는지를 관찰해보자.

3. 물을 툭툭 두드리면 원 모양의 물결이 계속 생기며 동심원을 이루며 퍼져나간다. 되도록 일정하게 물을 두드려서 동심원들의 간격이 일정해지도록 연습하자. 오른손뿐 아니라 왼손으로도 연습한다.

4. 이제 양손의 손가락을 써서 두 군데를 일정한 리듬으로 두드

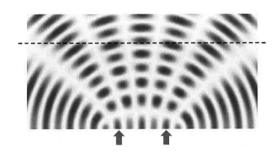

**그림 14** 앞 장에서 얻었던 특별한 무늬를 물결을 통해 비슷하게 얻을 수 있다. 색이 진한 곳은 파도가 높은 (깊은)곳이고 흰색으로 표시된 선들에서는 물이 움직이지 않는다. 화살표로 표시된 두 곳은 손가락으로 규칙적인 물결을 만든 곳들이다. 이를 두 슬릿에 대응시키고, 점선으로 표시한 물의 단면은 스크린에 대응시킨다. 그러면 물결 높이가 높을수록 (깊을수록), 전자가 많이 발견된다는 것을 알 수 있다.

려보자. 두 개의 동심원이 퍼져나가면서 만날 것이다.

5. 물결이 만나면서 이루는 모양은 단순한 두 개의 동심원이 겹친 것이 아니다. 그림 14와 같은 특별한 모양의 주름을 만들게 된다. 물결을 규칙적으로 만들면 이 주름은 안정적으로 유지될 것이다. 물결을 직접 만들지 못한 사람은 참고자료 링크의 동영상을 참조해도 좋다.

6. 그림 14에 점선으로 표시한 곳을 따라가며 물의 단면을 생각해보자. 물결이 높아지면서 봉우리를 이루다가 점점 낮아지면서 움직이지 않는 곳(그림에서 흰 부분)을 이룬다. 또한, 흰 부분을 계속 지나면 낮아지면서 골짜기를 만들게 된다. 선을 계속 따라가면 이것이 반복되는데, 반복되는 방식이 그림 12의 밝기 분포와 비슷하다는 데 주목하자. 화살표

로 표시한 두 곳은 물결이 발생하는 두 점에 해당한다.

한 손가락으로만 물을 두드리면 동심원이 되는데, 두 손가락으로 동시에 물을 두드리면 두 물결이 어떤 방식으로 합쳐져서 그림 14처럼 특별한 주름을 만들게 된다. 이 현상을 간섭 interference이라고 한다.

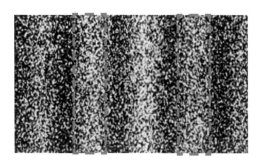

그림 15 　다시 가져다 놓고 두 실틈이 있는 위치를 표시했다. 두 실틈 뒤에 밝은 두 기둥이 생긴 것은 쉽게 이해할 수 있으나 나머지 기둥이 있다는 점과 일정한 모양이 되었다는 것이 이상하다.

## 전자 분포에 대한 해석

물결을 통해 얻은 무늬가 전자가 만든 무늬와 어떻게 대응되는지 비교해보자. 전자가 스크린에 찍은 점들의 경우(그림 15에 다시 그렸다), 밝아졌다가 어두워졌다가 하는 무늬가 생겼다. 자세히 보면 밝은 곳은 전자가 점을 많이 찍은 곳이고 어두운 곳은 점이 적게 찍힌 곳이었다. 실틈이 있는 곳 (점선으로 표시) 바로 뒤에 전자가 많이 찍혀 기둥을 형성하고 있을 뿐 아니라, 가운데에 다른 밝은 기둥이 생겼다.

물결의 경우는 높이가 달라 주름이 생긴다(그림 14). 솟아오른 곳에나 움푹 들어간 곳이 있고, 움직이지 않은 흰 부분도 있다. 점선으로 표시한 곳을 따라가면서 각 지점의 높이와 깊이의 제곱을 취하여 그림 16를 그렸다. 그러면 그림 15의 밝기와 일치한다는 것을 알 수 있다. 요컨대, 전자의 개수를 세어 보면

(그 자리의 물결의 높이의 제곱)과 (그 자리의 전자가 남긴 점들의 평균 개수)

가 비례한다는 것을 알 수 있다.[10] 그림 15는 간섭 때문에 생기

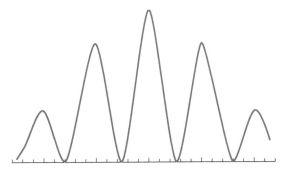

**그림 16**   그림 9 의 물결 무늬는 물이 올라온 곳과 파인 곳이 있어 생긴다. 점선을 따라 자른 다음 물결 높이의 제곱값을 그린 것이다. 이 값의 분포와 전자를 통해 얻은 그림 15 의 밝기 분포와 일치한다.

는 무늬이므로 이를 '간섭무늬'[interference pattern]라고 부른다.

왜 물결의 높이가 아니라 높이 제곱이 간섭무늬의 밝기와 대응되는지에 대해서는 12장에서 다시 생각해본다. [*]

## 전자는 파동일까

간섭은 파동으로만 설명할 수 있는 고유한 성질이다. 물이 잔잔한 곳, 전자가 점을 남기지 않은 곳을 생각해보면, 두 물결이 만나서 높이가 0이 된 것이다. 원래부터 아무 것도 없는 것과는 다르다. 이는 9장에서 자세히 다루게 될 것이다.

그렇다면 전자는 파동이라는 말일까?

우리가 물결을 통해 계산한 것은 무엇이었는지 다시 한번 생각해보자. 이것이 왜 전자 무늬와 관계가 있을까? 물과 전자가 공통점을 가지고 있는 것은 분명하다. 거의 모든 물리학자들

---

[*]  왜 물결의 높이가 아닌 높이의 제곱이 간섭무늬의 밝기와 대응되는가에 대한 몇 가지 힌트가 있다. 우선, 밝기는 언제나 0 보다 큰 값이고 원래보다 더 어두워질 수는 없다. 그림에서 솟아올라온 부분이 아니라 깊이 들어간 부분은 높이가 음수여야 한다. 그러나 간섭무늬에서 해당하는 점을 찾아보면, 봉우리인 곳과 마찬가지로 밝은 무늬를 만들었다. 높이가 0 인 곳은 골이 아니라 물이 움직이지 않는 잔잔한 곳임에 유의하자. 또 고전 전자기학에서 빛(전자는 아니지만)의 밝기는 파동 높이의 제곱에 비례한다는 것이 알려져 있다.

이 파동을 이용하여 이 현상을 계산하는 것이 옳다고 받아들인다. 다만 이것이 어떻게 전자와 관계 있는지에 대한 해석은 사람마다 다르다. 이제부터 이를 살펴볼 것이다.


## 두 실틈이 다 열려 있어야만 간섭이 일어난다

물결파가 합쳐져 간섭무늬를 만들었고, 이것이 전자가 찍은 점들의 밝기를 설명하였다. 이 무늬는 두 개의 물결이 겹칠 때만 나타난다. 물결이 하나만 있다면 이런 일이 일어나지 않는다.

전자 실험에서는 이에 해당하는 것이 실틈 하나를 막는 것이다. 왼쪽 실틈을 막아보자. 스크린에 찍히는 밝은 점의 개수가 반쯤으로 줄어들 것이다. 간섭무늬는 어떻게 될까? 그림 17과 같은 결과를 얻는다.

실틈 바로 뒤에 점들이 기둥 하나를 이루었다. 일단 간섭무

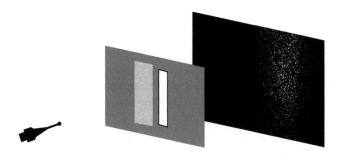

그림 17　왼쪽 실틈을 막았다. 간섭무늬가 없어지고 기둥이 하나만 남았다.

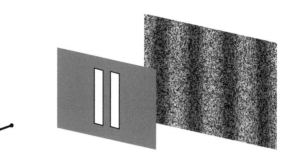

**그림 18** 다시 두 실틈을 열었다. 간섭 무늬가 복구되었다. 간섭 무늬는 두 실틈이 모두 열릴 때만 생긴다.

늬를 만들지 않는다. 마찬가지로 오른쪽 실틈을 막고 실험해도 왼쪽 실틈 뒤에 기둥 하나가 생길 것이다. 그런 점에서 공을 찬 것과 같은 결과가 나왔다. 그렇다면 역시, 전자는 입자인 것일까.

다시 두 실틈을 열어놓는다. 그림 18을 다시 얻는다. 분명히 간섭무늬가 생긴다. 따라서 전자가 입자라는 결론을 쉽게 내릴 수는 없다. 한 쪽을 막은 실험과 비교해볼 때 열려있는 실틈을 지나가기는 하는 것이 분명하다.

그림 17의 결과를 파동으로 설명할 수도 있을까? 전자 실험에서 실틈 하나만 있다는 것은, 물의 경우에는 한 손가락만으로 물결을 만드는 것에 해당한다. 오른 손가락으로만 물을 두드리면 한쪽에서 구면파만 퍼지게 될 것이다. 42쪽의 6처럼 같이 단면을 잘라보자. 물의 높낮이가 비슷하게 하나의 넓은 기둥이 생길 것이다. 물결 실험에서도 전자 실험과 마찬가지

결과가 나온다는 것을 예상할 수 있다. 다만 조금 애매한 그림이 나왔다. 너무 옆으로 많이 퍼져 있어서 기둥 모양이 뚜렷하지는 않다.

따라서 다시 한 번, 물결 실험이 전자의 간섭무늬를 잘 설명한다는 것을 알 수 있다.[*]

## 전자는 입자일까 파동일까

지금까지 살펴본 것을 정리해보자.

1. 실험을 진행시키면 스크린에 점이 하나 둘씩 찍힌다. 점은 한 번에 하나씩만 찍혔고 같은 크기를 가지고 있었다. 따라서 '전자 한 개, 두 개'라고 말할 수 있다. 전자는 입자라고 하지 않을 수 없다.
2. 점들은 찍혀서는 안 되는 곳에 찍혀 있을 뿐 아니라, 전자의 개수가 늘어날수록 규칙적이고 정돈된 무늬를 만들었다. 이 무늬를 만드는 것은 파동의 간섭으로만 설명할 수 있었다. 파동만이 간섭을 일으킨다. 따라서 전자가 파동이라고 하지 않을 수 없다.

---

[*]  따라서, 수조에 담은 물은 파동에 대한 성질을 계산해주는 아날로그 계산기(analogue computer)이다.

두 결론은 서로 모순을 일으킨다. 물결을 보면 물 전체를 사용하며 퍼져나가는 반면, 축구공은 한 번에 한 곳에만 있다. 다만 그림 17에서 간섭이 없을 때는 물결로 계산한 전자의 결과가 공을 그냥 찬 것과 별로 다르지 않다. 간섭이 없을 때는 전자를 입자로 취급해도 어려움이 없다는 이야기다.

# 03
# 물체가 두 곳을 동시에 지나가는 것일까

전문가란 그 분야의 모든 문제점을 알고 있는 사람이다.

*- 닐스 보어*

　이제 세상에서 가장 놀라운 이야기를 할 준비가 되었다. 겹실틈 실험을 다시 한번 살펴보자.

## 전자 하나도 간섭무늬를 만들까
　전자 하나만을 겹실틈에 쏜다면 무슨 일이 일어날까?
　스크린에는 점이 하나만 찍힐 것이다. 이는 실험을 천천히 진행해보면 확인할 수 있다. 전자총에 전류를 더 적게 흘려주고 실험 과정을 지켜보자. 이전보다 느리게 스크린에 점이 찍히는 것을 볼 수 있다(참고자료에 링크된 영상 참조).*

따라서 실험을 충분히 느리게 진행하면 점이 하나만 스크린에 찍히도록 할 수도 있다.

**질문:** 그렇다면 전자 하나만을 겹실틈에 쏘았을 때도 간섭무늬가 생긴다고 할 수 있을까?

전자 하나가 어디에 찍힐지 대강은 알 수 있다. 전자를 14만개 쏘았을 때 파동 특유의 간섭무늬를 보여준다는 것은 확실하다. 이를 알고 이전 사진들로 거슬러 올라가보자. 전자 6,000개를 쏘았을 때도 간섭무늬가 생긴다고 말할 수 있을까? 알고보니 정말 그런 것 같다. 찍히지 말아야 할 부분에 점이 찍혔으며, 간섭무늬의 기둥이 희미하게나마 보인다. 그렇다면 그 이전인 200개를 쏘았을 당시에는? 전자를 많이 쏘았을 때와 다를 바가 없다. 더 올라가고 올라가서 전자 11개를 쏜 그림 7을 보아도 마찬가지다.

그림 19에 점이 열한 개 찍힌 그림(왼쪽, 그림 7을 가져온 것이다)과 14만여 개 찍힌 그림(오른쪽, 그림 12)을 나란히 그렸

---

* 물론 전자총에서 쏜 모든 전자가 겹실틈을 통과하지는 못했을 것이다. 전자총에서 나온 어떤 전자는 벽에 막혔을 것이다. 그래도 스크린에 찍힌 전자는 겹실틈을 통과한 것이라고 할 수 있다.

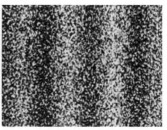

**그림 19** 점이 열한 개 찍힌 그림 7(왼쪽)과 14만여 개 찍힌 그림 12(오른쪽)를 가져왔다. 이 둘의 유일한 차이는 쏜 전자의 갯수뿐이다. 따라서 왼쪽 그림에서도 잘 보이지는 않지만 간섭무늬를 만든다고 할 수 있다. 모든 무늬는 전자 하나를 단순히 반복해 쏘아 만들어진 것이다. 그렇다면 전자 하나도 간섭무늬를 만든다고 할 수 있을까?

다. 이렇게 거슬러 올라가며 그림을 보아도 모든 전자의 행동은 본질적으로 같다고 할 수 있다. 왜냐하면 어떤 그림도

하나의 전자를 쏘는 것을 반복

해서 만들었을 뿐이다. 다만 전자를 더 오랫동안, 반복해서 쏘면 간섭무늬는 점점 더 짙어질 것이다. 그냥 많이 쏘아 많이 찍혀 우리가 알아보기 쉬운 것일 뿐, 전자 하나만 쏘아도 똑같은 일이 일어난다. 따라서 전자 여러 개를 쏘아 간섭무늬를 만들었다면,

전자 하나만 쏘더라도 간섭무늬를 남긴다.

점 하나만 찍혔다고 해도 '간섭이 일어났다'고 해석한다. 간섭무늬를 만들지 않는다면 무조건 실틈 뒤에만 점이 찍혀야 한다.

## 전자는 두 실틈 중 어느 실틈으로 지나갔을까

전자 하나도 간섭무늬를 만든다는 것은 대단히 이상한 일이다. 왜냐하면 전자가 하나만 지나가는데도 두 실틈을 다 열어야만 간섭무늬가 생긴다. 하나만 열면 간섭무늬가 생기지 않는다. 따라서,

전자 하나가 두 실틈을 모두 이용한 것이다.

**즉각적인 반발:** 전자 하나가 두 실틈을 모두 이용했다고? 전자 하나가 두 실틈을 한꺼번에 통과했다는 것일까?

**답변:** 그런 식으로 생각할 수밖에 없다. 그러나 '한꺼번에 통과했다'는 말이 정확한지는 모르겠다.

**질문:** 전자 하나는 두 실틈 가운데 하나만 지나가야만 한다. 전자를 더 잘 조준해서 쏘면 되는 것 아닌가. 반드시 왼쪽 실틈, 또는 반드시 오른쪽 실틈을 통과하도록 하면 분명히 한 실틈만 지나갈지도 모른다.

실험을 고안할 때 실틈 사이를 좁게 만들어 의도적으로 전자를 잘 조준하지 못하도록 했다. 더 좋은 전자총을 사용한다면 전자를 잘 조준하여 한 쪽 실틈만 통과시키도록 할 수 있을 것이다.

그러나 사실은 전자가 두 실틈중 하나만 통과한 것이 아니다. 한 실틈만 통과했다면 다른 실틈을 열든지 막든지 전자가 남긴 무늬는 변하지 않아야 한다. 한 실틈만을 열었을 때 전자가 남긴 점들은 그림 17처럼 기둥 하나만을 만든다. 반대쪽 실틈을 따로 통과하는 전자도 마찬가지로 그 실틈 뒤에만 기둥을 이루어야 한다. 따라서, 두 실틈이 모두 열려 있어도 한 번에 한 실틈만을 통과한다면 그림 19처럼 두 개의 기둥만을 만들 것이다.

그러나 실제 실험에서는 간섭무늬를 만들었다. 이는 전자 하나가 실틈 하나만 통과한 것이 아니라 두 실틈을 모두 사용했다는 뜻이다.

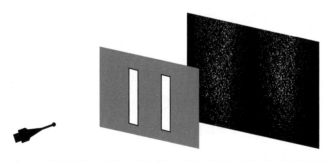

**그림 20** 실틈과 실틈의 간격이 너무 넓어도 간섭이 일어나지 않는다. 전자가 왼쪽으로 들어갔는지 오른쪽으로 들어갔는지가 확실히 결정되기 때문이다.

전자가 왼쪽 실틈으로 가는지 오른쪽 실틈으로 가는지를 더 분명하게 하는 방법은 실틈 사이를 더 넓게 만드는 것이다. 그렇게 되면 왼쪽 실틈과 오른쪽 실틈의 구별이 분명해지기 때문이다. 그렇게 실험을 해보면 그림 20과 같은 결과를 얻는다. 역시 두 기둥만 남는다.

**반박:** 전자 하나가 둘로 쪼개져 반은 왼쪽 실틈을, 반은 오른쪽 실틈을 통과하거나 해야 한다.

만약 전자가 쪼개져서 온다면 스크린에는 가끔 크기가 반인 점 두개가 찍히기도 해야 한다. 그러나 그런 일은 일어나지 않았다. 스크린에는 언제나 같은 크기의 점이 찍혔다.

**질문:** 전자가 둘로 나뉘어져 두 실틈을 통과하여 날아가다가 스크린에 도달할 때만 합쳐져 한 개의 온전한 점이 될 수도 있지 않나.

우리가 이 실험을 하면서 우연히도 전자가 온전히 만나는 거리에 스크린을 놓았을 수도 있다. 전자들이 다시 합쳐진다고 하더라도, 모든 전자가 하필이면 우리가 설정한 스크린의 거리에서 합쳐진다는 것은 대단히 이상하다.
정말로 전자가 실틈을 통과하면서 나뉘어진다면 미처 합쳐

**그림 21** 이 사람은 어떻게 내려간 것일까? 스키 자국을 보면 나무를 통과해 갔다.

지기 전의 전자를 볼 수 있을 것이다. 스크린을 조금 앞으로 당겨보면, 반으로 나누어진 전자 두 개가 크기가 반인 점 두 개를 찍는 것을 관찰할 수 있을 것 같다. 그러나 실제로 스크린의 거리를 이리저리 바꾸어 보아도 모든 점은 한 번에 하나씩, 같은 크기로 찍힌다. 따라서 다음 결론을 피할 수 없다.

전자는 한 번에 하나씩 날아가지만 두 실틈을 다 사용한다.

이 당혹스러운 상황을 나타낸 유명한 그림이, 그림 21이다.
입자의 성질을 더 정확하게 드러낼수록 간섭무늬는 망가져 설명할 수 없는 현상이 된다. 사실은 근본적인 문제가 있을지도 모른다.

# 04
# 파동이 전자를 찾을 확률을 말해준다

이제 이론 물리학은 완성되었으니 자네가 더이상 할 일이 없을 것이다.

- 막스 플랑크가 스승으로 모시기를 요청한 욜리.[11]

그렇다면 안개 상자에서 전자가 지나간 궤적은 무엇일까?
그것이 전자가 지나간 궤적이 아니어도 된다는 생각에 이르렀다.

- 베르너 하이젠베르크, 《부분과 전체》

　　앞장의 겹실틈 실험을 해석해보면, 전자 하나가 두 실틈을
모두 사용한다는 놀라운 결론을 내릴 수밖에 없었다. 그것 말
고도 이상한 점이 하나 더 있다.

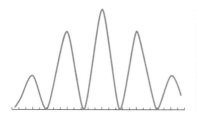 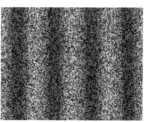

그림 22　물결의 각 위치에서 높이 제곱은(왼쪽) 스크린의 해당하는 곳에 전자가 점
을 남긴 개수에 비례한다(오른쪽).

## 전자 하나에 대한 해석

전자는 스크린에 부딪치며 점을 남긴다. 이 점들이 모여 그림 22(오른쪽)와 같이 특별한 간섭 무늬를 만들었다. 전자가 많이 찍힌 곳은 밝고 덜 찍힌 곳은 어둡다.

이 밝고 어두움의 분포는 물결로 계산할 수 있었다. 이를 위하여 그림 14처럼 두 점에서 퍼져나가는 파동들이 간섭을 일으킨 (더해진) 높이를 생각했다. 그림 14의 점선을 따라가며 본 파동의 높이 제곱을 그림 22 왼쪽에 다시 가져왔다. 두 그림을 비교해보면

스크린의 각 점에서 찍힌 점의 개수가, 해당하는 곳에서 물결 높이 제곱에 비례한다.

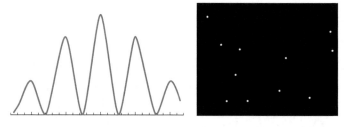

**그림 23**   전자를 쏘는 실험을 많이 하지 않아도 사실상 같은 결과를 얻는다. 여러 개의 전자가 점들을 남기는 것은, 하나의 전자가 점 하나를 남기는 것을 단순 반복한 것이기 때문이다. 전자 하나에 대해서도 마찬가지다. 따라서 물결을 통하여 계산한 것은, 그곳에서 전자 하나가 점을 남길 확률이다.

전자를 적게 쏘면 찍히는 점의 개수는 줄어들지만, 이 해석은 여전히 유효하다. 전자가 어디에 많이 찍히는지 분포는 그림 23처럼 물결 높이의 제곱에 비례한다. 그러므로, 전자 하나만 쏘아도 이것이 반영되어야 한다.

그런데 전자는 더이상 쪼갤 수 없어서, 쏠 때마다 어김없이 똑같은 밝기의 점이 하나씩 찍힌다. 희미한 점들이 넓게 펴져있는 것이 아니다.

전자 하나에 대해서는 오직 점이 찍히거나, 찍히지 않거나 할 뿐이다.

따라서 이 계산결과를 이렇게 해석할 수 있다.

**보른**Max Born**(1926):** 물결 높이의 제곱은 전자 하나가 그 자리에 점을 남길 확률에 비례한다.

분명히 한 번에 점 하나만 찍히지만, 확률적으로 더 잘 찍히는 곳이 있다. 이를 여러 번 반복해서 여러 개의 점을 모으면 확률이 높은 곳에 점이 많이 찍히게 될 것이다. 그 결과로 간섭무늬를 만들게 된다.

## 양자역학의 큰 질문: 파동이 나타내는 것은 무엇일까?

전자의 겹실틈 실험에서 전자가 스크린에 찍는 점의 분포를 물결파로 계산하였다. 그 결과는 전자 하나를 어떤 위치에서 발견할 확률을 준다. 전자의 간섭이라는 측면은 파동과 관계가 있기 때문이다.

여기까지 설명한 것들은 모든 물리학자들이 동의한다. 그러나 이것으로 만족할 것인지에 대해서는 의견이 갈리기 시작한다. 왜 어떤 자리에는 전자가 점을 남길 확률이 높은가?

**코펜하겐 해석:** 확률만 구할 수 있다. 파동은 완전히 스크린에 균일하게 펼쳐졌는데, 하필이면 한 점만이 찍혔기 때문이다.

**반론:** 엄밀히 말해 우리는 스크린에 찍힌 점만 볼 수 있기 때문에, 전자의 어떤 요소가 파동과 연관되는지를 명쾌하게 이해한 것은 아니다.

아니면 더 근본적인 설명이 있을지가 궁금하다. 왜 그런지는 모르지만 언제나 옳은 결과를 주는 이상한 방법을 찾은 것뿐이다.

전자 자체가 어떤 때는 입자이고 어떤 때는 파동으로 변하는 것일까? 아니면 전자보다 더 단순한 물질들이 파동처럼 무리를 지어 다니다가 스크린에 찍힐 때는 입자로 뭉칠까? 우리가 보는 것은 결국 스크린에 찍힌 점이기 때문에 파동과 직접 연관되는 것이 무엇인지 알기 힘들다.

만약 전자가 왜 파동과 연관되는지를 이해한다면, 전자가 어디에 점을 찍을지를 100%의 확률로 예측할 수 있을까?

# 05
# 결정론적 세계에서의 확률

경기 시작 직전, 네트 앞에서
누가 먼저 서브를 넣을지를 결정하는
동전 던지기 의식이 있다.
이는 윔블던의 또다른 제의이다.

*- 데이빗 포스터 월러스, 〈종교적 경험으로서의 로저 페더러〉*

　지금까지 일어난 일을 이해하기 위하여 확률의 개념을 간단
히 살펴볼 필요가 있다. 양자역학에서 이야기하는 확률은 고
전역학의 확률과 근본적으로 다르기 때문이다.

## 동전 던지기

　축구나 테니스 경기에서는, 해가 어디에 있는지 바람이 어
느 방향으로 부는지 등이 경기를 하는 데 큰 영향을 미치기 때
문에 두 팀이 모두 바라는 방향이 있다. 이들이 싸우지 않도록
공평하게 임의로 결정하기 위하여 동전을 던진다.

**축구 심판:** 동전을 던지면 $\frac{1}{2}$ 앞면이 나올지 뒷면이 나올지 알 수 없다. 알 수 없어야 한다.

동전을 열 번 던지면 다섯 번쯤은 앞면이 나오고 다섯 번쯤은 뒷면이 나온다는 사실을 알고 있다. 그래야 양 팀이 공평하게 각 방향으로 경기를 하게 된다. 확실한 확률은 1이라는 기준을 사용하여 이렇게 말할 수 있다.

동전을 던졌을 때 앞면이 나올 확률이 $\frac{1}{2}$ 이고 뒷면이 나올 확률도 $\frac{1}{2}$ 이다.

실제로 동전을 열 번 던지면, 늘 정확히 앞면이 5번 뒷면이 5번 나오는 것은 아니다. 앞면 6번, 뒷면이 4번 나오는 경우도 흔하다. 심지어는 앞면 8번, 뒷면이 2번 나오는 경우도 있다.

그러나 분명한 것은 동전을 던지는 횟수가 늘어날수록 앞면이 나오는 비율은 $\frac{1}{2}$ 에 더 가까워진다는 것이다. 100번 던져 보면 앞면이 49번, 다시 100번 던지면 54번, 다시 100번 던지면 45번이 나오고, 이들 비율은 열 번 던질 때 보다는 대부분 $\frac{1}{2}$ 에 가깝다. 1,000번을 던지면 더 가까워지고, 1억 번을 던지면 훨씬 더 가까워질 것이다. 어떤 때는 내리 다섯번 앞면이 나올 때도 있고 그러면 앞면이 나오는 비율은 $\frac{1}{2}$ 에서 멀어진다. 그래도 동전을 100번 더 던지면 이 결과는 희석되고, 1,000번을

더 하면 더 회석되어 결국 $\frac{1}{2}$로 다가간다.[12]

　동전을 던지는 횟수가 크면 (큰 수) 어떤 일이 일어날지 어림짐작할 수 있지만, 동전을 던지는 횟수가 적으면 별 이야기를 할 수 없다.[13]

## 고전적인 확률

그러나 동전의 움직임을 우리가 전혀 모르는 것은 아니다.

- 조금 더 자세한 정보를 알고 있고
- 조금 더 잘 계산할 수 있다면

동전을 던졌을 때 앞이 나올지 뒤가 나올지를 더 잘 예측할 수 있다. 원칙적으로는 모든 것이 완벽하다면 동전의 어떤 면이

그림 24　동전을 바닥에 가까이 하고 놓으면 누구나 원하는 면이 윗면이 되도록 할 수 있다.

나올지를 확실하게 예측할 수 있다. 사실은 훈련을 하지 않은 여러분도 할 수 있다. 동전을 1cm 높이에서 잘 떨어뜨리면 원하는 면이 나오게 할 수 있다.

더 높이 던지더라도 처음 던지는 각도와 속도를 정확히만 알면 동전이 중력의 영향을 받아 어떻게 돌아가고 땅에 내려앉을지를 알 수 있다. 또 동전이 책상과 부딪히는 순간 이들의 탄성을 이해한다면 동전이 얼마나 되튀어 오를지를 계산할 수 있고 결국 동전의 어떤 면이 바닥에 닿을지를 알 수 있는 것이다. 실제로 디아코니스라는 통계학자는 동전을 던져 언제나 원하는 면이 나오는 기계를 만들기도 했다. 잘 훈련된 마술사는 언제나 같은 면의 동전이 나오도록 던질 수 있다고 한다.

## 고전역학이 그리는 세상에는 모든 것이 결정되어 있다

고전역학classical mechanics은 이 세상을 이루는 모든 것이 알갱이들이며, 세상의 변화는 이들이 어떻게 움직이는가 하는 운동motion으로 모두 이해할 수 있다고 본다.

예를 들어(그림 25), 큐로 당구공을 치면, 당구공이 움직여 다른 공을 맞추거나 벽에 부딪히는 것을 알 수 있다. 여기에는, 큐 ⋯ 당구공 ⋯ 다른 당구공 또는 벽으로 이어지는 운동의 연결고리가 있는데 이를 힘force 또는 상호작용interaction으로 설명할 수 있다.

여기에서 근본적으로 사용하는 것은 뉴턴의 운동 법칙이다.

**뉴턴(1687):** (물체 속도의 시간에 대한 변화) = (물체에 가하는 힘)[14]

당구공을 건드리지 않는 동안은 가만히 있거나 굴러간다. 굴러가다 느려지기도 하지만 당구대 표면이 한없이 미끄럽다면 빠르기가 변하지 않고 직선으로 미끄러져 간다. 물체의 속도가 변하지 않는 상태는 힘이 가해지지 않은 자연스러운 상태이다.

빠르기나 방향이 바뀐다면 이 물체가 힘을 받았다는 것이다. 당구공을 치면 가만히 있다가 움직이므로 빠르기가 바뀐다. 큐나 당구공이 충돌하면 힘을 주고받는 것이다. 미끄럽지 않은 당구대에서는 당구공이 돌면서도 힘을 주고 받는다. 물체들이 어떻게 힘을 주고받는지를 알면 원칙적으로 모든 물체의 운동을 완벽히 추적할 수 있다.

더 나아가서, 세상 모든 것이 이 당구공들과 크게 다르지 않다고 볼 수 있다. 근육으로 힘을 내는 것도, 근육을 이루고 있는 세포들이 움직이는 것으로 생각할 수 있다. 전기가 흘러 전구를 밝히는 것도, 전자들이 전기가 흐르기 어려운 곳에 들어가 원자들과 충돌하면서 생기는 현상으로 생각할 수 있다. 모

**초기조건**

가만히 놓아두면
공들은 방향과 빠르기를
유지하며 움직인다

**충돌**

충돌점

공들이 어떻게 상호작용 하
는지 알면 각 공의 방향과
속력을 알 수 있다.

**진행**

**그림 25** 고전역학에서는 이 세상의 모든 물체의 운동을 당구공의 충돌로 환원할
수 있다고 본다.

든 것이 공들이 충돌하고 움직이는 것과 다르지 않다.

20세기가 되기까지 이런 법칙을 따르지 않는 것은 없었다.
모든 것이 충돌하며 원인과 결과로 얽히고 설킨 세계가 고전
적인 세계이다. 이를 극단적으로 보여주는 것이 그림 26의 루
브 골드버그<sup>Rube Goldberg</sup> 기계이다.

원칙적으로는

- 초기조건: 알갱이들이 지금 어디에 있고, 어떤 속도로 날
  아가는가
- 상호작용: 알갱이들이 어떤 힘(중력이나 전기력)으로 밀
  고 당기는가

을 알면 이후의 어떤 운동도 계산할 수 있다.

고전적인 세계에서 모든 것이 결정되었다면, 어떤 일이 일
어나는 확률도 1일 것이다. 동전을 던질 때의 속력과 날아가
는 방향을 알고, 이 속도를 바꾸는 자연 법칙을 알면 원칙적으

로 어느 면이 나올지를 확실히(1의 확률로) 계산할 수 있다. 이렇게 어떤 상태를 알고 변화의 조건을 모두 알면 이후의 상태를 완전히 알 수 있다는 믿음을 결정론이라고 한다. 라플라스는 이러한 결정론을 다음처럼 이야기했다.[15]

지적인 존재가 어떤 순간에 자연을 움직일 모든 힘을 알고 자연을 구성하는 모든 사물들의 위치를 알며, 충분히 이 자료들을 분석할 능력이 있다면, 우주라는 엄청난 물체부터 보잘 것 없는 원자까지 하나의 식만으로 다룰 수 있을 것이다. 이러한 지적인 존재는 과거 또는 지금 눈앞에 펼쳐진 현재만큼이나 미래에 대해서 한 점 불확실함이 없을 것이다.

**그림 26**  루브 골드버그, 자동 냅킨. 밥을 숟가락으로 뜨면(A) 줄이 레버(B)를 당기고 숟가락을 튀겨(C) 비스켓을 날리고… 많은 도구들이 인과적으로 연결되어, 결국에는 냅킨이 입을 닦도록 작동한다. 《Collier's》 September 26, 1931.

물론 처음 던질 때의 각도나 속력이 조금만 다르게 되어도 결과가 매우 달라질 수 있다. 그러나 이는 기술적인 문제일 뿐, 더 자세한 초기 조건을 알고 더 세밀하게 계산할 수 있는 능력이 된다면 해결할 수 있다고도 볼 수 있다.[*]

---

[*]   물론 이런 조건이 완전히 갖추어진다고 하더라도 (다른 말로, 고전역학의 테두리 안에서) 충분한 시간이 지난 뒤 동전의 움직임을 예측하지 못한다고 보는 생각도 있다. 대표적인 것이 카오스 이론이다. 초기 조건이 조금만 바뀌게 되어도 시간이 많이 지나면 결과가 완전히 달라진다. 같은 자연 법칙으로 같은 방정식을 쓰는데도 말이다. 방정식이 비선형적인 경우에 이런 일이 일어난다. 다른 경우는, 다루어야 하는 대상이 매우 많을 때이다. 공기 분자를 한 개 저쪽으로 밀면 한 시간 후에 공기 분자들이 어떻게 변할지 현실적으로 알기 어려운데, 다루어야 하는 대상과 복잡도가 커지기 때문이다. 이러한 조건이 되면 원칙적으로 풀 수 있는 문제와 현실적으로 못 푸는 문제의 경계가 희미해진다. 우리로서는 영원히 알 수 없게 되는 것이다.

## 눈감기

그렇다면 동전 던지기에서 앞, 뒷면이 아무렇게나[random] 결정 된다는 것은 무슨 뜻일까?

**고전역학의 임의성:** 원칙적으로는 알 수 있으나, 필요한 정보 를 모르거나 모른 척 하는 것.

동전을 던질 때 조금만 다르게 던져도 나중에는 아주 다르게 바뀐다(그림27). 이를 초기 조건[initial condition]에 민감하다[sensitive] 고 한다. 처음 던지는 위치에서 1mm만 높게 던져도 공중에서 돌아가는 정도가 바뀌고, 땅에 부딪히는 모서리가 바뀌고 바 닥에 되 튄 다음 돌아가는 것이 너무 많이 차이가 난다. 1mm 오차 이내로 동전을 던지는 것은 일상 생활에서는 거의 조절 할 수 없는 정밀성이다.

따라서 이러한 자세한 조건을 무시하고 (또는 모르고) 계산 도 하지 않으면 (또는 못하면) 아무렇게나 던져지는 것과 같다. 그러면 우리는 동전을 어떤 각도로 던질지 모르는 것과 같다. 동전의 앞 뒷면은 사실상 똑같은 확률을 주므로, 동전 앞면이 나올 확률은 $\frac{1}{2}$이 된다. 물론, 정교한 기계를 사용하여 1mm도 오차가 안 나게 던지는 것은 가능하다. 이런 기계를 일부러 안 쓴다면 임의성을 흉내 낼 수 있다.[16]

사실 우리 생활에서는 이렇게 초기 조건에 민감한 일이 별

**그림 27** 동전을 조금만 높은 곳에서 던지더라도 거의 임의(random)의 결과가 나온다고 할 수 있다.

로 없다.[17] 밥숟가락을 대충 입에 가져가면 밥이 입에 들어간다. 조금 삐끗한다고 하더라도 어려움 없이 밥을 먹을 수 있다. 아기가 밥을 잘 못 먹는 일이 있다면 그것은 숟가락이 고전적인 운동 법칙을 따르지 못해서가 아니라 훈련 부족일 뿐이다.

# 06
# 전자에 무슨 일이 일어났을까

**나는 어쨌든, 그[신]가 주사위 던지기를 하지 않는다는 것을 확신한다.**

*알베르트 아인슈타인(1926), 막스 보른에게 보낸 편지 가운데*

지금까지 겹실틈 실험의 결과(간섭무늬)를 보고 알 수 있는 것들을 살펴보았다. 이제, 그 결과를 설명해 줄 과정을 이해하고 싶다.

우리가 볼 수 있는 유일한 결과는 스크린에 찍힌 점들 뿐이다. 실틈에서 출발하여 스크린에 이르는 동안 전자에게 무슨일이 일어났을까? 전자들은 우리가 생각하는 방식으로 운동하지 않았다. 중간에 무슨 일이 일어났는지에 대한 해석interpretation이 필요하다.

이 장에서는 양자역학의 탄생에 기여한 코펜하겐 학파의 해석에 대하여 알아본다. 코펜하겐 해석은 98%의 양자역학책에서 채택된 해석이므로 표준 해석이라고 할 수도 있다. 그러나 코펜하겐 해석에는 문제점이 많아 이 책에서는 이를 비판적으로 볼 것이며, 3부에서 대안 해석들도 살펴볼 것이다. 읽는 이들은 눈을 크게 뜨고 이 장에서 설명하는 코펜하겐 해석을 당연한 것으로 받아들이지 않기 바란다.

## 관찰한 것만이 확실한 것이다

계속해서 전자의 겹실틈 실험을 생각해보자. 전자총에서 나온 전자는 어떻게든 두 실틈을 지나 스크린까지 날아갔을 것이다. 전자가 날아가는 과정을 직접 관찰할 수 있다면 간섭무늬에 대한 모든 궁금증이 해결될 것이다. 어느 실틈으로 들어갔고 어느 곳을 지나 스크린에 도달하는지를 알면 되는 것이다.

그러나 날아간다는 표현부터 문제가 있다. 전자가 자취를 그리며 날아가는 것을 상상하게 되기 때문이다. 우리가 알고 있는 유일한 증거는 스크린에 찍힌 점들 뿐임에 주의하자. 물론 점을 찍는 것은 입자이지만 축구공처럼 날아가서 점을 찍었다고 생각하면 간섭무늬를 설명할 수 없다. 엄밀히 말하면 전자총에서 전자가 나가는 것도, 실틈을 통과하는 것도, 스크린에 도달하기 전까지 어떤 일이 일어났는지 모른다.

## 건드리지 않고 볼 수는 없다

어떤 것도 건드리지 않고서는 관찰할 수가 없다. 전자를 보려면 전자를 건드려 보아야 한다.

**제안:** 손으로 더듬어가며 고양이의 모양을 파악할 수도 있지만, 건드리지 않고 볼 수 있다. 눈만 가만히 뜨고 있으면 된다.

**반박:** 고양이를 보기 위해서는 빛으로 고양이를 건드려야 한다. 고양이를 보는 것은 고양이에게 부딪히고 반사된 빛을 보는 것이다.

조금만 더 생각해보면, 대상을 전혀 건드리지 않고 정보를 얻는 방법이 본질적으로 없다는 것을 깨닫게 된다. 코로 냄새를 맡는 것도 물체에서 떨어져 나온 분자를 후각 세포에서 받는 것이며, 귀로 소리를 듣는 것도 물체가 흔든 공기가 고막을 흔드는 것을 느끼는 것이다. 어떤 도구를 쓰더라도 알고자 하는 물체를 건드려서 나온 정보를 받아 파악한다는 사실에는 변함이 없다.

더 큰 문제는, 전자를 측정하면 전자의 상태가 망가진다는 것이다. 겹실틈 실험에서 전자가 어디에 있는지 관찰할 수 있었던 것은 형광 물질을 바른 스크린에 부딪치도록 했기 때문이다(또는 빛을 쪼여서 볼 수도 있다. 21장에서 볼 것이다). 그러나 그 후 전자는 어디론가 사라졌다. 아마도 스크린에 흡수되었을 것이다. 더이상 전자의 성질을 측정하기는 커녕 전자를 잃어버린 것이다. 이렇게 양자역학의 관찰은 상태를 망가뜨리는데, 이를 특별히 측정measurement 이라고 부른다.

**측정:** 미시적인 대상(전자)이 거시적인 측정장치(스크린)와 만나서 대상을 변화시켜 흔적으로 남기는 상호작용.

## 양자 상태의 예민함

건드려도 거의 망가지지 않는 것을 관찰하는 데에는 문제가 없다. 태양 빛이 끊임없이 고양이를 때려도 고양이는 아프지 않으며, 그 충격으로 털 한 올도 흔들리지 않는다. 이처럼 고전역학은 대상에 영향을 주지 않고 관찰할 수 있는 수단이 있었다. 의심이 들 때마다 다시 보면 똑같은 것을 관찰하므로, 내가 보든 안 보든 대상이 존재한다고 믿을 수 있었다(실재성reality). 또 누가 보아도 같은 방법으로 보면 똑같은 것을 관찰한다(객관성objectivity)고 생각했다. 이는 5부에서 자세히 살펴보겠다.

축구공을 관찰하는 것도 공의 움직임을 방해하지 않는다. 역설적으로, 이 경우에는 공이 어떤 경로로 날아갔나를 일일이 따져볼 필요가 없다. 틈 뒤에 두 줄로 찍힌 자국을 보고 무슨 일이 일어났는지를 바로 파악할 수 있다. 공은 언제나 곧장 날아가며, 틈을 통과한 것은 벽에 자국을 남기고, 통과하지 못한 공은 되튀거나 해서 자국을 남기지 못한 것이 분명하다.

양자역학에는 이러한 존재의 성질이 확실하지 않다. 스크린을 통해 전자의 위치를 측정했지만 측정할 때마다 다른 위치에 점이 생겼다. 전자가 어떤 위치에 점을 남길지를 설명할 수 있는 방법이 없고 확률만 알 수 있다고 하였다. 측정 당시 전자가 다른 자리에 있었기 때문인지 아니면 측정을 제대로 못해서 점들이 여러 곳에 찍혔는지를 알 수 없다.

그림 28   적어도 스크린에 닿기 전까지는 파동이 전체에 퍼져 있다.


## 측정 직전까지의 상황은 알고 있다

전자의 진행을 물결파와 같이 파동으로 이해하는 것은 어디까지 유효할까? 적어도 전자가 두 실틈을 지난 뒤 스크린에 닿기 직전까지 일어나는 일들에 대해서는 모든 것을 순수하게 파동으로 계산할 수 있다. 뒤에서(13장) 이 파동을 기술하는 슈뢰딩거 방정식을 배우게 될 것이다. 슈뢰딩거 방정식을 통해 전자가 겹실틈에 어떻게 영향을 받는지를 원칙적으로 계산할 수 있다.

그러나 사실은 파동이 이렇게 생겼다는 것을 확인할 방법이 없다. 우리가 유일하게 볼 수 있는 정보는 측정한 뒤, 스크린에 찍힌 점들을 모아 보는 방법 밖에 없다. 여기에서 생긴 간섭무늬를 통하여 전자가 만드는 파동함수가 이렇게 생겼다고 추정할 뿐이다.

전자가 전자총을 떠나, 실틈을 지나고 스크린에 이르러 측정하는 과정에서 어떤 일이 일어나는지에 해석$^{interpretation}$이 필요하다. 이 장에서는 대부분의 교과서에서 소개되는 표준 해석으로 코펜하겐$^{Copenhagen}$학파의 해석을 알아본다.

물결이 아무런 방해를 받지 않을 때 모든 방향으로 골고루 펼쳐지듯, 겹실틈을 지난 전자의 파동도 스크린 앞의

모든 공간에 퍼져있다

고 추정할 수 있다. 실틈과 스크린 사이에는 빈 공간만이 있기 때문에, 파동의 성질을 해칠 만한 어떤 것도 없다. 이 상황이 그림 28에 나와 있다. 어떤 부분은 봉우리를 이루고 어떤 부분을 골을 이루지만 파동함수는 골고루 펼쳐져 있다. 운동을 일

으키는 원인과 초기 조건을 알면 나중의 모든 것을 알 수 있다
는 고전역학의 원칙이 여기까지는 들어맞는다.


## 측정하는 순간 파동이 무너진다

그럼에도 불구하고 우리가 봤던 스크린에는,

한 번에 한 점만 찍혔다.


전자의 파동 함수는 모든 부분에 퍼져 있었지만 말이다. 따
라서, 지금까지의 이해에 따르면 가장 큰 문제가 생기는 지점
은

전자가 스크린에 부딪치는 순간이다.


파동함수에 우리가 원하는 정보가 담겨져 있다는 것과, 이
의 제곱이 확률을 준다는 것에 대해서는 모든 사람이 동의한

그림 29  파동함수가 전체에 퍼져 있음에도 불구하고 스크린에는 한 번에 점 하나씩
만 찍힌다. 왜 그럴까?

다. 코펜하겐 해석에 따르면 파동함수는 무너진다<sup>collapse, 붕괴한다</sup>.

**파동함수의 무너짐(폰 노이만, 1932):** 파동함수는 넓은 영역에 걸쳐 있지만 전자 하나를 기술한다. 이 파동은 스크린에 닿는 순간 점 하나에 해당하는 파동으로 순간적으로 바뀐다. 전자가 그 자리에 점을 남길 확률 분포만을 알 수 있는데, (4장에서 배운) 보른 규칙에 따라, 파동함수의 절댓값 제곱에 비례한다.

이렇게 퍼져 있던 파동이 측정하는 순간, 그 점에서 퍼져나가는 파동으로 바뀌는 것을 파동함수가 무너진다고 한다. 또는 점잖은 말로 파동함수가 환원<sup>reduction</sup>된다고 한다.

우리는 이미, 퍼져 있던 파동이 오그라들어, 한 점에서[18] 퍼져나가는 파동으로 바뀌는 예를 2장에서 보았다. 바로 실틈을 통과하는 파동이다. 공간에서 퍼져나가던 파동이 실틈을 통과한 순간, 그 점에서 새로 시작하는 파동처럼 바뀌었다. 물결파로 실험할 때, 손가락으로 한 점에서 퍼져나가는 구면파를 만든 것과 같다. 그러나 이 경우에는 파동함수가 무너진 것이 아니라, 벽으로 막힌 곳을 통과하지 못했을 뿐이다.

파동함수가 무너지는 것은 막혀 있는 것이 없더라도 자발적으로 한 점을 택하는 것이다. 물결파 실험에서 알 수 있듯, 파동은 스크린 앞 전체에 고루 퍼져있었다. 그렇지만 점은 한 번에 하나만 찍혔다. 다른 곳에 찍힐 수도 있는데 하필이면 그 점에 찍힌 것은 파동이 그 점에 집중된 파동으로 무너진 것이다.


## 따라서 예측할 수 없는 일이 일어난다

측정을 통해 파동함수가 무너진다는 말은 더 이상 설명할수 없는 말이다. 파동이 실틈을 지나서 어떻게 퍼져나가는지를 완벽하게 알고 있음에도 불구하고 이것이 스크린에 닿는 순간 어떤 일을 일으킬지를 모른다는 것이다. 파동은 스크린 전체를 덮고 있는데 스크린에 닿는 순간, 왜 그런지 모르지만 밝은 점이 단 하나만 생긴다.

이는 앞서 살펴본 동전의 고전적인 확률과는 다르다. 확률밖에 모른다는 것은,

사건이 단 한번만 일어날 때 원칙적으로 예측 불가능한 일이 일어난다

는 것이다. 여기에서 원칙적이라는 말은 기술적이라는 말의반대 개념으로, 우리 기술이 부족하여 알아낼 수 없는 것이 아니라, 무한한 기술이 있어도 알아낼 수 없다는 뜻이다. 전자 하나만을 쏘았을 때, 스크린에 닿는 순간 어디에 점을 남길지 전혀 알 수 없다는 뜻이다.

같은 실험을 많이 시행할수록, 많은 전자들이 남기는 점들

의 분포가 어떻게 되리라는 것은 더 잘 알 수 있다. 그러나 단 한 번 시행했을 때에는 '이번에는 바로 저 자리에 점이 찍힐 것이다'처럼 확실히 말할 수 없는 것이다. 거기까지이다.

이것이 코펜하겐 해석의 가장 큰 문제이다. 스크린에 점이 찍히는 과정에서, 즉 측정을 할 때, 무슨 일이 일어나는지를 알 수 없다. 전자를 실틈에 쏘는 것은, 동전이 순간순간 어떻게 변하는지를 무시한 채 임의로 던진 것과 같다. 우리가 전자에 대해 아는 것은 그런 완전한 그림이 아니라, 두 실틈을 골고루 이용한다는 것처럼 제한적인 사실뿐이다. 불편하다. 전자의 성질을 더 잘 이해하게 되면 정확히 예측할 수 있을까? 아니면 이 세상이 원래 그래서, 확률 이상의 것은 근본적으로 알 수 없는 것일까.

**질문:** 전자가 정확히 어디에서 출발했고, 어떤 속도로 날아가는지 알면 전자가 점을 어디에 남기는지 알 수 있을 것 아닌가.

고전적으로 생각하면, 전자가 어디에 점을 남기는지를 알아내려면 전자의 위치와 속도가 순간순간 어떻게 변하는지를 알아내야 한다. 바로 이것이 앞 장에서 했던 시도, 즉 입자로서 전자의 성질을 이해하려고 한 것이다.

그러나 전자의 위치와 속도를 알아낼 수 없을 뿐 아니라 이 개념 자체가 전자의 행동과 반하는 것 같다. 가령, 실틈 하나를 막거나 두 실틈 사이를 넓히면 전자가 어느 실틈에 들어갈지를 더 잘 알 수 있을 것 같은데, 실험해보면 간섭무늬는 망가진다. 위치와 운동량을 동시에 알아내는 것이 불가능할 뿐 아니라, 이러한 정보를 알면 우리가 원하는 간섭무늬가 나오지 않는다. 이를 일반화한 것이 나중에 살펴보게 될(17장) 불확정성 원리이다. 전자가 축구공처럼 특정한 경로로 날아가는지를 모를 뿐 아니라 그런 개념을 사용해야 하는 작은 알갱이인지조차도 모른다.

코펜하겐 해석에 대비되는 입장 하나를 소개한다.

**앙상블 해석(아인슈타인, 슈뢰딩거, 포퍼 등):** 파동함수가 확률을 주지만 이것이 전자 하나를 기술하는 것은 아니다. 비슷한 실험을 여러 번 할 때 여러 가지 다른 결과가 나오는 비율이 파동함수가 주는 확률이다. 즉 통계적인 정보를 담고 있다.

여기에서 비슷한 실험이란 우리가 알 수 있는 한에서는 같은 조건, 같은 위치, 같은 시간에 하는 실험이다. 이 실험의 모임을 앙상블<sup>ensemble</sup>이라고 한다. 그러나 이를 실제로 구현할 수는 없다. 똑같이 마련된 실험장치라도 동시에 실험하려면 같은 곳에 놓지 못하고 조금이라도 옆에 실험 장치를 놓아야 한다. 그러면 전자를 쏘는 조건이 다를 수밖에 없다. 어떤 실험 장치는 전자렌지에 더 가까이 있어 전자파 영향을 받을 수 있다. 반대로 하나의 장치로 같은 실험을 반복한다면 실험을 하는 시점이 다르다. 아침과 저녁에 기온이 다를 수도 있다. 무엇보다, 한 번 실험한 뒤에 장치를 다시 설정해도 실험하기 전으로 완벽하게 돌아간다는 보장도 없다.

## 근본적으로 알 수 없는 것

20세기 이전의 고전 물리학에서는 이와 같은 일이 없었다. 모든 물체의 행동은 복잡할지라도 원칙적으로 예측할 수 있었다. 고전역학은 결정론적이다. 사과를 던지면 몇 초 뒤에 어디에 떨어질지 알 수 있으며, 지구를 떠난 인공위성이 몇 년 뒤에 어느 행성 곁을 지나갈 지도 정확하게 알 수 있었다. 물결이 처음에 어떻게 시작했는지를 알면 시간이 지나며 어떻게 변하게 될지를 알고 있다.

과학은 원칙적으로 결정론적이어야 한다. 근대 과학의 다른 이름은 계몽이었다. 이해되지 않는 현상이 있어도 신비로운 현상은 아니었다. 끊임없이 질문하고 더 정교한 설명을 찾아 결국은 이해하게 되었다.

그러나 겹실틈 실험에서 전자가 어디에 찍힐 지는 이해하기가 어렵다. 이를 다른 말로 하면,

페레스Asher Peres(1995): 똑같은 실험을 다시 해도 똑같은 결과를 얻을 수 없다.

이는 과학 가운데 가장 과학적인 방법을 강조하는 물리학의 한가운데, 법칙이 없는 자연현상이 있다는 것이다. 과학의 가장 중요한 미덕 가운데 하나는 어디에서 누가 실험해도 완전히 같은 결과를 얻는다는 것이다. 누군가가 외계인을 발견했다고 주장하려면, 다른 비슷한 곳의 비슷한 조건 아래에서 똑같은 발견이 있어야 한다. 그럴 수 없다면 과학이라고 할 수 없다.[19]

**낙천주의자:** 이를 이용하여 완벽한 난수를 만들 수 있다. 동전 던지기는 무한히 정확하고 계산 능력이 완벽한 누군가가 앞, 뒷면이 나올지를 예측할 수 있다. 그러나 겹실틈 실험에서 왼쪽 실틈을 통과할지 오른쪽 실틈을 통과할지는 완전히 임의적이기 때문에 완벽한 난수를 만들어 추첨을 할 수 있다.[20]

**실용주의자:** 고전역학이 그리는 세상은, 양자역학에서 일어나는 다양한 일에 평균을 한 것이다. 실험을 충분히 많이 해보면 거의 같은 평균을 가져온다. 따라서 평균만 다루면 고전역학을 얻을 수 있다. 축구공이 날아가는 것을 기술하는 데 탄소 원자 하나, 전자 하나의 운동은 중요하지 않다. 이들의 평균을 구하면 고전적으로 거의 점처럼 취급할 수 있는 모든 것을 기술할 수 있다.

**조작주의자**operationalist**:** 양자역학에서 일어나는 일을 설명할 수는 없다. 그러나 어떤 일이 일어나는지 서술할 수는 있다. 전자의 겹실틈 실험에서 물결파가 무엇을 나타내는지는 모르겠지만, 스크린의 어떤 점에 점이 찍힐지를 계산할 수 있다. 원인과 결과를 분명하게 직관적으로 보여주는 설명은 불가능하지만, 이해가 가지 않는 방법으로 많은 실험을 잘 서술할 수 있다. 중요한 것은 우리가 관찰 가능한 사실에 대해서만 말하는 것이다. 전자가 중간에 어디로 지나가는지 영원히 관찰할 수 없다면, 우리의 직관을 믿지 말고 실험으로 확인할 수 있는 것만 이야기하면 되는 것 아닌가. 그 설명이 이상하다는 것이 문제가 되지 않는다.

**과학 원리주의자:** 확률을 계산했다고 해서 만족하는 것은 포기와 같다. 코펜하겐 해석처럼 더 이상 설명하려 하지 않는 것은 과학이 아니다.

# 07
# 입자와 파동의 구별이 없어졌다

빛의 성질은 살아가거나 예술을 하는 데에는
중요하지 않은 주제이지만,
그래도 여러 다른 면에서 엄청나게 흥미롭다.

- 토마스 영,《빛과 색의 성질에 대하여》(1845)

파동과 입자는 구별이 없다.
따라서 양자역학은 마당$^{field, 장}$과 그에 따른 파동
그리고 입자를 모두 하나로 통일하는 개념이다.

- 리처드 파인만,《물리학 강의》3권 (1963)


　전자라는 것이 익숙하지 않아 실험을 파악하거나 확신을 가
질 수 없다면, 다른 것으로 같은 실험을 해볼 수 있다. 예를 들
면 빛으로 실험해볼 수도 있다. 우리는 빛을 매일 보아 왔기 때
문에, 빛이 벽에 다다르면 어떻게 벽이 밝아지는지 꽤 익숙하
게 알고 있다. 빛도 다루기 힘든 것은 마찬가지이지만 이제는
레이저 기술의 발달로 실험 장치들이 작아지고 구하기 쉬워져
서 심지어는 집에서도 직접 실험을 해볼 수 있다.

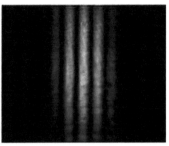

그림 30  빛을 이용한 겹실틈 실험도 집에서 해볼 수 있다. 레이저 포인터와 실틈만 있으면 된다. 판에 면도날 두 장을 붙여 그으면 된다. 겹실틈도 살 수 있다. 겹실틈을 구하기 힘들면 컴팩트 디스크에 반사시키면 된다. 다른 과정을 거치지만 같은 방식의 무늬를 만든다.

## 빛은 입자일까 파동일까

물리학자들이 간섭무늬를 잘 알고 있는 이유는 빛으로 했던 최초의 겹실틈 실험 때문이었다. 이는 백 년에 걸친 역사적 논쟁을 통해 빛에 대해 주의깊게 따져보고 차근차근 이해한 결과이다.

뉴턴이 《광학》Opticks, 1705을 통해 빛이 입자라고 주장하였고 훅Hooke과 하위헌스Huygens 그리고 프레넬Fresnel은 수학적인 기술을 발전시키며 빛이 파동이라고 주장했다. 이후로 계속 빛이 입자인가 파동인가에 대한 논쟁이 이어졌는데, 당대에 알려진 모든 관찰 결과가 입자로도 파동으로도 모두 설명되었기 때문에 긴 시간동안 논쟁이 그치지 않았다.

그리고 이 논쟁에 마지막으로 마침표를 찍은 실험이 바로 1801년 토머스 영[Thomas Young]이 고안한 겹실틈 실험이다.

## 빛으로 실험해보면 무엇이 달라질까

빛으로 하는 겹실틈 실험은 집에서도 할 수 있다. 레이저 포인터와 겹실틈은 조금만 찾아보면 쉽게 살 수 있다. 레이저 포인터에서 나오는 빛을 겹실틈에 통과시키면 그림 30과 같은 간섭무늬를 얻을 수 있다.[21]

가운데에 밝은 기둥이 있고, 바깥쪽으로 가면서 어두워졌다 밝아졌다를 반복하면서 흐려지는, 바로 전자가 스크린에 만든 그 무늬이다. 역시 이 무늬는 실틈 두 개가 다 열려 있어야 하며, 파동으로만 설명된다. 따라서 이 실험을 통해 역사적인 논쟁은 마침표를 찍었고 모든 사람이 빛이 파동이라는 것을 받아들였다. 적어도 20세기 이전까지는.

## 입자라고 해석해야만 하는 빛의 성질

전자는 입자임에도 불구하고 간섭무늬를 만들었다. 전자가 파동의 성질을 가진다고 해석할 수밖에 없는 요소였다. 반대로, 빛도 파동이어서 간섭무늬를 만든다고 알려졌지만, 빛도

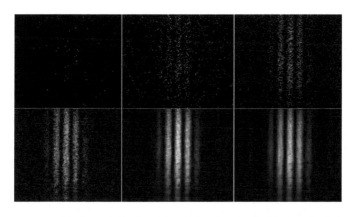

**그림 31** 빛을 사용하여 실험해도 똑같은 간섭 무늬를 얻으며, 점점 빛을 어둡게 하면 입자의 성질을 보인다.

전자처럼 입자의 성질도 가지고 있지 않을까?

그러고 보면 전자의 경우처럼, 빛이 맺은 상이 밝은 것도 빛 입자들이 많이 찍힌 것으로 생각할 수 있다. 입자들이 무수히 많기 때문에 매끈하고 연속적인 것처럼 보였을 수 있다. 따라서 거꾸로, 어둡게 만들면 빛도 점을 찍는지 확인할 수 있을 것이다. 레이저 포인터 바로 앞에 선글라스를 놓으면 더 어두운 빛을 만들 수 있다.

실제로 우리가 원하는 만큼 빛이 적게 나가도록 만들기 위해서는 선글라스를 많이 대어 빛을 극단적으로 약하게 만들어야 한다. 그러면 빛이 맺힌 상이 극도로 어두워져 눈으로 볼 수 없게 된다. 실제로는 빛이 거의 없는 암실에서 빛이 닿는 부분을 카메라의 빛 감지기[CCD]로 바꾸어서 실험할 수 있다.

물론 이들은 기술적인 문제일 뿐이다. 이 부분 때문에 집에서 실험할 수는 없지만 원칙적으로는 원리가 같은 실험이다. 실험실에서 실험한 결과가 그림 31에 나와 있다. 빛을 어둡게 하면 할수록 빛도 점을 찍는 것을 알 수 있다. 빛을 통해서도 전자와 같은 결론을 얻었다.

결국 모든 사람이 더이상 의심의 여지가 없다고 생각했던 결과가 백 년 뒤에 뒤집어졌다. 빛이 간섭무늬를 만든다고 해서 파동이라고 단언할 수는 없게 되었다. 빛이 입자처럼 스크린에 점을 남기는 것을 본 것은 나중 일이고, 처음에는 에너지를 하나, 둘, 셀 수 있는 단위로 전달한다는 것을 볼 수 있었다. 이를 보고 다음과 같이 이야기했다.

**플랑크(1901), 아인슈타인(1905):** 빛도 하나, 둘, 셀 수 있도록 양자화되었다.

양자$^{quantum}$라는 말은 여기에서 나온 것이다. 다시, 빛이 입자의 성질을 가지고 있다는 것이 밝혀졌다. 이러한 입자로서의 빛 하나를 광자$^{photon}$라고 부른다. [22]

**질문:** 이것은 빛이 어두울 때 빛을 받아들이는 CCD 소자가 잘 작동하지 않아서 생긴 잡음이다.

만약 잡음이라면 한 번 쏘았을 때 찍힐 때도 있고 안 찍힐 때도 있고, 다른 크기로 찍힐 때도 있어야 한다. 그런데 그렇지 않다. 빛의 밝기를 어둡게 하면 같은 크기의 점들이 하나씩 찍히는 것을 볼 수 있다. 정말 한 개 두 개 셀 수 있다.

## 빛과 물질의 이중성

입자와 파동의 구별이 어렵다는 것을 보았다. 양자역학이 탄생하는 데 중요한 역할을 한 보어$^{Niels\ Bohr}$는 이 두 측면을 다 인정해야 하며, 전자에 대한 이해를 도와준다고 했다. 어떤 면은 입자로 이해해야 하고 어떤 면은 파동으로 이해해야 한다. 이를 상보성$^{complementarity}$(서로 도와주는 개념)이라고 한다. 전자를 측정할 때 스크린에 점이 하나씩 찍히는 것은 입자로밖에 이해할 수 없다. 그러나 간섭무늬를 만드는 과정, 그리고 이를 위해 설정한 파동이 진행하는 과정은 파동으로밖에 이해할 수 없다.

바람직한 것은 전통적으로 전자는 입자, 빛은 파동으로 보았는데 이들을 통합하여 같은 것으로 이해할 수 있다는 것이다. 따라서 이들이 이중성$^{duality}$을 갖는다고 이야기한다.

그러나 전자가 이도 저도 아닌 무엇이라고 하기에는 부족할 수도 있다. 더 바람직한 것은 어디까지를 파동으로 보고 어디까지를 입자로 보아야 하는가를 더 분명히 하는 것이다. 이들을 구별할 수 있는 경계는 측정에 숨겨져 있을 것이다.


## 왜 일상생활에서는 양자 효과를 볼 수 없을까?

지금까지 보았던 전자와 광자의 행동은 놀랍기만 하다. 흔히 상상하는 작은 공처럼 일정하게 날아가는 것이 아니라 전혀 예상하지 못한 방식으로 운동하는 것 같다. 전자와 광자뿐 아니라 우리가 지금까지 발견한 모든 입자들도 같은 성질을 보인다. 따라서 세상을 이루고 있는 모든 입자가 양자역학을 따른다고 본다.

그렇다면 왜 우리는 이렇게 이상한 양자역학을 일상생활에서 볼 수 없을까? 사과를 던지면 잘 정의된 길을 따라 속도를 가지고 날아간다. 똑같은 이해를 통하여 지금은 명왕성에도 탐사선을 보냈다. 우주탐사선은 비행기처럼 수시로 속력과 방향을 조정하면서 목적지를 찾아가는 것이 아니라, 지구에서 한 번 던져서 목표한 곳으로 날아가는 것이다.[*23] 고전역학은 고도로 정확한 예측력을 가지고 있다. 오히려 양자 효과를 이용하는 제품들은 예측할 수 없는 방식으로 제멋대로 작동하지 않을지 걱정될 수도 있다.

---

[*] 실제로는 궤도 수정을 조금 하지만 우주탐사선의 추진력으로 날아가는 것이 아니고 행성의 중력을 이용한다

세상이 근본적으로 양자역학을 따른다고 해도, 결국 우리가 보는 세상은 고전역학으로 돌아와야 한다. 다시 말해

보어(대응 원리Correspondence Principle, 1920): 양자역학이 더 근본적인 원리라면 고전역학을 포괄해야 한다.

우리 주변의 물체는 한두 개가 아니라 무수히 많은 입자들로 이루어져 있다. 각 입자들은 전자와 같이 양자역학을 따르지만, 이들을 한꺼번에 생각하면 평균적인 효과만 볼 수 있다. 이 평균적인 효과가 고전역학으로 기술된다.

전자나 광자뿐 아니라, 사람이나 지구를 포함하는 모든 물체에 양자역학이 보편적으로 적용된다고 볼 수도 있다. 이들은 크거나 무겁거나 큰 에너지를 가지기 때문에 양자 효과가 작을 수도 있다.

동전을 한두 번 던질 때 몇 번의 앞면이 나올지는 불분명하지만 이 시행을 수조 번도 넘게 하면 평균값은 언제나 $\frac{1}{2}$이라고 해도 상당히 정확한 이야기가 된다. 빛의 겹실틈 실험에서도 광자 각각이 만드는 점의 자취는 불규칙해 보이지만 무수히 많은 광자는 균일한 겹실틈 무늬를 남긴다고 볼 수 있다. 따라서 광자의 모임인 빛은 고전역학에서 배운 연속적인 파동이다.

따라서 고전역학을 이용하는 제품이 양자역학 때문에 오작

동을 일으킬지 걱정할 필요가 없다.

# 2부

# 파동의 이해

# 08
# 파동

**파동역학(Wave Mechanics)**

- 양자역학을 다룬 파울리(Pauli) 《물리학 강의》 5권의 제목

**그림 32**　파동은 파도를 일반화한 물리 개념이다.

겹실틈 실험 결과로 나온 간섭무늬는 파동으로만 설명할 수 있는 요소가 있었다. 다행한 것은 전자의 간섭무늬를 설명했

던 파동이 물결 파동과 비슷한 점이 많다는 것이다. 양자역학을 이해하려면 파동의 일반적인 성질을 더 알아볼 필요가 있다.

## 파동

영어로 파동<sup>wave</sup>은 파도<sup>wave</sup>이다. 파도가 움직이는 것을 줄넘기 줄을 이용해 자세히 살펴볼 수 있다.

줄을 아주 천천히 들면 줄이 완만하게 순차적으로 딸려 올라간다. 다시 줄을 천천히 내리면 줄이 역시 완만하게 순차적으로 따라 내려온다 줄 전체에 힘이 골고루 퍼졌다. 반면에 줄을 너무 빨리 들려고 하면 줄 전체가 이동하는 것이 아니라 그림 33처럼 앞부분만 들리고 나머지 부분은 한동안 그대로 가

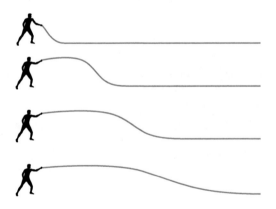

**그림 33** 줄의 한쪽 끝을 들어올리면 전체가 한 번에 들려 올라가지 않는다. 줄이 단단하지 않고 느슨하며, 힘이 전달되는 데에도 시간이 걸리기 때문이다. 맨 위에 있는 그림부터 아래로 내려가면서 시간의 변화에 따른 줄의 모습.

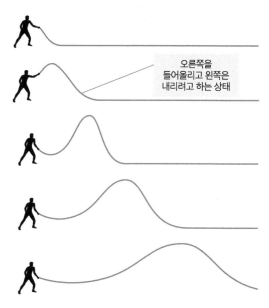

오른쪽을
들어올리고 왼쪽은
내리려고 하는 상태

**그림 34** 줄을 빨리 올렸다 내리면 전체가 움직일 겨를은 없지만 줄 일부가 출렁이고 그 출렁임이 전달된다. 이 흔들림의 전달을 파동이라고 한다.

만히 있다. 그 후 나머지 부분도 줄줄이 따라 들려진다. 줄이 막대처럼 단단하지 않기 때문에 줄을 들어올리는 힘이 끝까지 전달되는 데 시간이 걸린다.

순간적으로 위아래로 흔들게 되면, 위로 흔드는 것 때문에 줄이 위로 올라가려고 하지만 직후 아래로 재빠르게 당겼기에 줄이 제자리로 돌아오는 대신 '들었다 내림'이 줄 옆을 타고 움직인다. 그림 34에 이 상황을 그렸다.

이후 가만히 있으면 하나의 흔들림이(펄스pulse라고 한다) 오른쪽으로 진행한다. 흔들림은 오른쪽 부분을 들려고 하고 자신이 들고 있는 부분을 내리려고 한다. 천천히 흔들었다면 줄 전체가 움직일 수 있겠지만 오르고 내리는 동작이 너무 빠르기 때문에 줄 전체가 움직이지 못하고 어쩔 수 없이 일부의 움직임이 줄을 타고 나아간다.

마찬가지로 파도가 먼 바다에서 해변으로 들어오는 것을 보면 무언가가 다가오는 것처럼 느껴지지만 사실 바닷물 자체가 밀려오는 것이 아니다.

**질문:** 바닷가에서 파도를 보면 정말 물이 밀려온다. 물이 가만히 있고 흔들림만이 전달되는 것이 아니다.

그렇게 볼 수도 있다. 그러나 물이 고여있는 호수에서 물결을 만들면 정말 물결만이 퍼져나가간다. 호수 한가운데 공이나 나뭇잎을 던지면 정말 이것들이 이동하지 않는다는 것을 관찰할 수 있다(참고자료에 있는 링크를 꼭 보라). 그러나 커다란 숟가락으로 물을 저으면 물이 이동한다.

잔잔한 호수의 물결처럼

물은 그대로 놔두고 흔들림만이 이동

하는 것을 파동이라고 한다. 물결은 지나가면서 물을 위아래로 움직인다. 그러나 물 알갱이(분자)는 각각 제자리에서 움직이며 흔들림만 전달한다.

## 매질

물결파가 지나갈 때, 물의 각 부분은 흔들리며 옆에 있는 부분으로 흔들림을 전달한다.

소리는 공기를 통해 전달된다. 공기가 압축되었다 풀렸다 하는 것이 전달되고, 귀는 이 압력을 감지하여 뇌로 신호를 보내어 소리가 된다. 따라서 귀를 울릴 수 있는 모든 것은 소리를 전달한다. 물 속에서 소리를 들을 수 있는 것은 마찬가지로 소리가 물을 압축했다 풀었다 하기 때문이다.

물결파의 물, 소리 파동의 공기를 모두 매질(medium, 복수는 media, 전달수단)이라고 한다.

정리하면, 파동은 다음과 같은 두 요소가 있을 때 발생한다.

1. 전체가 움직이기에는 시간이 부족하지만 부분 부분은 빨리 움직일 수 있는 매개체가 있고
2. 부분 부분은 주변과 상호작용하여 원래대로 복원되려는 성질이 있다.

## 파장: 파동이 영향을 미치는 크기

파도처럼, 파동도 크기와 빠르기가 있다. 가장 간단한 파동

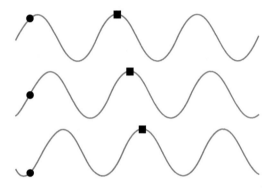

**그림 35**　오른쪽으로 이동하는 평면파. 위에서 아래로 내려오는 그림은 시간 순서대로 그린 것이다. 왼쪽 점을 따라가보면 지나가는 파동 때문에 제자리에서 위아래로 흔들린다. 오른 쪽 네모난 점들은 파동의 마루를 표시한 것이고 파동과 함께 이동한다.

은 균일한 모양을 유지하며 진동하는 평면파이다. 흔히 사인 sine함수로 나타낼 수 있어 사인파라고 부르기도 한다. 위아래로 움직이는 파도가 오른쪽으로 진행한다면 다음과 같은 그림을 볼 수 있다.

　그림 왼쪽의 동그란 점을 보면 제자리에서 위아래로 흔들린다는 것을 알 수 있다. 파동이 점을 흔들면서 지나간다고 볼 수도 있고, 반대로 점이 흔들리는 모습을 보면 파동이 지나가는 것을 간접적으로 볼 수 있다. 사실 파동은 매질이 움직이면서 나타나는 현상이다.

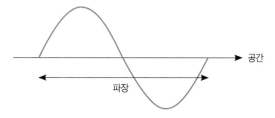

**그림 36** 처음 시작점부터 올라갔다 내려와서 제자리에 온 것을 파동 하나로 삼는다. 가로축은 공간의 위치이다. 파동 하나의 길이를 파장이라고 한다.

그림 35의 가로 방향은 공간 방향이므로, 파동이 펼쳐져 있는 크기를 생각할 수 있다. 그림의 네모 점(오른쪽)을 보면, 파동이 운동할 때마다 오른쪽으로 이동하는 것을 알 수 있다. 이를 모아서 그림 36처럼 한 번 완전히 오르락내리락 한 뒤 원래 모양이 되는 것을 파동 하나로 정한다. 이 길이를 파장이라고 한다. 앞으로 보겠지만, 파장은 파동이 얼마나 넓은 범위에 영향을 미치는지를 알려준다. 파동이 펼쳐진 방향으로 파장만큼 이동하면, 똑같은 파동이 된다. 보통 파장을 나타내는 기호로 그리스 문자 람다($\lambda$)를 쓴다.

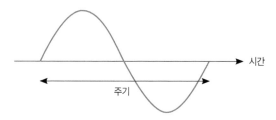

**그림 37** 이번에는 가로축이 시간 방향이다. 완전한 파가 하나 지나가는 시간을 주기라고 한다. 주기의 역수는 진동수이다.

다시 그림 35의 왼쪽 점을 관찰하자. 그 점은 제자리에서 오르락내리락 하는데, 이를 한눈에 보기 위하여 그림을 시간에 대하여 펼쳐 그리면 그림 37을 얻는다. 그림 36과 비슷하지만 이 때 가로 방향은 시간임에 주의하자. 점이 한 번 오르락내리락 하는 이 시간을 주기라고 한다. 앞으로 주기는 $T$라고 쓰겠다.

그림 35에서 파동이 얼마나 빨리 지나가는지 볼 수 있다. 파동 전체를 보아도 되지만, 그림의 오른쪽 점을 따라가면 파동이 오른쪽으로 간다고 볼 수 있다. 파동의 속력은 바로 이 점이 수평으로 얼마나 빨리 지나가는 지로 정한다. 한 번 완전히 진동하는 시간(주기) 동안 얼마나 멀리 갔나(파장)라고 할 수 있다.

$$(\text{파동의 속력 } v) = \frac{(\text{파장 } \lambda)}{(\text{주기 } T)}$$

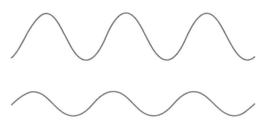

**그림 38** 진폭이 큰 파동(위)과 작은 파동(아래). 소리의 크기는 공기를 한번에 많이 압축시키는가와 관계가 있다. 빛의 밝기도 진폭의 제곱에 비례한다.

매질이 균일하고 상태가 일정하다면 파동의 속도는 일정하다.

물결의 높이가 얼마나 큰가는 파동의 또다른 크기이다. 이를 파동의 진폭amplitude, 진동폭이라고 한다. 고전역학에서는 빛의 밝기가 파동의 진폭 제곱에 비례한다고 알려져 있다.


## 소리

소리는 공기를 흔드는 파동이다. 공기를 뭉쳤다가 펴면서 퍼져나간다. 자세히 볼 수 있다면 공기 분자가 제자리에서 움직이면서 압력만 전달하는 것을 알 수 있을 것이다.

공기가 귀 안에 있는 고막을 밀고 당기고 하면 소리를 듣는다. 고막eardrum은 북(처럼 울리는 것)이라는 뜻인데, 북을 치면 북 표면이 떨리듯 똑같이 떨린다.

파장과 진동수에 따라 음의 높낮이pitch가 다르게 들린다. 파장이 길면 낮은 소리, 짧으면 높은 소리가 난다. 소리를 내는 악기와 소리를 듣는 기관의 크기는, 그 소리의 파장과 비슷해야 한다.[24] 갓난 아이의 목소리가 높은 것은 성대가 짧아서 그 정도로 짧은 파장의 소리가 나기 때문이다. 악기를 보아도 작은 악기가 높은 소리를 잘 내고 큰 악기가 낮은 소리를 잘 낸다.

## 진동수: 파동이 얼마나 빨리 흔들리나

진동수는 매질이 단위 시간동안 몇 번 진동하는가를 나타낸다. 일초에 440번 흔들면 그 소리는 가온 다 위에 있는 '가' 음이 된다. 이를 진동수가 초당 440번이라고 하기도 하고 440Hz(헤르츠라 읽는다)라고 표기하기도 한다. 대부분 악기는 이 음을 표준으로 하여 조율한다. 관현악단이 연주를 시작하기 전에 오보에가 이 음을 연주하고 조율하는 모습을 볼 수 있다(참고자료의 링크 참조). 파동 하나가 지나가는 데 걸리는 시간인 주기의 역수라고 생각하는 것이 더 편하다.

파동의 속력을 진동수를 이용하여 나타낼 수도 있다.

$$(\text{파동의 속력 } v) = (\text{파장 } \lambda) \times (\text{진동수 } f)$$

소리의 속력이 초속 340m정도 되므로, 이 식을 사용하면 앞서 말한 '가' 음의 파장은 대략 77cm이다.


## 눈으로 볼 수 있는 빛은 전자기파의 일부이다

빛도 파동이다. 파장과 진동수에 따라 다른 색의 빛이 된다. 빛이 완벽한 평면파라면 단 한가지 색만을 가진다. 그림 39에 여러 색의 빛을 나타냈다. 맨 위에는 눈으로 볼 수 있는 빛 가운데 파장이 가장 긴(약 0.00005cm) 빨강색 빛이,

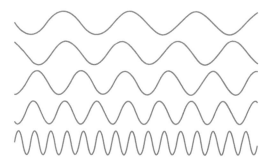

**그림 39** 여러 가지 파장의 평면파. 가로축을 공간이라고 보면 맨 위의 파는 가장 긴 파이고 아래로 갈수록 파장이 짧아진다. 색의 경우 긴 파는 빨강색, 짧은 파는 보라색이다. 가로축을 시간으로 본다면 맨 위 파가 가장 천천히 흔들려 진동수는 낮고 아래로 갈수록 빨리 진동하고 높은 진동수를 가진다.

맨 아래는 파장이 가장 짧은(0.00004cm) 보라색이 있다.[25] 놀라운 것은 빨강색, 초록색, 보라색은 다른 색이지만 질적인 차이가 없으며 단지 파동으로서 파장이 다르다는 것뿐이다. 우리가 색을 보고 느끼는 감흥은 엄청나게 다른데도 말이다. 누군가가 하늘을 그리면서 빨간색으로 칠했다면 불안이나 공포를 느낄 것이다. 물리학은 질적인 차이라고 생각했던 것들을 양적인 차이로 설명한다. 즉 보편성universality을 가지고 있다.

그밖에도 우리 눈에 보이지 않는 자외선(보라색 빛보다 파장이 짧다), 적외선(빨강색보다 파장이 길다)뿐만 아니라 훨씬 다양한 파장에 따라 다른 성질을 가지고 있다. 그러나 이 모두가 전자기파라는 이름으로 하나로 통합되어 있다. 눈에 보이는 빛보다 파장이 긴 전자기파에 방송 신호를 실어 보내는데, 라

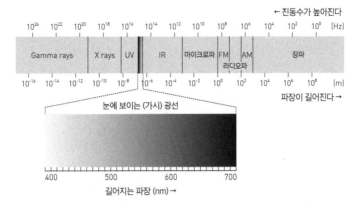

**그림 40** 눈에 보이는 빛뿐 아니라, 전파, X 선까지 모두 다 전자기파라는 개념으로 통일된다. 빨강색 쪽이 파장이 긴 쪽이고 이보다 길면 적외선, 마이크로파, FM, AM 라디오파이다. 보라색 쪽이 파장이 짧은 쪽이고 이보다 짧으면 자외선, X 선, 감마선 이 된다.

디오나 텔레비전 방송 신호도 전자기파이다. 이들은 눈에 보이지 않는 긴 빛이다. 다시 한번 파동이라는 보편적인 대상으로 모든 것을 통일하여 설명한다.

# 09
# 파동은 더해진다: 겹실틈 무늬의 해석

양자역학이 80 년 전 뉴턴역학을 대체했음에도 불구하고
아직도 북미의 대부분의 대학들은
양자역학을 여전히 3 학년이 될때까지 미루고 있고,
물리학 전공자들에게만 제공하고 있다.

*- 리 스몰린 (2006), 〈Trouble with Physics 〉*

파동이 일으키는 신기한 일은 파동들이 더해지는 것으로 이해할 수 있다. 여기에서는 겹실틈 무늬가 어떻게 얻어지는지 그림으로 계산해볼 것이다.

## 중첩과 간섭

파동이 서로 부딪치면 더해진다. 그림 41을 보면 직관적으로 이해할 수 있다.

파동이 위로 출렁거려 올라간 부분을 마루$^{crest}$라고 하고 반대로 출렁거려 아래로 들어간 부분을 골$^{through}$이라고 한다.

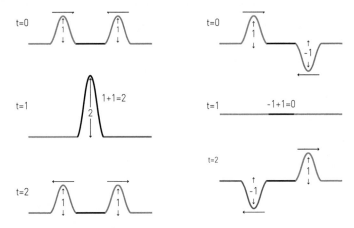

**그림 41** 파동이 부딪치면 매 순간 부분 부분의 높이가 더해진다. 이를 간섭이라고 한다. 위에서부터 일정한 시간 간격으로 아래 그림을 그렸다고 생각하자.

두 파동의 마루와 마루가 만나면, 합쳐져서 더 높은 마루를 이룬다. 물이 뭉쳐서 밀려 올라가 있는 부분을 마루라고 생각할 수 있으므로 물들이 모이면 한꺼번에 더 많이 모이는 더 큰 마루가 될 것이다. 골과 골 둘이 만나 합쳐지는 것도 같은 현상이며, 더 깊은 골을 이룬다. 마루와 골이 만나면 파동의 주름이 펴진다. 이렇게 합쳐지는 방식을 간섭$^{interference}$이라고 한다.

파동이 만나는 것을 덧셈으로 생각할 수 있다. 예를 들어 높이가 1인 두 파동이 만난다고 하면

마루와 마루: 1 + 1 = 2
골과 골: (−1) + (−1) = −2

마루와 골: 1 + (−1) = 0

과 같이 볼 수 있다. 마루 높이가 다르다고 하더라도 최대 높이는 더해질 뿐이다. 사실은 지나가면서 순간순간 모든 부분이 그림 41처럼 더해진다. 마루와 마루, 골과 골이 만나면 각각 더 큰 마루와 골이 된다. 진폭이 더 커지는 간섭을 보강 간섭이라고 한다.

파동의 신기한 성질은 두 개의 파도가 만나면 0이 되기도 한다는 것이다. 이를 상쇄 간섭이라고 한다. 그림 41의 오른쪽 경우이다. 합창단 인원이 두 배가 되더라도 소리 크기가 두 배가 되지는 않는다. 상쇄 간섭이 있기 때문이다.

많은 경우, 간섭을 하고 나서 파동은 아무 일도 없었다는 듯이 원래 모양을 유지하며 나아간다.[26]

## 물결의 간섭

이제 줄 위의 파동이 아니라 평면 위의 파동을 살펴보자. 원리는 똑같지만 다채로운 일이 일어난다. 잔잔한 호수에 돌을 던지면, 물결이 두드린 자리를 중심으로 원 모양을 만들면서 퍼져나간다. 우리가 손으로 두드려 만들어도 똑같다. 규칙적으로 두드리면 그림 42와 같은 파동을 얻을 수 있다.

이 그림을 위에서 내려다보면 일정한 간격의 동심원을 볼

**그림 42** 평면에서 동심원을 만들면서 퍼져나가는 파동(구면파). 한 점에서 규칙적으로 물을 두드리면 이러한 파동을 만들 수 있다. 평면이 아닌 공간에서 한 점을 진동시키면 구면으로 퍼져나간다.

수 있다. 파동의 마루를 굵은 선, 골을 가는 선으로 나타낸다. 그러면 원형 물결은 그림 43처럼 그려진다. 그림이 더 단순해졌다.

그림의 굵은 선은 마루들을 모아 이은 것으로 이를 파면$^{wavefront}$라고 한다. 파면이 원형인 파는 원형파라고 불러야 하지만, 호수 면이 아닌 공간으로 퍼져나가는 파와 함께 구면파$^{spherical\ wave}$라고 부른다. 마찬가지로 파면이 공간에서 평면을 이루거나 면에서 직선을 아루면 이를 평면파$^{plane\ wave}$라고 부른다.

파동의 특징은 한 부분이 의미가 있는 것이 아니라 모든 부분에서 생각해야 한다는 것이다. 한 점에서 시작해서 가능한 모든 곳으로 퍼져나간다. 만약 물의 상태가 균일하다면 그림

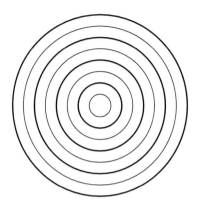

그림 43   앞의 규칙에 따라 원형으로 퍼져나가는 파동을 그렸다. 굵은 선은 마루, 가는 선은 골을 나타낸다.

43에서 보는 것처럼 원형으로 퍼져나간다.

이제 수조에 물을 떠 넣고 수면 두 군데를 두드리면 이러한 원형 물결 두 개가 생길 것이다. 일정한 리듬을 가지고 동시에 두 군데를 두드리면 똑같은 원형 물결 두 개가 그 두 곳에서 시작되어 퍼져나가다가 결국 만난다. 이를 앞서 그린 두 개의 구면파 두 개가 만나는 것으로 그림 44처럼 그릴 수 있다.

그림은 복잡하지만 앞 절에서 이야기했던 파동의 중첩을 그대로 적용할 수 있다. 굵은 선과 굵은 선이 만나는 곳은 마루와 마루가 만나는 곳이므로 더해져 더 높은 마루가 된다. 가는 선과 가는 선이 만나는 곳은 골과 골이 만나 더 깊은 골이 된다. 굵은 선과  가는 선이 만나는 곳은 마루와 골이 만나는 곳이므로 상쇄된다.

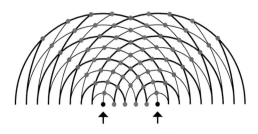

**그림 44** 두 실틈을 통과한 물결이 두개가 만날 때는 그림 41 과 같은 방법으로 더해진다. 그림에서 굵은 선은 마루, 가는 선은 골을 나타낸 것이다. 마루와 마루가 만나 더 높은 마루가 되거나 골과 골이 만나 더 깊은 골이 되는 곳은 회색 점으로 표시하였고, 마루와 골이 상쇄를 일으키는 곳은 녹색 점으로 표시했다.

이 결과로 생긴 파동을 그림 45에 그렸다. 우리가 수조에 만든 물결과 똑같이 생겼다. 마루와 마루가 만나서 높은 마루가 된 것이 회색, 골과 골이 만나 깊은 골이 된 것은 녹색으로 그렸다. 마루와 골이 만나는 곳들을 따라가면 물결이 움직이지 않고 고정된다. 이것이 흰 선처럼 보인다.

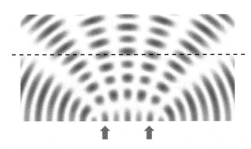

**그림 45** 두 원형 물결이 만나 간섭을 일으킨 모양. 이 특별한 모양은 파동으로만 설명할 수 있다. 점선으로 나타낸 곳을 잘라 단면을 보자. 이 단면에서, 물이 높이 또는 낮게 출렁이는 부분(짙은 색이 있는 부분)은 기둥이 생긴 부분이고, 흰 색으로 되어 있는 부분은 마루와 골이 상쇄된 곳이다. 정량적으로 따져보면, 물의 높이의 절대적인 크기(절댓값의 제곱)은 앞장의 간섭 무늬의 밝기와 비례한다.

## 전자 겹실틈 실험의 간섭무늬

지금까지, 수식을 쓰지는 않았지만 겹실틈 실험을 이해하기 위하여 필요한 모든 것을 계산하였다. 이후의 이야기는 2장에서 보았던 것과 같다. 전자의 겹실틈 실험에서 얻은 무늬가 여기에서 계산한 결과와 대응된다. 물결파가 일어나는 두 점을, 전자 실험에서 실틈 두 개가 있는 위치라고 생각하자. 실틈을 통과한 파동은, 실틈에서 파동이 새로 시작하는 것으로 보는 것이다.*

그림 45에서 점선으로 표시한 부분을 잘라 물의 단면을 본다고 생각하자. 가운데가 가장 파도가 높고, 점점 바깥쪽으로 가면서 낮아지다가 깊어지고, 또 바깥쪽으로 더 가면 파도가 높아지는 것이 반복된다.

물결 높이를 제곱하면 그림 16과 같은 그래프를 얻는다. 이 그래프는 바로 전자 실험을 여러 번 했을 때 스크린에 찍힌 점의 갯수에 비례한다. 전자 하나가 스크린에 점을 찍을 때마다 이 파동과 관계된 일이 일어난다. 즉, 물결파 높이의 제곱은 스크린의 해당 위치에서 전자 하나가 점을 찍을 확률분포이다.

간섭무늬는 두 개의 파원이 있을 때만 생기며, 전자 실험에서는 두 실틈이 모두 열려 있는 경우이다. 이는 전자 하나가 두 실틈을 모두 이용한다는 것이다(3장). 이는 매우 당혹스러운

---

* 이를 하위헌스의 원리라고 한다. 35장에서 자세히 보게 될 것이다.

결과였다. 일상의 언어로는 전자가 두 실틈중 어느 곳을 지나는지를 알 수 없을 뿐 아니라, 둘 다 동시에 통과한다고 밖에 표현할 수밖에 없었다.

파동이라면 두 실틈을 모두 통과하는 것이 자연스럽다. 파동은 생겨난 방향에서 모든 방향으로 퍼져나간다. 파동이 두 개 있으면, 각자는 생겨난 방향에서 모든 방향으로 퍼져나간다. 왼쪽을 통과하는 파동과 오른쪽을 통과하는 파동이 더해지는 것도 자연스럽다. 파동이 복잡하다고 하더라도 함수를 단지 더하기만 하면 모든 것이 해결되는 것이다.

모든 것을 종합해볼 때, 전자도 파동의 성질을 가지고 있다고 보아야 한다. 문제는, 전자는 파동으로만 설명할 수 없다는 것이다. 이 파동이, 스크린에 점을 하나만 찍는 것과 어떻게 연결되는지를 설명해야 한다.

# 10
# 파동은 장애물을 에돌아간다

"예슬아!"
할아버지께서 부르셔
"예."
하고 달려 가면
"너 말고 네 아범."

- 김원석, 〈예슬아〉

파동이 더해지는 것이 간섭이다. 앞 장에서 끈(1차원)이 아닌 평면(2차원)의 파동을 더하는 것은 더 복잡하다(라고 쓰고 재미있다고 읽는다)는 것을 보았다. 간섭이라는 개념은 단순하지만 이를 잘 활용하면 파동이 신기하게 퍼져나가는 것을 설명할 수 있다. 여기에서는 장애물을 에돌아가는 현상을 설명한다.

## 에돌이

소리는 구불구불한 길을 잘 돌아간다. 안방에 계신 할아버

**그림 46** 평면파 에돌이 실험장치. 물통에 물을 담고 막대로 표면을 두드리면 평면파가 발생한다. 이를 부분만 남기고 막으면 물결파가 에돌아가는 것을 볼 수 있다.

지께서 건넌방에 있는 예솔이를 부르신다. 할아버지는 분명히 안방에 계실텐데, 다른 방에서도 목소리가 잘 들린다. 눈에 안 보인다는 것은, 할아버지의 모습을 담은 빛이 예솔이가 있는 방까지 전달되지 않는다는 것이다. 목소리가 들린다는 것은, 할아버지에게서 나온 공기의 진동이 예솔이 방까지 잘 도착한 것이다.[27]

　소리는 어떻게 구불구불한 길을 따라 전달되는 것일까? 소리가 벽에 반사되기도 한다. 그러나 반사는 소리가 퍼지는 것을 설명하는 데 한계가 있다. 예를 들면 공을 아무리 잘 던져도 안방에서 출발한 공이 여러번 튀어 다른 방으로 들어오게 만들기는 힘들다.

　문을 열고 나가 벽 뒤에 서 있어도 방 안에서 이야기하는 소리가 잘 들린다. 방 안과 벽 뒤가 직선으로 연결되지 않고 막

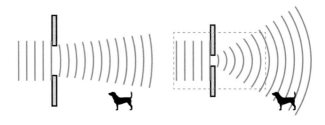

**그림 47** 파동이 장애물을 에돌아나간다. 같은 파장의 파동은, 틈이 좁을수록 더 에돌아나간다. 파장에 비해 장애물이 멀리 있으면 장애물이 없는 것과 같기 때문이다. 동그라미 친 부분을 보면 파장이 짧은 파는(왼쪽) 일단 막히면 걸러지고 안 막힌 부분이 주로 퍼져나가는 반면, 파장이 긴 파는(오른쪽) 모서리에 막혀도 에돌아 나간다.

혀있어도 그렇다. 소리가 틈을 지난 뒤 돌아나간다고 할 수 있다. 이 현상을 에돌이$^{diffraction, 회절}$라고 한다.

에돌아가는 물결을 직접 만들어볼 수 있다. 그림 46처럼 물통에 물을 담고 막대로 물을 규칙적으로 두드리면 평면파가 막대와 평행하게 발생한다. 그 앞에 벽을 두고 틈을 만들자. 틈을 통과한 파도는 그림 47처럼 굽는다. 오른쪽 그림을 보면 강아지가 구멍에서 멀리 떨어져 있음에도 불구하고 소리 파동이 에돌아가서 소리를 들을 수 있는 것을 본다.

### 에돌이가 일어나는 조건

에돌이가 일어나는 정도는 틈의 크기에 다르다. 그림 47 왼쪽 그림을 오른쪽 그림과 비교해 보면 왼쪽에서 들어온 파동 대부분이 계속해서 곧게 나아가는 것을 알 수 있다. 가운데 부분은 벽의 존재를 거의 느끼지 못한다. 따라서 원래 평면파처럼 차곡차곡 나갈 것이다. 벽이 있는 곳에서는 파동이 막혀서 흡수되거나 반사되지만, 틈의 가장자리에서는 파동이 돌아간다. 따라서 틈이 클수록 파동이 에돌지 않고 곧게 나간다.

틈이 좁을수록 에돌이가 더 크게 일어난다. 그림 47 오른쪽 그림을 보면 파동은 작은 틈을 제외한 벽에 대부분 막혔다. 그런데 작은 틈을 통과한 파는 상당히 넓은 각을 이루고 퍼져나가는 것을 알 수 있다.

그림 48을 살펴보자. 틈의 크기가 같은데 파장이 길수록 더 잘 에돌아나간다는 것을 알 수 있다.

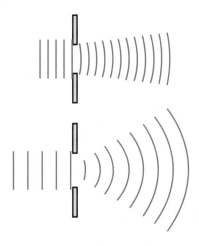

**그림 48** 틈새의 크기가 같으면 파장이 클수록 더 많이 에돌아나간다. 사실, 아래 그림은 그림 47 의 오른쪽 그림을 확대해놓은 것과 같다. 장애물과 틈의 크기는 모두 상대적이다. 파장에 비해 좁은 틈에서는 에돌이가 크고, 크기가 작은 장애물은 잘 피해간다.

파장이 짧고 길다는 것은 상대적이다. 파장과 틈의 크기의 비율이 중요하다. 그림 48의 아래 그림은, 그림 47의 오른쪽 그림(사각형으로 둘러싸인 부분)을 확대해놓은 것과 같다. 두 그림에서 파동이 에돌아나가는 정도는 같은데, 이는 파장과 틈의 비율이 같기 때문이다.

틈의 크기가 파장 정도가 되거나 조금 클 때 파동은 최대로 에돌아나가고, 너무 작으면 아예 빠져나가지 못한다. 전자렌지를 보면 작은 망이 있는데 거기 있는 구멍을 통하여 안의 음식을 볼 수 있다. 음식에서 나온 빛의 파장은 틈보다 훨씬 작아 에돌이 없이 거의 통과하여 우리 눈에 들어오기 때문에 음식을 볼 수 있다. 그러나 음식을 데우는 마이크로파는 십여 센티미터의 길이를 가지고 있기 때문에 몇 밀리미터밖에 안되는 구멍을 거의 통과할 수 없다. 물론 구멍 없이 막힌 부분이 마이크로파를 투과하면 안되기에 꽤 두꺼운 금속을 사용한다. 전

그림 49  전자렌지의 창에는 작은 구멍들이 나 있다. 음식을 익히는 마이크로파는 구멍에 비해 훨씬 긴 파장을 가지므로 통과하지 못한다. 그러나 눈으로 볼 수 있는 빛의 파장은 구멍 크기에 비해 훨씬 짧아서 안에 있는 음식을 볼 수 있다. 음식을 보는 동안 얼굴이 익지 않을까 걱정하지 않아도 된다.

자렌지를 들여다본다고 해서 얼굴이 익지는 않는다.


## 간섭무늬를 만들기 위한 조건

여기에서 배운 것을 통하여, 겹실틈을 통과한 파동이 간섭무늬를 만들기 위한 조건을 알 수 있다.

1. 파장에 비해 각 실틈의 너비가 좁아야 한다. 그렇지 않으면 에돌이가 안 일어난다.
2. 파장에 비해 두 실틈의 간격이 좁아야 한다. 만약 두 실틈의 간격이 너무 넓으면 각각의 실틈에서 에돌아나온 두 파가 만나기 힘들다.


## 일상 생활의 에돌이

큰 파도는 작은 장애물이 있어도 설렁설렁 잘 돌아나간다. 여기서 큰 파도란 흔들림의 폭이 아니라 파장이 긴 파도를 말한다. 장애물이 작으면 잘 돌아나간다는 것은 파도의 파장보다 작으면 잘 돌아나간다는 것이다. 장애물이 없는 것과 같이 진행한다. 파장이 짧은 파동은 지나가는 길을 세밀하게 훑고 가기 때문에 장애물에 민감하다.

앞서 소리는 공기를 압축하고 팽창시키며 퍼져나가는 파동이라고 하였다. 스피커는 이렇게 공기를 흔들어 소리를 내는 장치이다. 정확히는 스피커의 유닛<sup>unit</sup>(보통 동그란 깔대기 모양의 종이<sup>cone</sup>와 이를 흔드는 전기장치)에서 소리를 내고 통 <sup>enclosure</sup>은 소리가 더 잘 울리도록 도와준다. 웬만큼 큰 스피커를 보면 각기 다른 크기의 유닛으로 되어 있다. 높은 소리를 내는 유닛은 트위터<sup>tweeter</sup>라 부르고 앞서 설명한 것처럼 작게 생겼다. 낮은 소리를 주로 내는 유닛은 우퍼<sup>woofer</sup>라 부르고 크게 생겼다.

그뿐 아니라 스피커에는 작은 유닛이 위에, 큰 유닛이 아래에 위치해있다. 스피커 설치 안내를 보면 작은 유닛이 귀 높이에 오도록 높이를 맞추고 듣는 사람 쪽을 향하도록 조금 돌려 놓으라는 안내가 있다.

높은 소리는 별로 에돌아나가지 않아 직진성이 좋다. 따라서 스피커의 방향이 듣는 사람 쪽을 향하게 설치하지 않으면 소리가 덜 들린다. 반면에 낮은 소리는 에돌이가 커서 방

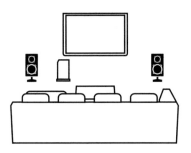

그림 50 높은 소리는 파장이 짧아 크기가 작은 트위터에서 나온다. 파장이 짧으면 직진성이 좋아 스피커가 귀를 향하게 해야 한다. 낮은 소리는 파장이 길어 크기가 큰 우퍼에서 나온다. 파장이 길면 잘 에돌아나가서 아무데나 놓아도 소리가 잘 들린다.

향을 돌려놓아도 웬만하면 잘 들린다. 저음만 담당하는 서브
우퍼는 아무데나 놓고 아무 방향을 향하도록 해도 소리가 잘
들린다.

빛도 마찬가지로 파동이므로 에돌아나간다. 눈으로 볼 수
있는 빛은 더 큰 개념의 전자기파의 특정 파장에 있는 것들이
라고 했다(8장). 파장이 긴 전자기파에 방송 신호를 실어보내
는데, FM라디오는 파장이 수 미터, AM라디오는 파장이 수
백 미터이다.

FM라디오는 파장이 짧아 직진성이 좋지만 산 같은 큰 장
애물이 있으면 가로막힌다. 그러나 AM라디오는 파장이 수
백 미터이므로 수십 미터 크기의 산이 있어도 잘 에돌아나간
다. 따라서 산간 지역에서는 AM라디오를 잘 들을 수 있다.
그렇지만 FM신호는 진동수가 높아서 같은 시간 안에 더 많
은 정보를 담을 수 있으므로 음질이 좋다. 다만 FM방송에 잡
음이 적은 것은 신호를 전자기파에 싣는 방식이 다르기 때문
이기도 하다.

휴대전화에 사용되는 LTE는 같은 전자기파를 쓰지만 파장
이 더 짧고, 최근의 Wi-Fi 신호는 파장이 더 짧다. 파장이 짧으
므로 산은 커녕 방들도 돌아나가기가 힘들다. 옆집에는 신호
가 더더욱 안 간다. 그래서 신호를 잡아서 다시 쏘아주는 기지
국 또는 리피터repeater가 필요하다.

그림 51  AM라디오 신호는 파장이 약 수백 미터여서 산을 잘 넘어간다. 그래서 산간 지방에서도 신호가 잘 잡힌다. 반면 FM라디오 신호는 파장이 수 미터 정도여서 산에 막힌다.

## 에돌이는 간섭 때문에 생긴다

에돌이는 왜 일어날까? 간섭으로 설명할 수 있다.

뒤에 나올 하위헌스의 원리로 파동이 진행하는 것을 이해할 수 있다. 한 순간에 파동이 펼쳐진 점들을 모은 것을 파면 wave front 이라고 한다. 모든 파동의 전파는, 구면파가 파면의 모든 점에서 다시 시작되는 것으로 이해할 수 있다. 시간이 지나면 구면파가 퍼지는데 이들을 다 더하면, 그 시간의 파면이 된다.

넓은 실틈을 지나는 파동은 좁은 실틈을 지나는 파동보다 많은 구면파를 더하는 것이다. 구면파를 더 많이 더하면 많은 상쇄가 일어나, 이후 퍼지는 파면이 점점 구면보다는 평면에 가까워진다.* 그 결과가 그림 52와 같다.

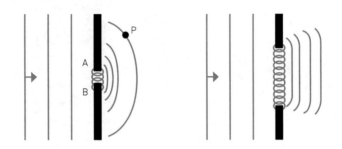

**그림 52** 하위헌스의 원리로 에돌이를 설명할 수 있다. 틈이 좁으면 한 점에서 퍼져나가는 구면파와 크게 다르지 않게 둥글게 퍼져나간다(왼쪽). 틈이 넓으면 구면파가 시작되는 점이 더 많아져, 상쇄 간섭이 일어난다. 그 결과 평면파에 가까운 파가 만들어진다(오른쪽). 덜 에돌아나가게 된다.

---

\* 그림 47을 보라.

# 11

# 빛 한 개, 근본적인 파동

**빛은 전자기 파동이며 매질 없이 진행한다.**

*- 고등학교 물리 교과서*

**이 어려움이 오랜 시간 동안 나를 사로잡았다.**

*- 루이 드브로이, 《양자 이론에 대하여》 (1925)*

## 단 하나의 파동

빛은 파동이라고 생각했지만, 겹실틈 실험을 해보니 전자와 다를 바가 없었다는 것을 7장에서 보았다. 빛을 더 어둡게 쬐면, 스크린에 맺힌 상이 균일하게 어두워지는 것이 아니라 적은 수의 점들이 찍히게 되는 것을 보았다.

따라서 빛도 입자의 성질을 갖는다고 할 수밖에 없다. 이러한 측면을 강조하여 빛의 최소 단위를 광자photon라고 부른다. 다시 말해, 빛은 광자들의 다발이다.

광자 하나가 가지고 있는 에너지를 잴 수 있다. 7장에서 빛을 어둡게 쬐면 스크린에 점이 찍히는 것을 보았다. 실제 실험에서는 스크린 대신 디지털 카메라의 빛 감지장치<sup>CCD, 전하결합</sup> <sup>소자</sup>를 이용한다. 이는 특정한 금속에 쪼이면 전류가 흐르는 광전효과<sup>photoelectric effect</sup>를 이용한 것이다. 점 하나가 감지장치에 찍힐 때 장치에 흐르게 되는 전류를 측정하면 광자 하나의 에너지

$$(\text{광자 하나의 에너지 } E) = (\text{플랑크 상수 } h) \cdot (\text{진동수 } f)$$

를 구할 수 있다. 에너지는 진동수 $f$에 비례한다는 것을 알 수 있다. 빛의 진동수는 빛이 파동으로서 얼마나 빨리 진동하는가 하는 것이었다(8장). 여기에서 $h$는 플랑크 상수라고 하고, 단위는 $kg \cdot m^2/s$이다. 플랑크 상수는 양자역학이 나오는 곳이면 어디든지 따라나올 것이다.

에너지는 다음 장 뒷부분에서 간단히 정의한다. 에너지는 세상에 어떤 일이 일어나도 생기거나 없어지지 않고 보존되는 가장 근본적인 양으로, 단위는 $kg \cdot m^2/s^2$이다.

빛은 일정한 속력으로 날아가므로, 진동수와 파장은 반비례한다. 따라서 광자 하나의 에너지는 파장에 반비례한다는 것도 알 수 있다. 앞서 파장과 진동수가 다르면 다른 색 빛이 된다는 것을 그림 39에서 보았다. 그림 속의 여러 파동을 보자마자 맨 아래의 보라색 파가 같은 시간동안 가장 많이 진동하므로 에너지가 크다는 것을 알 수 있다. 맨 위에 있는 빨강색이 파장

이 길고 느리게 진동하므로 에너지가 적다. 이 에너지는 스크린에 전달되거나 광전효과를 일으키는 금속에 전달된다. 점이 하나 찍힐 때마다 한 묶음의 에너지가 전달된다.


## 모순된 식

앞서 소개한 식들은 광자 하나(즉 입자)에 대한 것인데, 입자의 특징은 한 점에 모여있다는 것이다. 여기에 쓰인 물리량인 파장과 진동수는 파동에만 의미가 있다. 사실은 파동들 가운데서도 공간 전체에 고루 퍼져있는 평면파에만 잘 정의되어 있다.

역사적으로는 플랑크$^{Max\ Planck}$가 흑체 복사를 설명하기 위하여 빛이 에너지를 하나 둘 셀 수 있는 단위로 방출한다고 하였다. 이를 이어받아, 아인슈타인이 광전효과를 설명하기 위하여 도입하였다.

광자는 하나 둘 셀 수 있는 단위이므로 아무리 세게 쪼여도 결국은 한번에 하나씩 금속판에 부딪치는 것이다. 따라서 광자 하나가 갖는 에너지가 중요하다. 광자 하나가 갖는 에너지는 진동수에 비례하므로, 특정한 진동수 이상의 빛에만 광전효과가 일어나는 것을 이해할 수 있다. 금속에서는 원자가 빛을 흡수하여 전자가 떨어져나가고 움직이면서 전류가 흐르게 된다.

에너지를 얻게 되면, 물질의 경우에는 속도가 빨라지지만 빛은 언제나 일정한 속력으로 이동한다. 광자 하나도 마찬가지일 것이다. 광자가 빨라질 수 없으면 늘어난 에너지가 어떤 식으로 저장될까? 파동으로서의 빛은 같은 시간 동안 자주 진동한다. 진동수가 올라가는 것이다. 빛의 속력이 일정하기 때문에 파장은 짧아진다.

## 파동을 입자처럼 생각하기

파동도 입자와 비슷한 성질을 갖도록 할 수 있다. 입자의 성질은 넓은 공간에 퍼져 있기보다는 좁은 곳에 뭉쳐 있다는 것이다. 또 장애물을 에돌아가기보다는, 장애물이 있으면 막히고 장애물이 없으면 직진한다는 것이다.

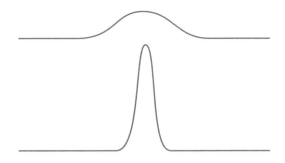

**그림 53** 공간의 일부를 차지하고 있는, 뭉쳐있는 파동. 줄을 올렸다 내리면 파동 하나가 생기고 움직인다. 이 파동은 공간 전체에 퍼져 있는 것이 아니라 한 곳에 모여있다. 파동의 폭이 좁을수록 전자 하나를 찾을 확률은 한 점에 모인다.

파동도 뭉쳐있도록 만들 수 있다. 앞서 그림 34에서 줄넘기 줄을 순간적으로 들었다가 놓아 파동을 만들었다. 그러면 다음 그림처럼 파동이 생기는데, 이 파동은 입자와 같이 '어디에 있다'는 것을 잘 이야기할 수 있다. 파동의 대부분은 볼록하게 마루를 만들면서 솟아 오른 곳에 있다. 이를 파동 꾸러미 wave packet이라 한다.

양자역학의 파동은 확률과 관계 있으므로, 모여 있는 곳은 입자가 발견될 확률이 높다. 극단적으로 들어 올려진 영역이 그림 53의 아래 그림처럼 한 점에 뭉쳐 있다면, 입자가 그 부분에서 발견될 확률은 100%에 가까워질 것이다.

그래도 파동 꾸러미 설명이 명쾌한 것은 아니다. 파동의 크기는 얼마나 클까? 줄이 들어올려진 부분을 파동의 크기라고 할 수 있다. 분명히 가운데 부분은 많이 들어올려졌다. 그러나 사실은 그림의 끝부분도 조금은 들어올려졌다. 전혀 안 들어 올려진 부분이 없다. 따라서 파동이 어디에서부터 어디까지 걸쳐있는지를 이야기하기가 분명하지 않다.


## 물질파: 간섭이 일어나는 조건

전자를 기술하는 파동을 생각하면 전자가 만드는 무늬를 물결이 만드는 무늬와 똑같이 계산할 수 있다. 전자에 대한 이 파동을 물질파matter wave라고 한다.

앞 장에서 파동이 잘 에돌아갈 조건과 간섭을 일으킬 조건을 배웠다. 파동의 파장과 관계가 있다는 것을 보았으므로 물질파의 파장을 생각해볼 수 있다. 상대성이론을 통하여, 질량이 없는 물체의 경우, 에너지는 운동량으로

$$(운동량\ p) = (에너지\ E) / (빛의\ 속력\ c)$$

처럼 변환할 수 있다. 드브로이는 이 관계를 잘 해석하면[28], 질량이 있는 전자 등에도 적용할 수 있음을 보였다. 앞서 에너지와 파장의 관계를 사용하면 다음을 얻는다.

> **드브로이**de Broglie(1924): 모든 물질은 예외 없이 파동성을 보편적으로 가지고 있으며, 물질파 파장은 다음처럼 주어진다.
>
> $(파장\ \lambda) = (플랑크\ 상수\ h) / (운동량\ p)$

## 작은 세계에서만 일어나는 일일까

겹실틈 실험을 통하여 전자와 광자의 행동을 고전적으로 이해할 수 없다는 것을 보았다. 이들은 고전적인 축구공과 어떻게 다를까? 현대 물리학에서는 전자와 빛을 더 이상 쪼개지지 않는 기본 입자로 보고 있다.[29] 양자역학에서 일어나는 입자와 파동의 이중성은 이러한 기본 입자들에게만 일어나는 일일까? 1999년 아른트Arndt 연구진은 탄소 60개를 가진 축구공 모

양의 분자(이를 $C_{60}$, 버크민스터 풀러렌<sup>Buckminster Fullerene</sup> 또는 간단히 버키볼<sup>Buckyball</sup>이라고 한다[30])를 가지고 겹실틈 실험을 해서 간섭무늬를 관찰하였다. 분자 하나의 지름이 0.7 나노미터이므로, 전자 하나의 크기인 0.000005나노미터보다 훨씬 크다.* 이후 같은 연구진에서 430개 원자로 이루어진 크기 6나노미터의 분자로 간섭을 관찰한 것이 최고 기록이다.[31] 이 분자는 우리 몸 속 콩팥(신장)의 거름막 구멍의 크기 정도이다.

따라서 상당히 큰 물체들도 양자 효과를 보인다고 할 수 있다. 양자역학은 기본 입자에만 적용되는 것도 아니고, 아마도 미시세계에서만 적용되는 것이 아니라는 것을 시사한다. 그렇다면 맨 처음 찬 축구공도 마찬가지로 간섭무늬를 만들어야 하지 않을까?

우리가 사는 거시 세계에는 이런 일이 일어나지 않는 것 같다.[32] 그럼에도 불구하고, 우리를 포함하여 주변에 있는 모든 물체들은 원자로 이루어졌다. 따라서 개개 원자가 양자역학에 따라 간섭을 일으킨다면, 이들로 이루어진 세상 모든 것이 똑같이 이상하게 행동해야 할 것이다.

당연히, 우리 주변의 물질들은 고전역학을 따르며 이상하지 않게 행동한다고 할 수도 있다. 반대로, 우리 주변의 물질들이

---

\* 전자는 공 모양이 아니므로 반지름이 의미가 없다. 전자끼리 부딪혀봐서 더이상 가까이 가지 않는 크기를 지름으로 정할 수 있다.

양자역학을 따른다고 가정해보자. 전자를 기술하는 물질파 대신 축구공을 기술하는 파동을 생각하면 된다.

파동이 간섭을 얼마나 잘 일으키는가는 파장이 길고 짧은 것과 관계가 있다(10장). 파장이 길면 에돌아나가기 쉬워서 간섭도 잘 일어난다고 했다. 파장이 짧으면 실틈을 통과하거나 막히는 반면 에돌이는 잘 안일어난다.

전자를 일단 파동이라고 생각하면 전자가 만드는 무늬를 빛이 만드는 무늬와 똑같이 해석할 수 있다고 했다. 빛은 파장에 따라 무늬의 크기와 간격이 결정된다. 따라서 파동으로서 전자의 파장을 알면 역시 간섭무늬가 생기게 될 조건들을 얻을 수 있다.

전자의 물질파 파장은 앞의 식을 통하여 구할 수 있다.

$$\frac{(\text{플랑크 상수})}{(\text{전자의 운동량})} = (\text{전자 물질파의 파장})$$

운동량은 전자의 질량(무게와 비슷한 개념)과 겹실틈 실험에서 나오는 전자의 속도를 곱하여 얻는다. 이 숫자들을 모두 대입해보면

$$\frac{6.6 \times 10^{-34} \ \text{kg} \cdot \text{m}^2/\text{s}}{(9 \times 10^{-31} \text{kg}) \times (10^6 \text{m/s})} \sim 0.000\ 000\ 000\ 1\text{m}$$

즉 0.1나노미터 정도를 얻는다. 이는 세상에서 가장 작은

원자인 수소 원자의 크기 정도이다. 따라서 이정도 크기의 실틈을 만들 수 있다면 해볼만한 실험이다. 사실은 기술적으로 만들기 어려워서, 실제로는 조금 다른 구성으로 실험하게 된다.[33]

마찬가지로 축구공의 파장을 계산해보면

$$0.000\ 000\ 000\ 000\ 000\ 000\ 000\ 000\ 000\ 01\ m$$

이다. 엄청나게 짧다. 세상에 이만큼 작은 물체는 없으므로 이렇게 작은 실틈은 만들 수 없다. 앞 장에서 파장이 짧으면 에돌이가 잘 일어나지 않고 파동이 곧게 나아간다는 것을 보았다. 즉, 축구공이 양자역학을 따른다고 하더라도 결과적으로는 고전 입자와 구별되지 않는다.

지금까지 알아본 것은 고전역학의 무거운 물체들도

모든 것이 예외없이 양자역학에 따라 행동한다

고 할 수 있다.

## 매질 없이 진행하는 파동

물결파와 같은 파동은 따로 존재하는 것이 아니라 매질의 흔들림이 퍼져나가는 것이라고 했다. 그런 의미에서 파동은 근본적인 개체가 아니라 (입자로 기술할 수 있는) 물질들의 행동에서 생겨난 현상phenomenon이다. 물 분자가 자체가 이동하는 것이 아니라, 일정한 위치에서 흔들리면서, 주변에 있는 물 분자들을 밀고 당기기 때문에 파동이 퍼져나간다. 따라서 물결파는 물 분자들의 관계에서 생겨나는 것으로 생각할 수 있다. 이렇게 생각하면, 매질이 더 근본적인 것이고 파동은 홀로 존재할 수 없어야 할 것이다.

역사적으로 빛은 파동으로 잘 설명되었다. 빛에서는 에돌이와 간섭, 편광 같은 성질을 볼 수 있다. 그러나 온전한 파동이라고 하기에는 만족스럽지 못한데, 그 이유는

빛은 매질 없이 퍼져나간다

는 성질 때문이다. 빛은 아무 것도 없는 진공에서도 퍼져나간다.

물론 진공이라고 생각하는 빈 공간이 사실은 비어있지 않고 지금까지의 장비로는 검출할 수 없는 매질로 채워져 있다고 볼 수도 있다. 사람들은 가상의 매질을 발견하기도 전에 에테르aether, ether라고 부르기도 했다.

매질을 직접 볼 수 없다고 하더라도, 매질의 영향을 간접적으로 확인할 수 있는 방법이 있다. 파동은 매질을 '타고' 퍼져

나가므로 파동은 매질에 실리게 되고, 속도는 더해지게 된다. 물이 흐르는 방향으로 가는 보트는 그만큼 더 빨리 갈 수 있고, 반대 방향으로 거슬러 올라가는 보트는 그만큼 더 느려진다. 따라서 빛의 속도를 여러 방향으로 측정하면서 속도의 차이를 알면, 빛을 실은 매질이 흘러가는 방향과 속도를 알 수 있다.

그러나 이 가상의 매질은 마이컬슨과 몰리의 실험을 통해 그 효과가 없다는 것이 밝혀졌다. 빛을 어떤 방향으로 쏘아보아도 빛의 속력이 변하지 않는 것이었다. 아인슈타인은 빛의 매질을 생각하지 않아도 지금까지 관찰한 모든 것을 설명할 수 있는 특수 상대성이론을 만들었다. 그 후 우리는 빛을 매질 없이 전달되는 파동이라고 불러왔다.

어떻게 매질 없이 파동이 전파될 수 있을까? 이 질문이 이상하기는 하지만, 다른 똑같은 질문을 더 해보면 더 이상한 것을 발견하게 된다.

어떻게 아무 것도 없는 공간에 입자가 지나갈 수 있을까?

이 질문은 아무도 (제논만 빼고) 이상하게 생각하지 않는다. 예를 들어 사과를 던졌을 때 공간이 비어 있어도 사과는 문제 없이 날아간다. 사과와 마찬가지로, 전자총을 쏘면 전자에서 나와 진공을 지나가는 전자를 마음 속에 거부감 없이 그릴 수 있다. 이 그림에서는 전자라는 파동이 공간에 채워져 있는 (우리가 모르는) 매질을 흔들어 퍼져나가는 것이 아니다. 그런데 겹실틈 실험을 통해서 본 것은, 전자도 파동이라고 보아야 한다는 것이다. 따라서

　전자는 매질 없이 퍼져나가는 파동

이라고 할 수 있다. 그러므로 광자도 입자라고 받아들이는 순간, 매질 없이 진공을 지나간다는 것이 어색하지 않다.

　사실은 아무도 전자와 광자가 날아가는 것을 보지 못했으므로 이 그림이 잘못되었을 가능성이 많다(33장에서 자세히 생각해볼 것이다). 파동으로서의 빛과 전자는 매질의 운동으로 환원될 수 없는 근본 현상이다. 이들을 기본 입자elementary particle라고 부르는 것처럼 기본 파동elementary wave이라고 부를 수도 있지 않을까?

## 상쇄간섭을 일으켰다면 파동이 없어진 것일까

　두 파동이 만나 상쇄간섭을 일으키는 부분을 보자. 물결이 움직이지 않고 있다. 시간이 흘러도 물이 흔들리지 않는 것이다. 그러면 이 부분은 안 움직이는 것이다. 파동이 이 자리에는 없다. 물론 지금까지 했던 설명대로라면 반대의 흔들림이 합쳐져 상쇄된 것이다.

겹실틈 실험에서도 전자가 자국을 남기지 않은 쪽은 전자가 절대로 안 가는 곳이 아니라 전자의 파동 둘이 상쇄된 것이라고 할 수 있을까? 두 종류의 있음이 상쇄되어 없음을 만든다는 것일까?

파동이 상쇄되더라도 어딘가에는 꼭 보강 간섭이 일어나고, 제자리에서 진동하는 파동도 시간이 지나면 진동한다. 파동도 제논의 역설에 나오는 그림처럼 한 순간의 장면만 보면 안되고, 시간이 지나면서 변화하는 것을 보아야 한다.

# 12
# 파동함수

상태 벡터의 표현 함수(파동함수)는 그 자체로 다루면 안되고
관측 가능량의 확률을 계산하는 도구로만 여겨야 한다.

- 닐스 보어

내가 보기에 (복소수는) 단순히 '마술'이라고 보기는 어려운 무언가가 있다.

- 로저 펜로즈, 《실체에 이르는 길》 (2004)


　전자나 광자에게는 파동의 성질이 있었다. 그래서 겹실틈에
서 각각 퍼져나가는 두 파동을 더해 간섭무늬를 얻을 수 있었
다. 이는 파동의 높이를 함수에 담아 더해서 계산할 수 있다.
이를 파동함수라고 한다.

　이 장에서는 이 파동함수를 살펴본다. 수학의 대상인 파동
함수를 다루기 때문에 간단한 수식을 사용한다. 특히 파동함
수가 복소수 값을 갖는 복소함수라는 점은 파동의 간섭만큼이
나 직관적으로 이해할 수 없는 점이다. 그러나 파동함수를 확
률과 연관시킨다면, 파동함수가 복소함수인것이 더 자연스럽
다는 것을 알 수 있다. 또 파동함수의 절댓값 제곱이 더 확률

과 자연스럽게 연관되며 간섭을 자연스럽게 기술한다는 것도 볼 수 있다.

## 전자에 대한 정보는 파동함수에 들어 있다

간섭무늬는 파동으로 설명할 수 있었다. 간섭무늬를 설명하는 데 물결파를 사용했다. 전자는 물결과 다른 것인데도, 전자가 만든 간섭무늬의 밝기를 계산할 수 있었다. 그 이유는 물결와 마찬가지로 전자도 파동이며, 간섭은 모든 파동에서 보편적으로 나타나기 때문이다.

따라서 개별적인 전자나 물결 대신 파동이라는 일반적인 대상을 다룰 수 있다. 파동이 공간에 어떻게 퍼져 있고 얼마나 빨리 흔들리는가를 알면 전자도 마찬가지로 기술할 수 있다. 이를 파동함수wave function, 또는 상태함수state function가 기술한다. 전통적으로 파동함수는 그리스문자 $\psi$ psi(프사이[34])로 나타냈으며 초기에는 프사이 함수라고 부르기도 했다. 우리는 파동이 어떻게 퍼져나가는지, 실틈을 어떻게 통과하는지, 그리고 어떻게 간섭을 일으키는지를 잘 이해하고 있다. 이것이 시간에 따라 어떻게 변화하는지도 파동 방정식을 통하여 잘 이해하고 있다.

물결파에 대한 정보는 함수로 나타낼 수 있다. 각 위치마다 물결의 높이를 이야기하면 된다. 그림 14처럼 물결파의 함수를 그림으로 나타낼 수 있다.

이 경우에는 직접 관찰할 수 있는 물의 움직임을 다루지만, 양자역학의 파동함수는 보이지 않는 전자를 다룬다. 파동 자체를 직접 관찰할 수 없다. 우리가 관찰했던 것은 파동함수가 전자를 한 위치에서 발견할 확률을 준다는 것이었다. 이를 받아들인다면, 양자역학의 파동함수는 복소함수인 것이 자연스러우며, 함수값 자체보다는 절댓값의 제곱이 확률을 나타낸다는 것을 볼 것이다.[35]


## 복소수

양자역학의 파동함수는 복소숫값을 가지는 복소함수이다. 복소수를 간단히 살펴보자. 복소수는 제곱해서 −1이 나오는 수인 허수단위 $i$를 사용한다.

$$i^2 = -1.$$

이 수를 가지고 실수를 확장한 $2+3i$, $3.24 + \sqrt{2}\,i$ 꼴의 수를 복소수라고 한다. 허수단위를 실수처럼 더하거나 곱할 수 있으므로, 복소수도 실수처럼 더하거나 곱할 수 있다.[*]

---

[*] 연습 문제: $(1 + \sqrt{2}i) \cdot (1 - \sqrt{2}i) = 1 + \sqrt{2}i - \sqrt{2}i + (\sqrt{2})^2 \cdot i^2 = 3$이 되는 것을 확인해보자.

물결파가 다루는 것은 파도의 높이이다. 우리는 물결이 얼마나 높게 출렁이는지를 직접 볼 수 있다. 이곳의 물결 높이는 3.2센티미터이고, 저곳의 물결의 높이는 2.45센티처럼 높이의 분포를 다룬다. 따라서 물결의 파동함수는 실수이다.

우리는 실수로 주어지는 양만을 관찰할 수 있다. 고양이의 키는 16.2cm이고, 바닷물 1kg에는 소금이 35g정도 녹아 있다. 그러나 고양이의 키가 5.3+8.7$i$ cm라는 것을 받아들일 수는 없다. 따라서 복소수에서 물리량을 다루려면 적절한 실수를 꺼내야 한다.

복소수 하나는 실수 두 개의 조합으로 볼 수 있다.[36] 그러면 하나의 복소수를 나타내는 데 평면이 필요하다. 가령 평면에 가로 좌표가 $a$, 세로 좌표가 $b$인 점을 그려보면 다음과 같이 그릴 수 있다. 이때 원점으로부터의 거리 $|a + ib| = \sqrt{a^2 + b^2}$를 복소수의 절댓값으로 정의하면 편리하다. 물론 절댓값은

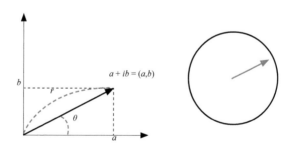

그림 54　복소수는 실수 두 개로 표현할 수 있으므로, 평면의 점으로 나타낼 수 있다. 원점으로부터 나오는 화살표의 크기와, 가로축(양의 방향)과 이루는 각도로 수를 나타내면 편리하다.

실수이다.

복소수를 이해하는 또 다른 방법이 있다. 복소수의 절댓값을 $r$이라 하고, 복소평면에 그렸을 때 가로축(양의 방향)으로부터의 각도를 $\theta$라고 쓸 수 있다. 그러면 다음 관계를 만족한다.

$$a + ib = r\,e^{i\theta}.$$

이 놀랍도록 간단한 공식은 오일러의 이름이 붙은 식 중에 제일 유명한 식이다.[37] 이 식의 신비로운 주인공은 역시 오일러의 이름이 붙은 상수 $e = 2.71828\cdots$이다.[38] 그림 54에서, 원점에서 $a+ib$를 향하는 화살표를, 시계 바늘이라고 생각하자. 시계 바늘이 돌아가기 시작하면 평면에서의 좌표는

$$a = r\cos\theta,\ b = r\sin\theta$$

처럼 복잡하게 변한다. 그러나 앞 식의 우변을 보면 절댓값 $r$은 변하지 않고 각도 $\theta$가 감소하는 것이다. 만약 각도 $\theta$가 증가하면 시계바늘이 반대 방향으로 돌아간다. 이 각도 $\theta$는 위상이라고 부르기도 한다.

## 고르게 퍼져 가만히 있는 전자

전자에 대한 정보를 주는 양자역학의 파동은 물결파의 파동처럼 전자가 출렁이는 모양이나 위치를 직접 기술하는 것이 아니다. 전자의 파동함수가 스크린 전체에 퍼져 있어도, 전자를 스크린에 대고 측정해보면 점이 하나만 찍힌다. 파동함수의 제곱은 전자 하나가 그 위치에서 발견될(스크린에 점을 남길) 확률을 준다.

그래도 양자역학에서는 우리가 전자에 대해 알 수 있는 사실상 모든 정보가 파동함수에 들어있다고 본다. 적어도 파동함수를 통해 전자의 운동량이나 에너지를 계산할 수 있다.[*]

파동 가운데 가장 단순한 것은 평면파이다. 다시 친숙한 물결파의 예로 돌아가자. 충분히 넓은 공간에 아무런 방해를 받지 않고 '가만히' 있는 물결파가 그림 55와 같이 펼쳐져 있다고 하자. 이는 잔잔한 물처럼 파동이 아예 없는 것과는 다르다. 물이 출렁이기는 하지만 파동이 이동하거나 퍼지지 않는 상태이다. 그래도 퍼져나감이 없으므로 제자리에 서 있는 것과 비슷하다. 이 파동의 파장이 λ라고 하면, 파동함수는 $r\sin\dfrac{2\pi x}{\lambda}$로 나타낼 수 있다.

전자를 나타내는 평면파도 마찬가지이다. 전자의 경우에는

---

[*]  파동함수에 모든 것이 들어있다는 것은 논란이 되고 있는데, 파동함수에 들어 있지 않은 정보를 숨은 변수라고 한다. 이는 27장에서 살펴볼 것이다.

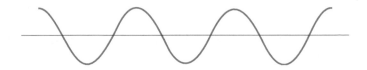

그림 55  물결을 기술하는 평면파는 실수값을 갖는 실함수이며, 직접 관찰할 수도 있다.

파장 λ가 앞 장에서 구한 물질파 파장이 될 것이다. 가만히 있는 전자의 파동도, 가만히 있는 물결파처럼 퍼져나가지 않고 진동한다.*

전자의 파동함수가 전자를 발견할 확률과 관계 있다는 것을 받아들여 보자. 공간에 파동이 고루(균일하게) 퍼져 있다면 전자를 발견활 확률은 어디에서나 같아야 한다. 그림 55 와 같은 파동은 공간에 균일하게 퍼져 있는 상태를 기술할 수 없다. 파동함수 크기의 절댓값 제곱이 여기 저기에서 다른 값을 가지기 때문이다.

만약 파동함수가 복소수 값을 갖는 복소함수라면 고른 파동을 기술할 수 있다. 복소함수 하나는 실함수 두 개의 조합 생각할 수 있다. 그림 56에는 그림 55(위 그림)과 더불어 조금 옆으로 벗어난 함수(아래 그림)를 그렸다. 위의 것은 복소함수의 실

---

*  다만 이 장에서는 공간에 어떻게 퍼져 있는지만을 다루고, 시간에 따른 진동은 다음 장에서 다룬다.

수부(윗 식의 $r \cos \dfrac{2\pi x}{\lambda}$ 에 해당), 두 번째 것은 허수부(윗 식의 $r$ $\sin \dfrac{2\pi x}{\lambda}$ 에 해당)라고 하자. 그러면 복소함수의 절댓값 제곱이 어디에서나 같은 값을 갖는다는 것을 보일 것이다.

이를 먼저 시곗바늘로 계산해보자. 앞에서 절댓값이 변하지

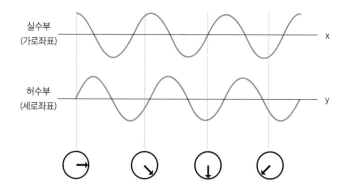

**그림 56** 실함수로 기술되는 평면파 두 개가 있다. 이들의 위상차가 파장의 1/4 이면, 이 두 함수로 만든 복소함수의 제곱은 언제나 1이다. 이 두 함수는 반시계방향으로 돌아가는 시곗바늘의 좌표를 기술하기 때문이다.

않고 위상만 변하는 복소수를 시곗바늘이 돌아가는 것에 비유했다. 그림 56의 두 함수 가운데 위의 함수를 시곗바늘의 가로좌표, 아래 함수를 세로 좌표로 생각하자. 공간의 각 지점마다 시계가 있고, 시곗바늘이 다른 위치를 가리키고 있는 것을 알수 있다. 그럼에도 불구하고 시곗바늘의 길이는 같다.

이 상황을 수식을 써서 기술하면 간단하다. 앞의 두 함수를 복소함수로 만들면 오일러 식으로 바꿀 수 있다.

$$r\,e^{i(2\pi/\lambda)x} = r\left(\cos\frac{2\pi x}{\lambda} + i\sin\frac{2\pi x}{\lambda}\right)$$

따라서 이 복소 파동함수의 절댓값 제곱은

$$\left| re^{i(2\pi/\lambda)x} \right|^2 = r^2$$

으로 일정하다. 전자를 관찰할 확률은 $r^2$으로 공간의 위치 $x$에 무관하게 어디에서나 같다.

따라서 공간의 모든 점에서 파동함수의 절댓값 제곱은 언제나 같다. 따라서 평면파로 기술되는 전자는 공간 어디에서나 발견될 확률이 같다. 이 상황은 파동함수가 복소수 값을 가질 때 깔끔하게 설명된다.[39]

### 복소수의 합과 파동의 중첩

앞서 겹실틈 실험의 간섭무늬를 물결로 계산하였다. 왼 손가락으로 만든 구면파와 오른 손가락으로 만든 구면파가 더해져 주름을 만들었고, 이것이 전자의 간섭무늬를 잘 설명했다. 이들을 파동함수로 자세히 기술할 수 있다.

간섭을 일으켜 주름진 파동의 파동함수는 단순한 파동함수를 더함으로써(중첩시켜) 구할 수 있다. 왼쪽 실틈을 통과하는 전자의 파동함수를 $\psi_1$, 오른쪽 실틈을 통과하는 전자의 파동함수를 $\psi_2$라고 하자. 각 실틈을 지나 퍼져나가는 파동은, 실틈에서 시작한 파동처럼 원형으로 퍼져나간다. 두 파동함수를 더해서

$$a\psi_1 + b\psi_2$$

중첩된 파동함수를 만든다.

파동함수 이름을 $\psi$ 기호 밑에 쓰는데, 너무 이름이 길어지면 다른 표기법을 쓰기도 한다. 비대칭 괄호 '|' 와 '$\rangle$' 사이에 이름을 쓰는 것이다.[40] 이 방법으로 위의 파동함수를 다음처럼 쓸 수 있다.

$a$ |왼쪽 실틈을 지나는 전자$\rangle$ $+b$ |오른쪽 실틈을 지나는 전자$\rangle$

사람의 말로 전자가 동시에 두 실틈을 통과한다고 이야기하는 것은 오해의 소지가 많지만, 여기에서 덧셈 기호를 통하여 두 파동함수를 더하면 군더더기가 없다. 그림 44처럼 두 파동을 더해서 그림 45같은 파동을 얻는 것이다

두 실틈 바로 뒤에 스크린을 대어 보면 간섭이 일어나지 않았고, 왼쪽 실틈 뒤에 찍힌 전자의 갯수와 오른쪽 실틈 뒤에 찍힌 갯수가 거의 비슷하다. 측정을 하면 계수 제곱이 그 실틈 뒤를 지나 전자가 점을 찍을 확률이다.[41] 즉 두 상태의 계수 제곱

**그림 57** 겹실틈을 지난 직후의 파동들은 중첩되어 있지만 간섭을 일으키지 않아, 결과적으로는 따로따로의 파동함수와 크게 다르지 않다.

비율이 $|a|^2 : |b|^2 = 1:1$이다. 여기에서 파동함수의 전체의 크기는 중요하지 않고, 계수의 상대적인 비율이 중요하다.

전체 파동함수에는 두 실틈에 대한 정보가 모두 담겨있으며, 이의 절댓값 제곱을 구하면 전자를 스크린에서 발견할 확률[*]

$$|\psi_1 + \psi_2|^2$$

을 구할 수 있다. 스크린을 가까이 대면 왼쪽 실틈의 파동과 오른쪽 실틈의 파동이 만날 겨를이 없다. 따라서 전체 파동함수에서 나오는 확률이, 각각의 파동함수를 따로 생각한 것과 큰

---

[*] 공간이 연속적이므로, 파동함수는 확률 밀도를 준다. 확률밀도를 공간에 대해 적분하면(공간의 부피를 잘 곱하면) 확률이 된다.

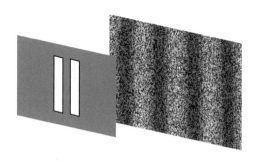

그림 58   겹실틈을 지난 뒤 멀리 퍼진 파동들은 간섭을 일으켜 겹실틈 무늬를 만든다.

차이가 없다.

스크린을 겹실틈 뒤로 조금 더 떼어보자. 그러면 기둥 두 개가 생기는 대신 위와 같은 분포를 갖는 전자의 간섭무늬를 얻는다.

복잡해보이지만 전자가 찍힌 갯수 비율을 그래프로 그려보면 앞서 본 그림과 같이 된다. 그림 59에 다시 그렸다. 이 함수의 모양은

$$|\psi_1|^2 + |\psi_2|^2 + \psi_1\psi_2^* + \psi_1^*\psi_2$$

으로 설명할 수 있다. 다시 한번 파동함수의 절댓값 제곱은 대상(전자)이 그곳에서 관찰될 확률을 담는다는 데 주목하자.

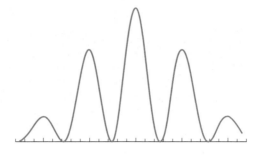

**그림 59** 물결파로 계산한 파동의 합의 절댓값 제곱.

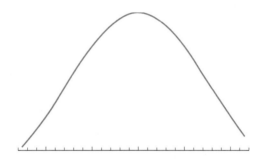

**그림 60** 간섭이 없으면 실틈 뒤에만 기둥이 생긴다. 다만 각각의 기둥이 너무 넓게 퍼져서 전체적인 합은 가운데가 가장 크다.

만약 앞의 두 항만 있었으면, 전체 파동함수의 제곱은 각각 파동함수의 제곱을 더한 것과 같을 것이다. 이것을 그려보면 그림 60이 되어 들쭉날쭉한 간섭무늬를 설명할 수 없다.[42] 다만 가운데가 가장 밝은 이유는, 왼쪽 실틈과 오른쪽 실틈으로 들어간 전자들이 틈을 에돌아나가고 넓게 퍼져서, 오히려 가운데가 가장 밝게 되었다. 전자들은 각 실틈에서 처음 퍼져나 간 것처럼 행동한다. 즉 실틈에 꽤 크게 에돌아나가는데 이것 도 파동만의 성질이다.

그림 59를 그림 60과 비교해보면, 간섭 때문에 밝기가 어두 워진 부분이 있다. 이는 파동함수의 제곱에

$$\psi_1\psi_2^* + \psi_1^*\psi_2$$

항이 있기 때문에 나오는 것이다. 만약 이들이 음수라면, 상 쇄 간섭 때문에 밝기가 원래보다 더 어두워지는 것을 설명할 수 있다.

다시 한번, 복소함수가 확률을 잘 표현하는 것을 알 수 있다. 간섭은, 확률을 더하는 것이 아니라 파동함수를 더하여 간단하 게 기술된다. 그 결과 파동함수의 절댓값 제곱이 확률을 주는 것이 더 자연스럽다. 만약 파동함수가 복소수로 되어 있지 않 으면 이런 간단한 구조를 가지지 못했을 것이다.[43]

# 13

# 파동의 변화를 말해주는
# 슈뢰딩거 방정식

내가 여기에 있다. 나이는 38세,
대부분의 이론가들이 주된 발견을 이룬 나이를 훌쩍 넘겼다.
아인슈타인이 한때 맡았던 석좌에 있다. 나는 누구이며 무엇을 믿는가?

- 에르빈 슈뢰딩거(1925), 월터 무어 《슈뢰딩거의 삶》[44]에서 인용


파동으로 알려진 물결이나 빛뿐만 아니라 전자에도 파동의
성질이 있었다. 앞장에서 전자의 파동을 어떻게 기술하는가
를 배웠다.


디바이<sup>Debye</sup>(1925): 만약 전자가 파동으로 기술된다면, 그 파
동의 운동을 기술하는 방정식이 있어야 한다.


물결파는 시간이 흐를 때 어떻게 퍼져나가는가를 잘 알고
있다. 물결파의 파동함수가 만족하는 방정식을 알고 있기 때
문이다. 마찬가지로 전자의 파동이 어떻게 퍼져나가는지를 알

려주는 방정식이 있는데, 그것이 이 장에서 살펴보게 될 슈뢰딩거 방정식이다.

앞의 질문은 슈뢰딩거가 1925년 취리히에서 했던 세미나에서 디바이에게 받은 질문이다. 이 세미나에서 슈뢰딩거는 드브로이의 물질파를 소개했는데, 디바이의 질문을 받은 슈뢰딩거는 이에 대하여 고민하다가 곧 전자의 파동 방정식을 찾아낸다.

## 아무런 방해 없이 제자리에서 출렁이는 파

운동을 이해하기 위해서는 가만히 있다는 것이 무엇인지를 먼저 알아야 한다. 제자리에 가만히 있는 물체와 달리, '가만히 있는' 파동은 사실은 가만히 있지 않다. 물결파를 생각해보자. 물결이 아예 없이 잔잔한 물은 파동이 아예 없는 것이다.

가만히 있는 파동도 있다. 모이거나 흩어지지 않고 모양을 유지하면서 가만히 흔들리는 것이다. 가장 간단한 경우로, 공간에 평면파가 퍼져있다고 생각해보자. 앞 장에서 본 것처럼 파동함수 $re^{i(2\pi/\lambda)x}$ 로 기술되었고, 전자를 발견할 확률은 어느 위치에서도 같다.

이 장에서는 물질파 파장을 운동량으로 표기하여 파동함수를 $re^{i(p/\hbar)x}$ 로 나타내보자. 여기에서 $\hbar$는 플랑크 상수를 $2\pi$로 나눈 것으로 이것도 플랑크 상수라고 부른다.

물결파가 얼마나 자주 오르내리는지를 나타내는 물리량은 진동수이다. 진동수가 크면 빠르게 진동하는 것이다. 모든 공간에서 똑같은 진동수로 출렁인다면 파동은 아무런 영향을 받지 않는 것이다. 제자리에서 출렁일 뿐이며, 뭉치거나 퍼져나가지 않을 것이다. 물결에 놓은 나뭇잎을 보면 제자리에서 흔들리는 것을 관찰할 수 있을 것이다.

마찬가지로 전자를 기술하는 평면파도 일정한 진동수로 진동할 것이다.

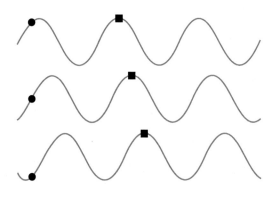

그림 61   평면파의 진동.

물질파의 진동수는 에너지에 비례한다고 했다. 그것이 11장 첫 번째 식에 나와 있지만 여기에서도 이에 $2\pi$를 곱하여 각진동수를 정의한다. 각의 완전한 회전이 $2\pi$이므로 파동함수를 쓸 때 더 간단해진다.

(각진동수) = 2π·(진동수) = (알갱이 하나의 에너지 $E$) / (플랑크 상수 $\hbar$)

결국 파동이 얼마나 빨리 진동하는가를 결정하는 것은 에너지이다. 8장에서 본 것처럼, 평면파는 공간을 한 파장 지난 것이나 시간이 주기만큼 지난 것이나 모양이 같다. 따라서 시간 $t$가 지나면 파동은 다음과 같이 진동한다.

$$re^{i(p/\hbar)x}\, e^{-i(E/\hbar)t}$$

파동함수의 실수부나 허수부만을 떼어 본다면, 제자리에서 오르락내리락 하는 것을 알 수 있다. 그러나 전자를 발견할 확률은 어떤 시간에도 같다. 파동함수의 절댓값 제곱인 확률분포가 공간의 위치 $x$와 시간 $t$에 따라 변하는 것이 아니라 $r^2$으로 여전히 일정하기 때문이다.

## 슈뢰딩거 방정식은 시간이 흐르면서 파동이 변하는 것을 서술한다

물결파는 시간이 흐를 때 어떻게 퍼져나가는지 잘 알고 있다. 다시 말해 물결파의 파동함수가 만족하는 방정식도 알고 있다. 물 위의 한 점에서 파동이 생겼다면 원형으로 퍼져나간

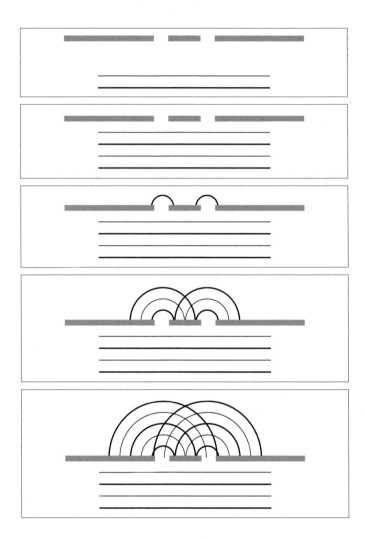

**그림 62** 겹실틈 아래에서 계속해서 만들어지는 평면파가 가운데 있는 겹실틈을 통과한 것을 위에서부터 시간순으로 그렸다. 겹실틈을 통과한 파동은 시간에 따라 원형으로 퍼져나간다. 파동의 마루와 골을 어떻게 표시했는지에 대해서는 9장을 참조하라. 이 파동함수 그림은 물결파의 높이 또는 전자의 파동의 실수부를 그린 것이라고 볼 수 있다. 이들이 중첩되어 간섭을 일으킨다.

다. 여러 점에서 파동이 생겼다면, 각 점에서 원형으로 퍼져나가는 파동을 더하여, 중첩된 파동을 얻는다. 왼쪽의 그림은 각각 두 실틈을 통과한 두 파동을 그린 것이다. 이 둘을 더하면 실제 관찰되는 파동을 얻을 수 있다.

양자역학에서 전자의 파동함수의 변화를 다루는 것이 슈뢰딩거 방정식이다. 물체에 힘이 가해지면 속도 변화가 일어난다는 뉴턴의 운동 방정식과 비슷한 역할을 한다. 입자를 다루는 대신 파동을 다루고 있는데, 입자의 운동은 위치가 변하는 것을 추적하면 이해할 수 있는 것처럼, 파동은 각각 지점의 진동이 어떻게 변화하는가를 알면 된다.

슈뢰딩거 방정식은 고전적인 파동 방정식과 같은 모양을 가지지만 어디에서도 유도된 것은 아니다. 양자역학의 파동을 설정한 이후 이 새로운 체계에 도입된 새로운 방정식이다. 그러나 여러 가지 원리$^{principle}$가 그 꼴을 결정한다. 구체적인 모양은 34장에서 설명하고 여기에서는 내용만을 다룬다.

**슈뢰딩거**$^{Schrödinger}$**(1925) :**

1. 방정식은 선형이다.
2. 파동의 진동수는 에너지로 주어지며, 에너지가 잘 정의된 상태(이를 에너지의 고유상태라 부른다)의 파동함수에는 앞서와 같이 $re^{-i(E/\hbar)t}$가 붙는다.
3. 전자 하나가 아니라 여러 개이거나, 충분히 큰 물체를 이루

면 고전역학을 따라야 하므로 여기서의 에너지는 고전역학의 에너지와 같아야 한다.

4. 파동이 진동하는 정도가 공간에 따라 다르다. 파동이 지나가기 힘든 곳에서는 느리게 진동한다. 따라서 지나가기 힘든 정도를 알면 된다. 이는 고전역학의 퍼텐셜$^{potential}$(위치에너지)로 반영된다.

5. 시간에 대하여 일차 미분 방정식이다.

슈뢰딩거 방정식은 선형이다. 파동함수의 중첩을 허용해야 하기 때문이다. 파동함수 $\psi_1$과 $\psi_2$가 따로 슈뢰딩거 방정식을 따른다면, 중첩된 파동함수 $a\psi_1 + b\psi_2$도 같은 슈뢰딩거 방정식을 따른다.

파동의 진동은 앞서 설명한 것처럼 에너지가 결정한다. 에너지가 잘 정의된 상태를 에너지 고유상태라고 부르는데, 각 상태들은 평면파의 경우처럼 $re^{-i(E/\hbar)t}$가 곱해져 진동한다. 따라서 에너지의 고유상태는 시간이 지나면 다시 원래 모양으로 돌아온다.

일반적인 파동은 복잡한 모양을 가지더라도, 선형성을 이용하면 에너지 고유상태의 중첩으로 생각할 수 있다(부록 33장 참조). 그러면 진동하는 정도가 각각의 성분에 따라 다르다. 따라서 전체 파동은 제자리에서 진동하는 것이 아니라 변화한다. 이동하거나 모이거나 흩어지는 것이다.

슈뢰딩거는 이후 34장에서 다루게 될 해밀톤의 방법을 지침으로 삼아 파동 방정식을 찾아내었다.

**페르마**Fermat, **해밀톤**Hamilton: 운동을 이해하는 다른 방법이 있다. 운동 에너지와 퍼텐셜 에너지의 합이 보존된다는 것을 전제하면, 두 에너지가 서로 어떻게 바뀌는지를 알아내면 된다.

양자역학을 응용할 때는 전자가 빈 공간을 퍼져나가는 것보다, 다른 물체와 힘을 주고 받는 경우를 생각해야 한다. 파동함수가 시간에 따라 변하는 진동수는 에너지가 결정하므로, 힘을 에너지로 바꾸어 이해해야 한다.

중력이 있는 곳에서 높은 곳으로 올라가는 것은 (힘들게) 일하는 것으로 생각할 수 있다. 마찬가지로, 자석이 물체를 당긴다면 가만히 놓아도 자석 쪽으로 끌려가는 것인데, 자석 힘에 반하여 힘들게 일하면 '자석힘의 높이'가 높은 곳으로 올라가는 것과 같다. 이와 비슷하게, 모든 힘은 높이를 가진 가상의 언덕 위로 물체를 올리는 것으로 바꾸어 생각할 수 있다. 힘을 들여 에너지가 높은 곳으로 올리는 것으로 생각할 수 있다. 이 에너지의 높이를 퍼텐셜이라고 한다. 퍼텐셜은 에너지와 같은 단위를 가진다.

운동 에너지는 물체가 얼마나 빠르게 움직이는가를 반영하는 에너지이다.* 퍼텐셜이 높은 곳으로 올라가면 그만큼 속력이 줄어 운동 에너지는 줄어든다.

에너지는 보존되므로

(파동함수의 에너지 $E$) = (운동 에너지) + (여러 힘의 퍼텐셜들)

처럼 반영하면 된다. 이를 다시 파동함수의 진동으로 해석해 보면, 파동도 입자와 마찬가지로 퍼텐셜이 높은 곳에서 천천히 퍼져나간다. 그림 63은 개울을 지나는 물결로 비유할 수 있다. 전자가 상자에 갇혀 있다는 사실도 매우 높은 퍼텐셜 장벽

**그림 63** 개울물에 퍼져나가는 파동은 깊이가 다르면 흘러가는 속도와 파장이 달라진다.

---

\* 물체의 질량이 $m$, 속력이 $v$일때 운동 에너지는 $\frac{1}{2}mv^2$이다. 해밀톤 역학에서는 속력보다 운동량 $p$가 더 근본적인 양이므로 운동 에너지를 $\frac{p^2}{2m}$ 로 쓴다.

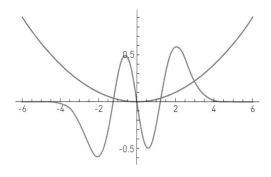

**그림 64**  가운데 부분은 퍼텐셜이 낮고, 좌우로 갈수록 장벽이 높아진다. 슈뢰딩거 방정식은 장벽이 낮을수록 파동이 활발히 진동한다는 것을 보여준다.

에 둘러싸인 것으로 구현할 수 있다.

마지막으로, 슈뢰딩거 방정식은 시간에 대해 한 번 미분한 방정식이다. 이 점이 고전역학의 파동 방정식(시간에 대해 두 번 미분한 방정식)과 다른 모양인데, 이는 열이 전달되는 방정식과 닮았다. 보통 열은 모든 방향으로 퍼져나가기 때문에 온도는 보존되지 않고 감소한다. 그러나 파동함수의 크기는 온도처럼 감소하면 안 된다. 양자역학의 파동함수는 절댓값 제곱이 물체를 발견할 확률이기 때문에 이 확률은 보존되어야 한다. 만약 시간에 대한 미분에 복소수 $i$가 붙으면 이 항은 순허수가 되어 진동을 나타내게 된다.

## 꿰뚫기

양자역학으로만 설명되는 현상들이 많이 있는데, 그 가운데 슈뢰딩거 방정식만이 훌륭하게 기술한다고 할 수 있는 현상이 있다. 꿰뚫기$^{tunneling, 터널링}$이다.

고전적인 입자는 퍼텐셜이 높은 곳으로 올라가면 운동 에너지가 줄어든다. 따라서 운동 에너지가 0이 되면 다시 퍼텐셜이 낮은 곳으로 떨어질 수밖에 없다. 퍼텐셜 높이보다 작은 운동 에너지를 가지고 있으면 장애물을 통과할 수 없다.

그런데 슈뢰딩거 방정식은 장애물이 통과할 수 없는 영역에서도 답을 준다. 에너지가 허수가 되어 $E = -iA$ 파동함수가 $e^{-i(E/\hbar)t} = e^{-(A/\hbar)t}$꼴이 된다. 파동이 진동하는 것이 아니라 파동함수가 지수적으로 줄어드는 것으로 받아들일 수 있다.

그래도 여전히 파동함수의 절댓값 제곱은 전자를 발견할 확률로 해석할 수 있다. 장애물 안에도 전자가 존재할 확률이 있는 것이다. 그림 64는 조화 진동자로 알려진 퍼텐셜을 그린 것이다. 이 파동함수도 퍼텐셜이 높은 곳까지 스며들어 있음을 알 수 있다.

실험을 해보면 이 지수적으로 감소하는 풀이가 맞다는 것을 알 수 있다. 원자를 뛰어넘을 수 없는 높은 퍼텐셜 벽에 가두어도 벽을 통과해서 저쪽으로 나갈 확률이 있다.

**질문:** 그렇다면 우리가 벽을 통과할 확률도 있다는 것인가?

**답:** 매우 작지만 조금 있다. 그래도 우리 우주 역사 이래로 통과한 사람은 없을 것이다.

# 14
# 양자

quantum leap.

뜻: 급작스런 변화, 갑자기 늘어남, 또는 드라마틱한 진보

최초 사용: 1956 년

- 메리엄 웹스터 사전

양자역학은 20세기 초 원자를 이해하려는 노력을 통해 탄생하여, 세상에 대한 생각을 완전히 바꾸어버렸다. 당시 이해되지 않았던 것은, 원자는 불가능한 안정성을 가지고 있었고, 원자에서 나오는 빛은 매우 특정한 색(파장)만을 띤다는 것이었다. 여기에서 양자quantum라는 개념이 탄생하게 된다. 이 장에서는 이를 정리해본다.

## 원자 구조

지구는 태양에서 평균 149,597,870km의 거리를 유지하며 원에 가까운 궤도를 돌고 있다. 지구가 왜 태양에서 그만큼

떨어져 있을까. 태양계의 다른 행성들에 대해서도 똑같이 물을 수 있다. 어떤 추정에 따르면 지구가 현재보다 1%만 태양에 가까이 있어도 인류가 살 수 없는 행성이 되었을 것이라고 한다.[45]

태양으로부터 행성의 거리를 설명하는 것은 천문학의 오랜 숙제였다. 대표적으로 케플러와 티티우스 그리고 보데 같은 사람들이 이 문제를 연구해왔다. 케플러는 플라톤의 정다면체들을 이 문제를 지배하는 근본 원리로 보았다. 당시에 알려진 행성이 다섯 개여서 마침 가능한 정다면체의 개수와 같았고, 플라톤 이후로 사람들은 정다면체가 세상의 기본 단위를 상징

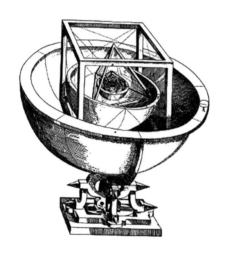

그림 65　요하네스 케플러, 〈우주의 신비〉. Mysterium Cosmographicum (1596). 케플러는 당시 정다면체가 세상을 설명하는 기본 단위라는 것을 따라, 정다면체의 구조가 태양으로부터 행성의 거리를 설명한다고 생각하였다.

한다고 보았다.[46] 그림 65처럼 정다면체를 잘 접하도록 하면 중심으로부터 꼭지점까지의 거리가 결정된다. 이 원리가 행성의 거리를 설명한다고 보았다.

케플러의 설명은 행성의 거리를 상당히 꽤 잘 설명하지만, 현대적인 관점에서 보면 틀린 설명이다. 가령, 왜 정십이면체가 정사면체보다, 그리고 정사면체가 정육면체보다 안에 있어야 하는지는 더이상 설명할 수 없다. 사실은 문제 자체가 틀렸다.[47] 뉴턴의 중력이 원운동을 설명하는데, 이에 따르면 태양으로부터 행성의 거리는 설명할 필요가 없다. 지구가 지금의 반이나 두 배의 거리에 있다고 하더라도 지구는 원 궤도를 돌게 될 것이기 때문이다. 바로 지금의 거리에 있어야만 인류가 살아남는다고 하지만, 이는 결과에 따른 필요조건일 뿐이며,

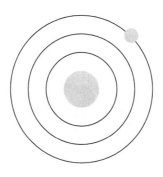

**그림 66** 보어의 원자 모형. 가운데 원자핵이 있고, 주변을 전자가 돈다. 전자는 공으로 나타냈지만, 원둘레에 고루 퍼져 있는 물질파이다.

순전히 우연이다.

수소 원자에 대해서도 비슷한 문제를 생각할 수 있다. 톰슨이 전자를 발견하고 러더퍼드가 원자핵을 발견한 이후, 수소 원자는 원자핵인 양성자 하나와 전자 하나로 이루어졌다는 것을 알게 되었다. 양성자는 양전하를 띠고 전자는 음전하를 띠므로 이 둘은 서로 당긴다. 마침 태양과 지구가 서로 당기는 것을 기술하는 뉴턴 법칙과, 원자핵과 전자가 서로 당기는 것을 기술하는 쿨롱 법칙은 같은 원리를 갖는다.[49] 따라서 똑같이, 태양 주변을 도는 지구처럼, 원자핵 주변을 도는 전자를 그려볼 수 있다. 그림 66은 이를 반영한 그림이다.

그러나 여기에는 큰 문제가 있다. 전자가 원운동을 하면 원운동은 가속 운동이므로 전자기파를 방출하고 에너지를 잃어야 한다. 결국 전자가 원자핵에 부딪혀서 찌부러져야 하는데 이런 일은 일어나지 않는다. 예상과는 다른 안정성을 가지고 있는 것이다.

더 이상한 것은, 원자에서는 특정한 색깔의 빛만이 나온다는 것이다. 아래에서 살펴보겠지만, 이는 케플러의 태양계 모형처럼, 수소 원자에서 전자가 특정한 거리에만 있을 수 있다는 것을 뜻한다.

## 띄엄띄엄한 에너지

원자 안에서 전자가 어떻게 움직이는지를 직접 관찰할 수는 없다. 우리가 직접 관찰할 수 있는 것은 원자가 흡수하고 방출하는 빛의 색깔이다. 원자를 태우거나 자극을 주면 빛을 방출한다. 색깔은 파장이 결정하며, 빨강색은 긴 파장, 보라색은 짧은 파장이라는 것을 기억하자. 이때 원자에서 직접 나오는 것은 광자 하나이며, 이의 파장은 앞의 식

(파장) = (플랑크 상수 $h$) × (빛의 속력 $c$) / (빛이 가지고 간 에너지)

을 통해 에너지와 관계를 이룬다. 즉 원자에서 나오는 빛의 색의 알면 원자가 흡수하고 방출하는 에너지를 알 수 있다..

한편, 원자는 에너지를 저장하고 있다. 수소 원자가 비록 양성자 하나와 전자 하나로 이루어져 있어도, 이 둘이 얼마나 떨어져 있느냐에 따라 다른 상태를 갖는다. 고전적인 이해에 따르면, 원자핵과 전자는 서로 당기기 때문에 둘은 가만히 놓아두면 서로 당겨 가까워진다. 물론 전자는 돌고 있기 때문에 더 이상 떨어지지 않고 일정한 거리를 유지한다. 그래도 이 둘이 가까울 때 원자는 더 낮은 에너지를 갖는다.* 왜냐하면 이들

---

* 물리학에서는 가만히 놓아 두면 흘러가서 도달하는 상태를 안정된 상태라고 한

을 떨어뜨리기 위해서는 외부에서 억지로 당겨야 하기 때문이고, 이는 에너지를 집어넣는 것이다. 반대로 전자가 가까워지면 에너지를 방출한다. 그 에너지 차가 광자로 흡수되고 방출된다.

따라서 관찰된 빛의 색깔을 통하여 수소 원자의 에너지 구조를 알아낼 수 있다.[50] 직접 관찰해보면 그림 67처럼 에너지가 연속적이지 않고 띄엄띄엄 떨어져있다. 이를 다음과 같이 표현한다.

수소 원자가 담고 있는 에너지는 양자화되었다.

이렇게 띄엄띄엄 떨어진 원자의 에너지 높이를 준위$^{level}$라고 한다.

그렇다면 왜 수소 원자는 띄엄띄엄 떨어진 에너지 준위를 가질까? 전자 궤도의 반지름이 임의의 값이 아니라 특정한 값만을 가지면 이에 따른 에너지도 특정한 값만을 가질 것이다. 보어는 원 궤도의 둘레가 전자의 물질파 파장의 자연수배가 되는 것만 존재한다면 에너지 준위를 설명한다는 것을 알아내었

---

다. 물건을 놓으면 땅에 떨어지는 것도 중력에 대하여 안정된 상태로 흘러간다고 표현할 수 있다. 원자 안의 전자도 마찬가지이다. 따라서 더 안정된 상태는 에너지가 더 낮은 상태이다.

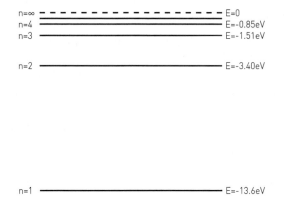

**그림 67** 수소 원자의 에너지 준위. 원자 안의 전자는 이산적인 에너지 값을 가질 수 있다. 전자는 원자 안에 묶여 있어 에너지 값이 음수로 되어 있다. 원자 안에 묶이지 않고 풀려나는 기준 에너지를 0 이라고 하면, 가장 강하게 갇힌 에너지는 13.6 전자볼트이다.

다. 이는 플룻에서 특정한 음을 내는 것과 같은 원리이다. 소리는 공기의 진동이며 음 높이는 파장과 관계 있다는 것을 기억하자. 플룻을 불면 음의 파장이 플룻의 길이와 같도록* 공기가 진동하여, 특정한 높이의 소리가 나온다. 원자 안의 전자도 파동으로서 궤도의 둘레가 파장의 2배, 3배가 될 때만 존재할 수 있는 것이다. 이 수를 주양자수라고 하고 흔히 n이라

---

\* 사실은 소리 파장의 반이 플룻의 유효 길이와 같을 때, 그 파장의 음이 나온다. 플룻의 유효 길이는 손가락으로 막은 부분만을 따진 길이이다.

고 쓴다.[*]

케플러가 잘못 접근했던 바로 그 방식으로 보이는 옳은 답을 얻을 수 있었다. 태양계에는 적용되지 않지만 원자에는 정수로 길이를 자리매길 수 있는, 전자의 진동이 울려 퍼지고 있는 것이다. 다만 여기에서는 전자가 실제로 궤도를 돈다기 보다는 파동으로 퍼져있다고 설명해야 한다.[51]

## 양자: 완벽한 디지털

우리가 쓰는 컴퓨터는 모두 디지털 컴퓨터이다. 디지털 컴퓨터는 0과 1만을 신호로 처리한다. 이렇게 하면 모든 정보와 연산이 0과 1만을 다루게 되어 간단해지는 것도 있지만, 신호의 오류를 줄일 수 있다는 것도 탁월한 점이다.

디지털 신호는 이산적인 값만을 나타낼 수 있다. 0과 1을 나타내는 방법으로, 전류를 흘리는 방법이 있다. 아무런 전류가 흐르지 않으면 0, 일정한 전압(가령 1볼트)의 전류는 1로 처리하면 된다. 그러나 전류 자체는 아날로그적인 수단이어서 오

---

[*]  전자가 원자핵에서 멀리 떨어질수록 수소 원자의 에너지가 낮아진다고 했는데, 이는 지름 제곱에 반비례한다는 것을 쉽게 보일 수 있다. 지름이 주양자수 $n$에 비례하므로, 에너지는 $n^2$에 반비례한다. 그림 67에서 에너지가 $-13.6/n^2$이라는 것을 확인할 수 있다. $n$이 무한대가 되면 에너지가 0이 되는데 이때는 전자가 수소 원자에 갇히지 않고 떨어져나간다는 것을 나타낸다. 이를 기준으로 에너지를 표시한 것이다.

류를 일으킬 수 있다. 0을 표현하기 위해 신호를 보내지 않더라도 전류가 미세하게 흘러 컴퓨터의 입력 장치에 0.02, 0.03이라는 값이 들어올 수 있지만 이를 모두 0으로 처리하고 오류를 없앨 수 있다. 마찬가지로, 0.97, 1.02, 1.12모두 1이라는 신호로 처리할 수 있다. 회로가 조금 불완전하다고 하더라도 오류가 적어 컴퓨터가 안정적으로 동작할 수 있다..

　원자는 띄엄띄엄한 에너지 준위를 가지고 있으므로 디지털 신호를 처리한다고 할 수 있다. 에너지 준위가 양자화되어 있어서, 다른 에너지값은 가질 수 없다. 원자는 완벽한 디지털 장치여서 신호 표기의 오류가 없는 것이다.

　이를 통해 매우 정밀한 물리량을 정의하는 데 사용할 수 있다. 우리 생활과 가장 직접 닿아 있는 부분은 바로 시계이다. 세계 표준인 국제단위계<sup>SI, Système international d'unités</sup>에서는 1초를 다음과 같이 정의한다.[52]

　절대 영도에서 세슘-133 원자의 바닥 상태 ($^6S_{1/2}$)에 있는 두 개의 초미세 에너지준위의 진동수 차이를 9,192,631,770 Hz로 정의하고 그 역수를 통해 초를 정의한다.

　어려워 보이지만, 결국은 세슘 원자가 가질 수 있는 에너지 준위는 띄엄띄엄한 값이고, 이 차이에서 나오는 에너지를 가지고 정밀한 양을 정의할 수 있다는 말이다. 어떤 조건의 세슘 원자에서, 어떤 두 에너지 준위만큼의 에너지 차를 가지고 나오는 광자를 생각하자. 광자의 에너지는 앞의 식을 통해 빛의 진동수로 바꿀 수 있다. 진동수는 파동이 1초동안 흔들리는 횟수이므로, 이를 거꾸로 생각하면 파동이 9,192,631,770번 흔들리는 시간간격을 1초로 정할 수 있다.

이렇게 어렵게 정의하면 다루기는 힘들지만 정밀한 시간간격을 정할 수 있다. 사실 우리에게는 더 자연스러운 시간의 길이가 있다. 예를 들면 지구가 태양 주변을 한 번 도는 것을 1년이라고 정의할 수 있다. 1년을 365일, 하루는 24시간, 한 시간은 60분, 1분은 60초로 되어 있으므로 이렇게 1초를 정의할 수도 있다. 사실 이러한 초의 정의가 1967년 이전까지 쓰였다.

문제는 지구가 태양 주변을 한 번을 도는 시간이 매번 같은 것이 아니라 조금씩 다르다는 것이다. 예를 들면 목성이 도는 것 때문에 지구가 영향을 받아서 지구가 조금 빨라지거나 느려질 수 있다. 주기가 일정하다는 보장이 없다. 따라서 이 정의는 정밀하지 않다.

물론 어떤 정의를 써도 일상 생활에는 크게 불편을 주지 않지만, 더 정확한 시간이 필요한 과학 기술에는 정밀한 초의 정의가 필요하다. 가령 빛은 1초에 300 000 000미터 가까이 날아가기 때문에 빛의 속력을 정할 때는 1초가 엄청나게 정밀해야 한다. 사실은 빛의 속력으로 미터를 정의하기 때문에 완벽한 시간의 정의가 필요하고, 양자역학의 디지털은 이 역할을 훌륭하게 수행한다.

## 양자 도약

그래도 개념적으로 이해되지 않는 것이 있다. 1부에서 전자가 어디로 지나가는지, 얼마나 빠르게 날아가는지를 정확히 말할 수 없다는 것을 배웠다. 겹실틈 실험에서 스크린에 점을 남기기 전까지, 전자가 어떻게 행동하는지 아무 것도 알 수 없었다. 그런데 원자핵 주변을 전자가 일정한 반지름으로 돈다는 것은 무슨 말일까? 또, 전자가 연속적이 아닌 특정한 에너지를 갖도록 운동하다면 전자는 한 전자 궤도에서 다른 전자 궤도로 어떻게 가는 것일까?

1부의 결론은 결국, 전자의 운동은 확률을 통하여서만 이해할 수 있다는 것이다. 전자가 정말 원 궤도를 도는 것이 아니라, 원자핵 둘레에 골고루 퍼진 전자(파동함수)가 안정되게 놓여 있다는 것이다.

원자핵이 가만히 있다고 생각하고, 이 원자가 전자를 쿨롱 힘으로 끌어당긴다고 하자. 이 쿨롱 힘을 슈뢰딩거 방정식에 집어넣고 전자의 파동함수를 구하면 한 묶음의 답을 얻는데, 자연수 $n$으로 순서를 매길 수 있다.* 그 파동함수의 절댓값 제곱이 전자 하나를 그 자리에서 발견할 확률이다. 그리고 그 파

---

* 이를 주양자수라고 한다.

동함수는 각 $n$에 대하여 그림 67의 에너지값을 준다. 파동함수가 에너지의 고유상태이므로 각 상태는 변하지 않고 안정하다. 전자는 원자 주변을 행성이 돌듯 도는 것이 아니라 파동 전체가 일정하게 진동하며 '가만히 있는'(12, 13장에서 설명한 개념으로) 것이다.

사실은 이 방법을 통해 슈뢰딩거가 파동을 기술하는 방정식을 찾았다. 그는 파동함수를 기술할 만한 적당한 방정식을 써 보고, 그 방정식을 통하여 수소 원자의 에너지 준위를 구해보았다. 무수한 시행 착오를 통해 그 관찰 결과가 그림 67과 일치하는 방정식을 찾았다. 방정식의 꼴은 간단하지만 그것을 확신하기 위하여 엄청난 계산을 해야 했던 것이다.

고전적인 개념으로 원자의 모양을 그림 66처럼 그려 보면 문제가 생긴다. 전자는 원자핵으로부터의 거리에 따라 다른 에너지를 가지리라고 예상했다. 그런데 에너지가 양자화되어 있다면 거리가 양자화되었다는 뜻이 된다. 바깥쪽에서 돌던 전자가 광자를 방출하며 안쪽으로 떨어지는데, 중간의 이동 과정 없이 도약해야 하는 것이다. 실제로 수소 원자들을 많이 모아놓고 실험을 해보면 이런 중간 에너지값이 관측되지 않았다. 따라서 한 궤도에서 다른 궤도로 연속적으로 갈 수 없다.[53] 당혹스러운 양자 점프가 일어나는 것이다.

양자역학에서는 이 문제를 다음처럼 해결한다. 원자의 지름이라는 개념 대신 주양자수 $n$을 사용하는 것이다. $n$이 클수록

에너지가 커지므로, 지름이 큰 것과 같은 효과를 가지고 있다

한 궤도에서 다른 궤도로 가도록 하는 것은 외부의 영향이다. 빛을 쏘아 전자가 광자를 흡수하면 에너지를 얻어 높은 상태로 갈 수 있다. 반대로 광자를 방출하면서 에너지를 잃고 낮은 상태로 갈 수 있다. 두 실틈에서 나온 파가 중첩된 것처럼, 광자가 있을 때 수소에 있는 전자의 두 에너지 상태도 중첩된다고 생각할 수 있다. 가령 주양자수 $n$이 2인 상태에서 1인 상태로 내려갈 때의 전자의 파동함수를 써보면

$$a \, |n = 1 \rangle + b \, |n = 2 \rangle + \cdots$$

처럼 중첩된다. 그리고 측정하는 순간 둘 중의 하나가 선택되는 것이다. 코펜하겐 해석을 따르면 계수의 절댓값 제곱에 비례하는 확률로 상태가 무너진다. 만약 $|n = 2 \rangle$ 상태가 되었다면 전자는 낮은 준위로 떨어지지 않았고 빛도 관측되지 않는다. 반면 $|n = 1 \rangle$ 상태가 되었다면 전자는 낮은 준위로 떨어진 것이고 빛도 관측된다. 중간 과정이 없는 양자역학의 도약이다.

그럼에도 불구하고 각 상태를 기술하는 파동함수는 연속적이며, 중첩된 파동함수는 겹쳐져 있다. 이는 마치, 겹실틈 실험의 경우 그림 62에서 볼 수 있는 것처럼, 왼쪽과 오른쪽 실틈에서 나가는 파동함수가 연속적인 모양이고 겹쳐있는 것과 같다.

# 3부

# 슈뢰딩거의
# 고양이는
# 살아있을까

# 15
# 슈뢰딩거의 고양이

슈뢰딩거의 고양이라는 말을 들으면
총을 꺼낸다.

*- 스티븐 호킹이 인용한 말*[50]

인터넷 트래픽의 15%는 고양이와 관련 있다.

*- CBS 뉴스 비디오 리포트*[51]

슈뢰딩거의 고양이는 이제 너무 유명해져서 문화의 일부가 되어버렸다. 인터넷 검색 엔진에 검색어를 '슈뢰딩거의'로 넣어보면, 고양이뿐 아니라 '슈뢰딩거의 좋아요'(그림 68)와 같은 것들도 나온다.

슈뢰딩거의 고양이는 흔히 이렇게 소개된다. '상자 안에 든

그림 68 슈뢰딩거의 좋아요. 좋아요일까 싫어요일까? 본문을 읽으면 더 큰 문제를 만나게 된다.

고양이가 살지도 죽지도 않은 상태인데, 열어보는 순간 상태가 결정된다.' '살지도 죽지도 않은 상태라는 것이 무슨 말인가? 상자를 열었을 때 살아있는 고양이를 관찰했다면, 상자를 열기 전에도 살아있던 것이 아닌가?'

## 고양이로 생각해보는 중첩 문제

겹실틈 실험에서 이상한 점은 입자 하나가 두 실틈을 모두 이용한다는 것이다. 전자 하나가 두 실틈에 동시에 들어가는 것일까? 수학적으로는 왼쪽 실틈으로 들어간 파동함수와 오른쪽 실틈으로 들어간 파동함수를 더해서 이 상태를 나타낼 수 있었다. 이 파동은 스크린에 닿는 순간 무너지며 한 점을 남긴

그림 69  슈뢰딩거의 고양이는 살아있을까 죽었을까? 이 둘의 중간 상태일까? 이 둘 모두일까?

다. 결과적으로 이는 간섭무늬를 잘 설명한다.

이 파동이 바로 슈뢰딩거의 고양이와 같은 상태이다. 스크린 왼쪽에 점을 남기는 상태도 아니고 오른쪽에 점을 남기는 상태도 아닌 중첩된 상태인데, 스크린에 점을 남겨야만 이들 중 어떤 것인지를 알 수 있다.

전자만 이런 성질을 가지고 있을까? 고양이처럼 거시적인 물체도 양자역학을 따르므로 이런 성질을 가지고 있어야 하지 않을까? 왜 일상생활에서는 이러한 중첩을 볼 수 없을까?"

슈뢰딩거는 이를 연결할 수 있는 생각실험을 제안하였다.

**슈뢰딩거(1935):** 심지어는 우스꽝스러운 경우도 설정할 수 있다. 고양이 한 마리가 쇠로 만든 상자에 다음과 같은 지옥기계(이들은 고양이와 간섭하지 않아야 한다)와 함께 가두어져 있다. 방사능 측정기Geiger counter(그림 70) 안에 약간의 방사능 물질이 있다. 그것이 아주 조금밖에 없어서 한 시간에 원자 한 개가 붕괴할 확률과 붕괴하지 않을 확률이 같다. 만약 붕괴하게 되면, 계수기의 관에 전류가 흐르고 연결된 장치의 망치가 작동하여 시안화수소가 든 플라스크를 깨뜨릴 것이다. 이제 이 전체 계를 한 시간 정도 놓아두자. 그동안 원자가 붕괴하지 않았다면 고양이가 여전히 살아있을 것이라고 할 수 있다. 원자 하나가 붕괴했다면 고양이를 중독시켰을 것이다. 이 계의 프사이 함수(파동함수)는 이 전체 계를, 살아있는 고양이와 죽은 고양이

(이 표현을 용서하시라)를 균등하게 섞거나 분배했을 것이다.

원래 원자 영역에서만 일어나는 이 전형적인 비결정성<sup>indeter-</sup>minacy이 거시적인 비결정성으로 변형되었고, 이는 직접 관찰하면 해결할 수 있다. 이는 단지 "희끄무리한 모형"이 실재를 나타낸다고 대충 받아들이게 되는 것을 방지한다. 이는 본질적으로 불분명하거나 모순된 것을 나타내는 것이 아니다. 손떨림 내지는 초점이 맞지 않은 사진과, 안개봉우리와 구름을 찍은 사진 사이에는 차이가 있다.

어려운 내용이므로 차근차근 생각해보겠다.


## 원자의 붕괴

슈뢰딩거의 고양이 문제에서는 양자 효과가 원자의 붕괴에 들어있으므로 이를 먼저 알아보자. 모든 원자는 원자핵이 분열을 일으켜 다른 원자가 된다. 이 과정에서 전자나 광자 등의 방사선이 나오기 때문에 이를 방사성 붕괴<sup>radioactive decay</sup>라고 한다.

원자 하나가 붕괴할 확률은 일정하다. 원자 하나를 가져다 놓고 시간이 충분히 지나면 붕괴하여 다른 원자가 된다. 오래 기다릴수록 원자가 붕괴할 확률이 높아지는데, 확률이 50%가 되는 시간을 반감기<sup>half lifetime</sup>라고 한다. 원자 하나의 반감기를 재는 것보다 여러 개를 재어 평균하면 확률을 더 잘 계산할 수 있다. 원자 만 개는 반감기가 지나면 오천 개쯤 남는다. 다시 반감기가 지나면 이천 오백개쯤 남는다. 반감기가 짧은 원자는 빨리 붕괴한다.

원자가 정확히 언제 붕괴할지는 모르고, 확률만 알 수 있다. 겹실틈을 통과한 전자처럼, 원자의 붕괴 상태는 양자 중첩 상태이기 때문이다. 반감기가 한 시간인 원자는, 한 시간이 지나면*

|한 시간 뒤 원자〉 = |붕괴한 원자〉 + |안 붕괴한 원자〉

그림 70　CDV-700 ENI 가이거 계수기. 우리 주변의 방사선 측정기는 대부분 이와 같은 가이거 계수기를 사용한다. 금속 통 안에 도선과 전지를 연결한 뒤 기체를 채운 것이 감지장치이다. 여기에 방사선이 지나가면서 통에 광전 효과를 일으키거나 기체 원자를 때려 전자가 튀어나오면 전기가 흐르게 되어 있다. 이 신호로 계기판을 돌리고 스피커에서 '틱' 소리가 나도록 한다.

---

\*　슈뢰딩거가 말했던 붕괴할 확률은 것은 반감기와 조금 다르므로, 문제를 바꾸어 반감기가 한 시간인 원자를 하나 갖다 놓는다고 하겠다.

처럼 중첩 상태가 된다. 12장에서 배운 것처럼, 우변의 계수 제곱이 1:1이므로, 붕괴할 확률이 50%라는 것이 반영되었다.

## 슈뢰딩거의 고양이는 한 시간 뒤에 살아 있을까

슈뢰딩거의 지옥기계는 원자가 붕괴하면 일련의 과정을 통하여 고양이를 죽이게 된다. 이들은 각각 원인과 결과의

(붕괴한 원자) ⋯ (움직이는 망치) ⋯ (깨진 병) ⋯ (퍼진 시안화 수소 기체) ⋯ (죽은 고양이)

고리로 연결되어 있으므로 상태에 대한 이름을 바꾸어 쓸 수 있다. 이를 반영하여 간단히 (붕괴한 원자)를 (죽은 고양이)로 줄여 쓰겠다.[52] 살아있는 고양이도 마찬가지다. 따라서 한 시간 뒤의 고양이 상태도 다음과 같이 쓸 수 있다.

|한 시간 뒤의 고양이⟩ = |살아있는 고양이⟩ + |죽은 고양이⟩

써놓고 보니 이상하다. 고양이가 중첩 상태이기 때문이다.

**슈뢰딩거의 고양이 문제:** 한 시간 뒤의 고양이는 어떻게 된 것일까?

살아있는 것일까 죽은 것일까? 살아 있는것과 죽은 것과 중간 단계일까? 살아있으며 동시에 죽었다는 것일까?

**엉뚱이:** '반 죽었다'는 말이 있지 않나. 영어로는 half-dead라고 한다.

그래도 엄밀히 말하면 반 죽었다는 말은 살아있다는 말이다. 우리는 살아 있는 고양이를 보든지, 죽은 고양이를 보든지 둘 중 하나만 본다.

## 고전적인 상호작용

고양이가 죽었는지 안 죽었는지를 확인하려면 측정해보는 방법밖에 없다. 코펜하겐 해석이 한 가지 방법을 제시한다.

**코펜하겐 해석:** 측정하기 전에는 고양이가 살아 있는 상태와 죽은 상태가 중첩되었다. 이는 살아 있는 것도 죽은 것도 아니다. 측정을 하는 순간 상태가 |살아있는 고양이〉나 |죽은 고양이〉 중 한 상태로 무너진다. 어떤 상태가 될지는 모르고, 이에 대해 말할 수 있는 유일한 것은 확률이다.

한 시간 뒤에 상자를 열어 고양이의 상태를 알아보자.

**아인슈타인(1950):** 물리학자가 조사하는 순간 고양이의 상태
가 창조된다는 말인가? 고양이가 살아있는지 죽었는지 여부가
관찰하는 행동과 무관하다는 것을 의심하는 사람은 없을 것이다.

상자를 열든 안 열든, 고양이의 생사는 이미 결정되어 있지 않
을까? 가령, 상자를 열지 않고 고양이가 소리를 내는지 바깥에
서 들어볼 수 있다. 상자를 여는 것은 고양이에게 특별한 영향
을 주지 않을 것이므로 중첩된 상태 가운데 하나를 결정하는
측정이 아니고, 양자역학도 필요 없다. 그런 의미에서 고양이
나 방사능 측정 장치를 고전적인 대상, 상자를 여는 일을 고전
적인 상호작용이라고 부르겠다.*

  방사능 측정기가 방사선을 검출한 이후에, 망치가 작동하고
플라스크가 깨지면 시안화수소가 나오는 것은 모두 고전적인
상호작용으로, 인과 관계로 연결되어 (작동할 시간만 충분하다
면) 100% 확실하게 이어져 있을 것이다(현실적으로는 예측하
지 못하는 것도, 원칙적으로는 인과관계로 연결되어 있다. 즉 5장
에서 보았던 뜻의 고전적인 확률로 연결되어 있다).

---

\* 이 책에서 쓰이는 용어이다. 책에 따라서는 거시적인 대상 및 상호작용이라고 부르
기도 한다.

다시 말하면 고전적인 상호작용에서는 상태가 중첩되지 않는다. 가령, 방사능 측정기가 측정하고 나서 일으키는 일들은 고전적인 상태로서 잘 중첩이 안 된다. 즉

|한 시간 뒤의 방사능 측정기〉 = |방사선 검출〉 + |방사선 검출 안됨〉

처럼 쓰는 것은 앞서 이야기한 것처럼 쉽지 않다(글쓴이는 이것이 쉬운 것처럼 거짓말을 했다). 거시적인 물체가 중첩된다는 것을 받아들이기 어렵다. 우리가 방사능 측정기를 들여다보면 언제나 |방사선 검출〉이나 |방사선 검출 안됨〉 중 하나만을 관찰한다. 사실 물체 하나가 중첩되었다는 것도 받아들이기 힘들다. 특히 코펜하겐 해석에서, 중첩된 파동함수가 측정하는 순간 하나로 붕괴하는 것이 얼마나 이해하기 힘든지를 극적으로 보여준다.

**앙상블 해석:** 같은 실험을 여러 번 하면 반쯤은 산 고양이를 발견하고, 반쯤은 죽은 고양이를 발견할 것이다.


## 중첩이 깨지는 시점은
원자는 양자 대상이며 중첩이 일어난다.

$$|한 시간 뒤 원자\rangle = |붕괴한 원자\rangle + |안 붕괴한 원자\rangle$$

이와 비슷한 일이 겹실틈 실험에서도 일어났다. 두 실틈을 각
각 통과한 직후에는 비교적 잘 분리된 두 개의 파동이 있었는
데, 퍼져나가면서 이들이 섞이고 중첩이 일어났다.

중첩이 일어나야 하는 양자 상태와, 중첩이 필요 없어 보이
는 고전역학적인 상태의 경계는 어디쯤일까? 원자가 붕괴하는
과정을 대강 그려보면 붕괴한 원자에서 방사선(전자나 광자)이
나와서[53] 방사능 측정기를 건드려서 전류를 흐르게 하고, 눈금
을 바꾸고 스피커에서 '띡' 소리가 나도록 할 것이다. 이 연결
고리가 어디에서 시작해서 어디까지 이어지는지 알기가 힘들
다. 이처럼 슈뢰딩거 고양이 문제의 핵심은

어느 시점까지 중첩이 유지되는가

하는 것이다.

# 16
## 보고 싶은 것만 볼 수 있다

사람들은 보고 싶은 것만 보려고 한다.

- 율리우스 카이사르

I Want To Believe
(나는 믿고 싶다)

- 드라마 〈엑스파일〉, 멀더 요원 사무실의 포스터

앞 장에서 슈뢰딩거 고양이를 통해 중첩과 측정의 문제를 살펴보았다. 이 장에서는 구체적으로 전자의 위치와 속도를 측정하는 방법을 살펴본다. 이를 통해 전자의 위치와 속도를 동시에 알 수 없다는 말이 무슨 뜻인지를 알아본다.

**용어에 대하여:** 이 책 전체에서 비슷한 두 말을 구별해서 쓸 것이다.

**측정:** 대상(가령, 전자)이 어떤 성질을 가지는 것(가령, 이 위치에 있다)을 확실히 알아내는 방법. 대상을 망가뜨린다.

**거르기**<sup>filtering</sup>: 대상이 어떠하지 않다는 것(가령, 이곳과 저곳에는 없다)을 알아내는 방법. 대상을 망가뜨리지 않는다.

## 보고 싶은 것만 볼 수 있다

고전역학의 세계에서는 마음을 열고 눈을 크게 뜨면 무언가가 보인다.[54] 그러나 물체의 모든 성질(물리량)은 건드려 보아야만 알아낼 수 있다는 것을 배웠다(6장). 사실은

어떤 물리량을 관찰하고 싶은지를 결정해서 그에 맞는 측정장치를 준비해야 한다.

전자의 위치를 측정하려면 그림 71처럼 전자가 있으리라 예상되는 곳에 스크린을 놓아두어야 한다.* 전자총을 잘 조준하거나 스크린을 넓게 펼쳐 놓을수록 전자를 놓치지 않고 관찰할 수 있다. 스크린 위에는 형광 물질이 발라져 있어, 전자가

부딪치면 그 자리에 밝은 점이 생긴다. 그것으로 전자가 그 자리에 있었다는 것을 알 수 있다. 형광 물질을 이루는 분자는 우

---

* 또는 전자에 빛을 부딪히게 해서 위치를 알아낼 수도 있다. 이는 21장에서 알아볼 것이다.

북쪽

그림 71    전자의 위치를 측정하려면 전자가 지나가리라고 예상되는 곳에 스크린을 놓아야 한다. 겹실틈 실험 장치에서 겹실틈을 치우고 전자총과 스크린만을 남겼다. 실험 장치를 위에서 본 것이고, 화살표가 가리키는 방향이 북쪽이다.

리가 아는 가장 작은 측정 장치이고, 이것이 알려주는 것은 고전적인 위치이다.

우리는 위치, 운동량, 파장, 에너지 등의 고전 물리량을 통해서 운동을 이해할 수밖에 없다. 그 틀로 이해하려고 하기 때문에 양자 세계가 이상하게 작동하는 것으로 보이는지도 모른다. 그래도 어쩔 수 없다. 눈으로 보고 실험장치로 알 수 있는 양은 고전 물리량밖에 없기 때문이다(21장에서 자세히 살펴본다). 최대한 예민하고 정밀한 장치를 준비할 뿐이다.


## 망가뜨리지 않고 관찰할 수는 없다

전자는 스크린에 부딪쳐 형광 물질과 작용을 주고받은 뒤에 어디론가 사라진다. 아마도 심하게 튕겨 나가 우리가 추적할 수 없는 상태로 날아가 버릴 것이다. 우리가 볼 수 있는 것은 형광 물질이 남긴 빛이지, 전자 자체는 아니다. 전자는 더이상 쓸 수 없는 상태가 되어 버리는 것이다.

전자를 안 건드리기는커녕 망가뜨리지 않고 관찰할 수 있는 방법은 없다. 전자가 무언가를 건드리고 거기에서 나오는 신호를 볼 수밖에 없다.

## 위치를 간접적으로 알아내는 거르기

**질문:** 전자의 위치를 측정할 때마다 망가진다면 위치를 아는 것이 의미가 없다. 우리는 전자를 망가뜨리지 않고 위치를 알고 싶은 것이다. 예를 들어 원하는 곳으로 전자를 보내고 싶다. 어떻게 할까?

**답:** 전자를 건드리지 않고 다루어야 한다.

그림 72처럼 벽에 틈을 만들어놓고 전자를 틈에 쏘아보자.

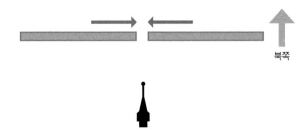

북쪽

**그림 72** 특정한 위치를 지나도록 하는 거름장치. 전자총에서 나온 전자는 북쪽으로 지나가면서 퍼진다. 전자 하나가 정확히 앞으로 나가지 않고 조금씩 동쪽 서쪽으로도 가기 때문이다. 전자가 틈을 지날 때 동서방향으로 위치를 측정한다. 전자가 벽을 지나갈 당시는 틈을 통과하므로 틈이 있는 위치에 있다(화살표 사이). 전자를 직접 볼 수 없다는 것을 감안하면 이는 중요한 정보이다.

만약 벽이 스크린이라면, 이 실험은 틈을 제외한 범위에서 전자의 위치를 측정하는 것이다. 즉, 틈을 통과하지 못할 경우 스크린에 점을 남길 것이다. 측정이 이루어지면 전자는 더이상 쓸 수 없게 된다.

전자가 날아갔는데 벽에 점을 남기지 않았다면 측정은 실패한 것이다. 그래도 알 수 있는 것이 있다. 만약 전자를 쏘았다는 것을 다른 방법으로 알고 있다면, 측정을 못한 것은 측정 장치가 덮는 영역을 지나가지 않았다는 것이다. 전자총에서 발사되어 북쪽으로 날아간 전자는 실틈을 지나갔고, 지나는 순간에는 바로 실틈 자리에 있었다고 이야기할 수 있다. 즉

실틈을 통과하는 시점에, 그림 72의 동서 방향으로 두 화살표 끝 사이에 있었다.

측정을 하지 않았는데도 요긴한 정보를 얻었다.

전자가 틈을 지나도록 하는 것은 확실한 고전 정보를 남기지 않는다는 점에서 측정은 아니다. 그 대신 전자의 상태가 망가지지 않았으며, 틈을 지나왔다는 것을 알았다. 틈에서 출발한 전자를 얻은 것이다. 우리는 이 과정을 거르기라고 부르겠다.

거르기를 이야기하려면 전자를 쏘았다는 것을 확실히 알아야 한다. 쏘았다는 사실을 모른다면, 상태에 대한 정보를 얻을 수 없다. 측정을 하기 전까지 전자가 실틈을 지났는지 안 지났

는지를 알 수 없기 때문이다. 때에 따라서는 전자총이 얼마나 멀리 떨어져있는가를 통해 전자가 어느 정도의 시점에서 틈을 지나갔는지를 추정해야 한다.

**질문:** 전자총을 잘 조준해서 쏘면 위치를 정확하게 알 수 있지 않나.

사실, 전자를 원하는 방향으로 쏠 수 있는 방법은 없다. 전자총도 거르기밖에 못한다(33장에서 볼 것이다). 전기가 흐르는 전선에 열을 가하면 전자가 튀어나온다는 것은 알지만 날아가는 방향을 제어할 수는 없다. 우리가 할 수 있는 것은 그림 73처럼 원치 않는 방향으로 날아가는 전자를 다 없애버리는 것뿐이다.

## 위치의 고유상태

실틈을 향해서 전자를 쏘면, 일부는 틈을 통과하고, 일부는 벽에 막혀 통과하지 못한다. 이를 확인하려면 그림 73처럼 실틈 뒤에 스크린을 놓아 점을 모아보면 된다. 스크린에는 실틈이 있는 자리 뒤에만 점들이 하나의 기둥을 이룬다. 점을 찍기 직전에 틈을 통과했다는 것을 추정할 수 있다.

이는 2장 뒷부분에서 보았던, 겹실틈 중 하나를 가려 놓은

북쪽

**그림 73**  전자가 어디를 지나가는지는 스크린을 놓아 보고 점이 찍히는 것을 통하여 확인할 수 있다.

것과 같은 상황이다. 그때도 실틈 뒤에 기둥이 생겼다. 가린 실틈에는 전자가 통과할 수 없었다. 이는 특정한 위치를 지나는 전자를 준비한 것이다.

　이해를 돕기 위하여 전자 대신 빛(광자)을 생각해보자. 빛을 거르는 장치가 그림 74에 소개되어 있다. 전자도 비슷한 장치로 거를 수 있지만, 전자의 물질파 파장보다 빛의 파장이 훨씬 길어서 덜 정밀하고 큰 틈으로 측정할 수 있다.

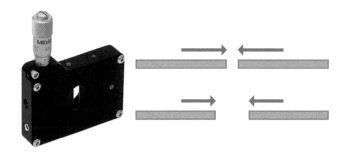

**그림 74**  (왼쪽) 빛이 틈 하나만을 지나가게 하는 도구. 윗쪽의 손잡이를 돌리면 틈의 폭을 바꾼다. © Thorlabs VA100/M (오른쪽) 위의 틈은 아래 틈보다 좁으므로 전자가 그 자리를 지나간다는 것을, 아래 있는 실틈보다 더 확실히 말할 수 있다.

이 장치는 실틈의 너비를 바꿀 수 있게 되어 있다. 실틈을 좁게 할수록 어디를 지나가는지가 분명해지며, 동서 방향의 위치가 확실해진다. 틈을 지나가지 않는 빛은 통과할 수 없기 때문이다. 따라서 실틈을 좁게 할수록

바로 이 위치(틈)를 지나간 빛만 통과시킨 것

이다. 이 위치로 지나가지 않은 모든 광자는 버린 것이다. 벽에 막혀 통과하지 못했을 것이기 때문이다. 그래도 벽을 투과하거나(놀랍지만 가능한 이야기다) 벽에 반사하는 것이 마음에 걸린다면 빛을 적극적으로 흡수하는 도료를 벽에 칠하면 될 것이다. 이를 확인하기 위해서는 틈을 막아보고 아무것도 통과하지 못하는 것을 관찰하면 된다.

**질문:** 거르기와 측정은 같은 것인가? 즉, 틈을 통과시킨다면 어떤 상태라도 틈을 통과하는 상태가 되는 것인가?

**앙상블 해석:** 전자 여러개를 쏘면 일부는 틈으로 들어가고 일부는 벽에 부딪혀 막힌다.

**코펜하겐 해석:** 전자 하나를 나타내는 파동을 생각하자. 틈 때문에 파동이 무너지는 것이 아니다. 틈을 지나기 전에는 파동이 벽 앞 전체에 퍼져 있다고 보아야 한다. 틈의 위치의 고유상태로 무너진다면 틈을 통과할 것이고, 틈에서 새로 파동이 시작한 것처

럼 진행한다(그림 62를 참조하라). 벽에 가로막힌 곳의 고유상
태로 무너진다면 틈을 통과하지 못하는 것이다.

틈이 좁을수록 더 확실한 위치를 얻는다. 충분히 좁은 틈을 만
들어 전자를 쏘았는데 통과했다면, 너비가 있는 틈이 아닌 한
점을 통과했다고 볼 수 있다. 이러한 이상적인 상태를, 위치에
대한 고유상태라고 부르자.

위치의 고유상태가 된 직후에 똑같은 실틈으로 거르기를 해
도 계속 고유상태가 유지된다. 이는 그림 75에서 확인할 수 있

**그림 75** 거른 다음 또 거르면 100%의 확률로 같은 상태가 된다. 즉, 고유상태를 한
번 더 측정하면 100%의 확률로 그 값을 얻는다. 이를 확인하기 위하여 두 번 거르고 나
서 스크린에 점을 찍어보면, 한 번 걸렀던 그림 73 과 같은 점을 얻는다.

다. 스크린에 생기는 무늬는 실틈을 한 겹만 대었던 그림 73
과 같음을 알 수 있다. 첫 번째 실틈을 통과한 전자가 두 번째
실틈을 통과하지 못할 확률은 거의 없다. 이를 다음과 같이 정
리할 수 있다.

위치를 거른 직후에 또 한번 위치를 거르면, 파동함수가 무너

지지 않는다.

이는 거르기의 일반적인 성질로, 위치뿐 아니라 모든 물리량에 대하여 일반적으로 성립한다. 어떤 물리량을 재기 위한 측정장치로 거르면, 그 물리량에 대한 고유상태가 된다. 그 직후에 한번 더 거르면, 100% 확률로 고유상태가 유지된다. 따라서 거르기를 통해 원하는 상태를 준비할 수 있다. 그래서 이를 상태 준비state preparation라고 부르기도 한다.

## 속도

전자의 속도도 비슷한 방법으로 알아낼 수 있을 것이다. 그러나 속도는 직접 관찰할 수 없다. 유일한 방법은 위치를 두 번 재어, 시간으로 나누는 것이다. 속도뿐 아니라 모든 물리량은 위치로 바꾸어서 잴 수밖에 없다.[55] 생각해보면 우리가 할 수 있는 것은 한 순간에 한 점을 보는 것뿐이다.

위치를 확인하려면 측정을 해야 하지만, 속도를 재기 위하여 위치를 두 번 측정할 수는 없다. 스크린을 대고 첫 번째 위치를 측정하는 순간 전자의 상태가 망가지기 때문이다.

그대신 거르기를 통하여 첫 번째 위치를 간접적으로 알 수 있다. 전자가 틈을 지나가도록 하면 그 자리를 지나갔다는 것을 안다. 다시 한번 주의할 것은, 우리는 그림 76에서 아래에

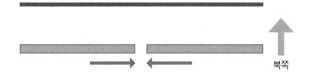

북쪽

**그림 76**  속도를 측정하는 장치. 앞의 그림과 사실상 똑같은 역할을 한다. 두 번째 벽 대신에 스크린을 가져다 놓으면, 전자가 부딪치면서 밝은 점을 남긴다.

있는 화살표 방향(동서 방향)의 속력을 측정하는 것이다.

틈을 통과하는 동안 동서 방향으로 얼마나 빨리 날아가고 있었는가에 따라, 스크린 뒤의 어떤 위치에 점을 남길지가 결정된다. 통과하는 동안 동쪽으로 날아가고 있었다면 스크린의 동쪽 어딘가에 점을 남겼을 것이고, 서쪽으로 날아가고 있었다면 서쪽 어딘가에 점을 남길 것이다. 틈과 스크린 사이의 거리를 알고 있으므로, 일정한 시간 간격 동안 두 벽을 통과하도록 하면, 전자의 동서 방향 속도를 측정할 수 있다. 더 정확하게 속도를 측정하려면 틈과 스크린 사이를 최대한 가깝게 만들면 된다.

속도의 고유상태를 거르기 위해서는 그림 77과 같은 장치를 설치해야 한다. 남쪽의 벽은 앞서와 같이 그 자리를 지나간다는 것을 확인하기 위하여 거르는 장치를 설치했다. 북쪽 벽의 적절한 위치에 틈을 만들어 원하는 속도의 전자를 얻을 수 있다.

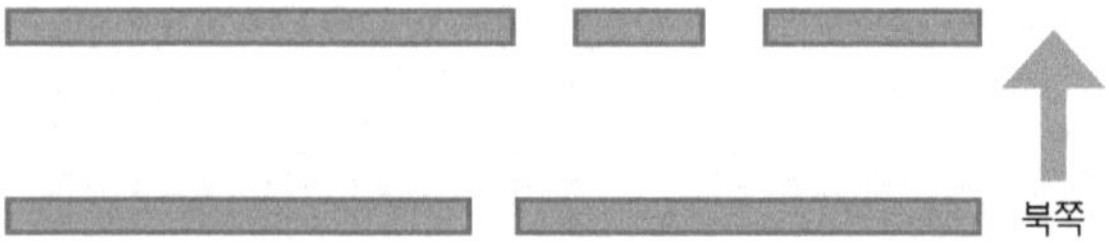

북쪽

**그림 77**　원하는 속도를 가진 전자를 걸러내는 장치. 속도 선택기라고 한다. 전자가 남쪽에서 북쪽으로 지나간다. 전자가 첫 번째 틈을 통과할 당시 동서 방향으로 얼마나 빨리 날아가고 있었나에 따라, 두 번째 벽의 다른 틈을 통과하게 된다. 두 번째 벽의 틈을 하나만 남겨두면 원하는 속도의 전자를 고를 수 있다.

## 위치와 속도를 함께 알아내었다

속도를 재는 방법은 간접적일 수밖에 없다. 위치를 두 번 재고 거리(정확히는 동서 방향의 변위)를 시간으로 나누어서 환산했다. 번거로웠지만 좋은 점도 있다. 속도를 재는 과정에서 위치도 잰 것이다. 그러나 이 둘을 모두 정확히 알 수는 없었다.

# 17
# 불확정성 원리:
# 두 성질 사이의 긴장 관계

**"이름이 뭔가."**

**"하이젠베르크."**

- 〈브레이킹 배드〉, 시즌 1 에피소드 6 (2008)

앞 장에서 광자의 위치와 속도를 동시에 알아내려고 해보았다. 고전역학에서는 위치와 속도를 함께 알면 물체에 대한 정보를 완전히 알고 있는 것이므로, 운동 법칙을 적용하여 이후 위치와 속도가 어떻게 바뀔지를 예측할 수 있다. 그러나 이 장에서는 이 둘을 한꺼번에 정확히 측정하는 것이 불가능하다는 것을 보일 것이다.

## 위치와 속도의 긴장 관계

광자의 위치를 알아내려면 그림 78(또는 그림 72)처럼 실틈

**그림 78** 홑실틈으로 빛을 보낼 때, 좁은 곳으로 보낼수록(오른쪽 그림들) 오히려 스크린에 맺힌 빛은 퍼진다(왼쪽 그림들). 왼쪽 위는 실틈의 너비를 조정하는 장치.

을 지나가게 해야 한다. 이는 앞장의 그림 72에서 본 장치로 실틈의 너비를 바꿀 수 있다. 여기에서도 남쪽에 있는 전자총에서 전자를 북쪽의 스크린으로 쏜다고 하자. 실틈이 좁을수록 동서 방향의 위치를 정확하게 아는 것이다. 실틈이 넓으면 틈의 어느 지점을 지나갔는지 잘 모르기 때문이다. 따라서 위치를 확실하게 말할 수 있는 정도를 동서 방향의 위치의 불확정도라고 하고 실틈의 너비(폭) 정도로 이해할 수 있다.

(위치의 불확정도) ≃ (실틈의 너비).

여기에서 물결이 들어간 등호는 정확한 정의는 아니라는 뜻이다(33장 참조).

반면에 실틈이 좁을수록 통과하고 나서 조금 떨어진 스크린에 생긴 상은 상당히 넓게 펼쳐져 있다. 이는, 광자들이 북쪽에 있는 스크린을 향해 가기는 하는데, 실틈을 지나면서 동쪽 또는 서쪽으로 휘어가기도 한다는 뜻이다. 물론 휘지 않고 곧장 나가는 것들이 절대적으로 많을 것이다. 그래서 상의 가운데가 가장 밝다. 그래도 동서로 상이 퍼져 있다.

상이 퍼지는 너비를 동서 방향의 속도의 불확정도에 비례한다고 할 수 있다.


(속도의 불확정도) ∝ (상의 너비).*


여기에서 속도는 실틈을 지날 당시 동서 방향의 속도이다.

실틈을 넓게 해보면(그림 78의 맨 위 사진) 스크린에 상이 비교적 가운데에 몰려 있다고 볼 수 있다. 실틈을 넓게 했다는 것은 위치를 정확하게 측정하지 않겠다는 것이다. 실틈 가운데를 지나갔는지, 오른쪽 가장자리를 지나갔는지 알 수 없다. 위

---

\* 이 너비를 실틈을 지날 당시의 속도로 환산할 수 있다. 그림을 그려보면, 실틈과 스크린의 거리가 멀수록 상이 넓게 퍼지는 것을 알 수 있다. 따라서 실틈과 스크린의 거리로 나누어주어야 할 것이다. 또 속도의 단위를 만들기 위하여 빛의 속력을 곱해주자. 속도의 불확정도 = ( 상의 너비 / 실틈과 스크린의 거리 ) × 빛의 속력. 양변에 질량을 곱해주면 운동량의 불확정도를 얻을 수 있다.

치의 불확정도가 더 커졌다고 할 수 있다. 반면에 속도의 불확정도는 아까보다는 줄어들었다.

## 불확정성 원리와 관계식

하이젠베르크$^{Werner\ Heisenberg}$는 이 긴장 관계를 정량화하고 불확정성 원리$^{Uncertainty\ principle}$라고 불렀다.

**하이젠베르크(1927):** 전자나 광자의 위치와 운동량[56]을 측정해보면 (위치의 불확정도) × (운동량의 불확정도) ≥ $\dfrac{h}{4\pi}$ 이다.

여기에서 운동량은 속도에 질량을 곱한 것이다. 운동량의 불확정도를 그냥 속도의 불확정도라고 이해해도 큰 무리가 없다.

위치의 불확정도가 0이면 위치를 완벽하게 알고 있는 것이다. 속도도 마찬가지이다. 두 불확정도의 곱이 어떤 값보다 크다는 것은 둘을 한꺼번에 정확하게 알 수가 없다는 것이다.

또 플랑크 상수가 나왔다. 이의 단위를 다시 생각해보면 위치를 나타내는 표준 단위 m와 운동량을 나타내는 단위인 kg · m/s를 곱한 것이다. 따라서 이 관계식은 양자 성질에서 나오는 것임을 알 수 있다.

고전역학에는 개념적으로 위치와 운동량을 확실히 알 수 있으므로 두 양의 불확정도는 0이다. 그러나 실제로 위치를 측정하면 오차 때문에 0.001mm 이내로 정확하게 측정하는 것도 대단히 힘들다. 또 운동량은 위치를 두 번 측정하여 시간으로 나누어야 하기 때문에 위치보다 더 측정하기 힘들다. 위치와 운동량의 크기를 각각 m, kg, s를 사용하여 쓰면 플랑크 상수는

0.000 000 000 000 000 000 000 000 000 000 000 6

만큼 작다. 일상 생활에서는 플랑크 상수의 크기가 0인 것과 차이가 없다. 역설적으로, 이상적인 고전역학에서는 위치와 운동량을 무한히 정확하게 측정할 수 있다고 가정하지만 실제로 실행할 방법은 없다. 돋보기로 보면 구불구불한 선을 그려 놓고 이상적인 직선을 상상하며 기하학 문제를 푸는 것과 같다. 고전역학에서 그리는 세상은 이러한 이상화의 오류가 있을 것이다.

## 음악의 비유
불확정성 원리를 소리를 듣는 것으로 비유할 수 있다.

호프스태터 Hofstadter (변형, 불확정성 원리, 음악판) 화음과 개별 음을 동시에 듣는 것은 불가능하다.[57]

피아노 건반의 도와 솔을 한꺼번에 눌러 나는 소리는 화음이 된다. 이를 들으면 단순히 두 음이 동시에 울리는 것과는 다른 어떤 조화를 느끼게 된다.

화음은 여러 음이 동시에 나며 생기는 관계이다. 화성은 음 하나만 가지고는 결정되지 않는다. 도와 솔을 눌렀을 때의 도와, 도와 레를 눌렀을 때의 도가 다르게 들린다. 같은 음이라도 다르게 채색되는 것이다. 이 성질은 도 하나만 들어보면 예상할 수 없는 것이다.

두 음이 한꺼번에 나는 동안에도 주의를 집중해보면 도와 솔을 따로 들을 수 있다. 그러나 따로 듣는 동안에는 화음은 들을 수 없다. 도와 솔, 두 음이 동시에 난다는 사실은 알 수 있지만, 상대적인 관계 때문에 생기는 화음은 못 듣는 것이다.

도와 솔이 만드는 화음을 들으면서도, 도와 솔을 개별적으로 듣는 사람도 있을 것이다. 그러나 그것이 착각일 수도 있다. 음악적인 훈련이 된 사람은 이전에 도와 솔을 따로도 들어보고 함께도 들어보았을 것이다. 그래서 듣는 순간의 정보만을 해석하는 것이 아니라, 미리 알고 있는 지식을 더하는 것이다. 한 번도 안 들어본 화음을 상상할 수는 없다.[58]

위치를 하나의 음, 운동량을 화음으로 비유할 수 있는데, 이는 나중에(34장) 보게 될 파동의 분해(푸리에 전개)로 어느 정도 정당화할 수 있다.

## 사실은 확정 원리

**질문:** 위치를 더 정확하게 측정하는데 왜 운동량은 더 부정확해지는가. 그렇다면 반대로 위치의 불확정도가 크면 운동량의 불확정도가 자동으로 작아진다는 말인가. 일부러 하나를 못하면 다른 하나가 잘 된다니 이상하다.

불확정성 원리 식은 등호와 부등호로 연결되어 있다. 부등호는 측정 오차 때문에 생긴다. 틈을 균일한 재료로 만들지 못해 너비가 정확하지 않으면 전자의 위치를 그만큼 부정확하게 측정하게 된다. 이 세상 어떤 물질로도 완벽한 실틈을 만들 수 없는데, 원자 크기에서는 실틈을 만드는 원자들이 균일하지 못하게 붙어있기 때문이다.

측정 오차가 아예 없는 이상적인 상황에서는 등호가 성립한다. 그때 위치와 운동량은 이를 통하여 반비례 관계를 갖는다는 것을 알 수 있다.

$$(\text{운동량의 불확정도}) = \frac{h}{4\pi} \frac{1}{(\text{위치의 불확정도})}$$

사실, 불확정 원리는 확정 원리라고 불러야 한다. 이 관계를 알아내는 데 도움을 준 앞장의 홑실틈 실험은 어디에서 본 듯한 실험이다. 바로 10장에서 보았던 파동의 에돌이 실험이다.

10장에서는 막대로 만든 물결파를, 여기에서는 포인터에서 나가는 레이저를 사용했지만, 비좁은 실틈에 들어가는 파동으로서 둘은 같다. 파장에 비해 틈이 과하게 크지 않아 파동이 빠져나가기 힘들고 에돌이가 일어난다.

위치와 속도의 불확정 관계식도 에돌이를 통해 이해할 수 있다. 파동은 틈이 좁을수록 더 에돌아가서 더 넓게 퍼지고, 넓은 틈에서는 에돌이가 별로 일어나지 않는다. 에돌이는 하위헌스의 원리로 설명했다. 파동이 실틈을 지날 때 실틈의 모든 곳에서 새로이 구면파가 생겼다고 가정하면 이들의 중첩으로 에돌이를 이해할 수 있다는 것이었다.

파동은 실틈 전체를 지나간다. 즉, 파동은 통과하면서 실틈의 너비 전체를 이용한다.

이는 측정 장치의 오차 때문에 위치를 정확히 측정하지 못하는 것과는 다른 근본적인 한계를 보여준다. 물결파가 실틈을 지날 때 우리가 모르는 어떤 한 점을 지나는 것이 아니다. 따라서 측정 장치가 완벽하다고 하더라도 위치의 불확정도는 생긴다.

마찬가지로 속도를 측정하려고 해보자. 그림 78을 보면 실틈을 좁게 만들수록 상이 넓게 퍼진다. 속도를 완벽하게 측정한다는 것은 상이 흩어지지 않도록 모으는 것인데 그렇게 하려면 실틈을 한없이 넓게 만들어야 한다. 그러면 실틈이 사실상 없는 것과 같고 빛이 어디를 지나왔는지를 알 수가 없다.

속도를 운동량으로 바꾸어 생각해보자. 운동량이 확정적이라는 것은 파동이 일정한 파장을 가지고 있다는 것이다. 물질파 관계식에 따르면 운동량은 플랑크 상수를 파장으로 나눈 것이다(11장). 파장을 확실히 이야기할 수 있는 것은 평면파이다. 평면파는 공간 상에 널리 퍼져 있어 파장 이외에는 아무런 특징과 정보가 없다(평면파가 아닌 파동은 여러 평면파가 더해진 것으로 생각할 수 있다. 34장에서 보게 된다). 따라서 위치를 전혀 모르는 것과 같다.

## 전자를 잘못 상상하던 것은 아닐까

**실재론자:** 위치와 운동량을 한꺼번에 정확하게 측정할 수 없다고 해도, 전자가 바로 '그 위치'에 '그 운동량'을 가지고 있는 것 아닌가. 우리가 이 둘을 동시에 관찰할 수 없다면 그것은 광자의 문제가 아니라 측정 방법의 문제일 것이다.

물론 측정 장치가 허술하면, 알 수 있는 것도 제대로 잴 수 없을 것이다. 불확정성 원리 관계식의 부등호가 이것을 나타내준다. 불확정도는 측정 장치의 부족함 때문에 한없이 커질 수 있다.

그러나 위치와 운동량이 어떤 짝을 이루고 있어서 한쪽을 정확하게 측정하는 것이 다른 쪽을 반드시 부정확하게 측정해야 하는 상황일 수도 있다. 불확정성 원리의 등호 부분은 어떤 정확한 측정장치를 가지고 있더라도 동시에 알 수 없는 근본적인 한계를 설정해 주는 것이다. 위치와 운동량이 실재하는가 하는 질문은 뒤(27장과 30장. 광자의 편광으로 바꾸어 생각하면 더 이해하기 쉽다)에서 더 자세히 살펴보겠다.

전자나 광자가 보여주는 현상이 이상하다고 생각되는 이유는 이들이 우리가 기대하는 대로 움직이지 않기 때문이다. 우리는 전자와 광자를 입자, 즉 작은 알갱이로 상상하고 있었다. 그것을 어떻게 알 수 있을까?

**제안:** 그래도 전자총에서 무언가 나오지 않았나. 그리고 실틈을 통과해서 지나가지 않았나.

위치를 측정함으로써, 광자의 입자로서의 성질을 관찰했다고 생각하기 쉽다. 사실은 입자인지 파동인지 모르는 광자가 틈을 통과한 것 뿐이다. 파동도 좁은 틈을 통과해갈 수 있다. 축구공이 날아가는 것처럼 작은 광자 알갱이가 날아가는 것을 직접 보았으면 좋았을 텐데, 그러지 못했다. 다름이 아니라 우리가 고민하고 있는 문제가 바로, 광자가 어떻게 생겼는지도 모르고 관찰할 수도 없다는 것이다.

따라서 섣불리, 광자가 작은 알갱이라고 생각하면 안된다. 무언가가 날아서 통과하는지, 물처럼 흘러들어갔는지, 무엇이 어떻게 움직이는지를 알 수 없다. 사실은 우리가 상상하는 그림에 근본적인 오류가 있을지도 모른다.

# 18
# 여러 세계 해석

기억력이 좋은, 지능 있는 아메바를 생각해보자.
시간이 지나면 아메바가 꾸준히 분열하는데,
그때마다 생긴 아메바들은 부모 아메바와 같은 기억을 가지고 있다.
이 아메바들은 생명이 선을 이루는 것이 아니라 가지를 이룬다.

- 휴 에버릿(1957)


이어지는 장에서는 코펜하겐 해석의 대안 해석들을 소개한
다. 1997년, 볼티모어 카운티 소재 메릴랜드 대학에서 열린 양
자역학 학회에서 참가자들에게 어떤 해석을 지지하는지 설문
조사를 했다.[59]

코펜하겐 해석 13명

여러 세계 해석 8명

길잡이파 4명

일관된 역사 4명

동적 환원 1명

기타 및 미정 18명

이들은 대안 해석으로서, 다른 방식으로 양자역학을 이해한다. 그래도 슈뢰딩거 방정식을 통하여 파동함수를 구하고 보른 규칙으로 확률을 얻는다는 점에서는 같다. 따라서 아직까지 이를 실험으로 구별할 수는 없는 상황이다. 그래서 이론의 아름다움이나 과학자의 세계관이 깃든 개인적인 조사일 수 있다. 그래도 분명한 것은 코펜하겐 해석은 표준의 지위를 잃어가고 있다는 것이다.

## 여러 세계 해석

슈뢰딩거 고양이 문제를 다시 생각해보자. 반감기가 한 시간인 원자를 가져다 놓으면, 한 시간쯤 뒤 파동함수는 중첩상태인

$$|한\ 시간\ 뒤\ 원자\rangle = |붕괴한\ 원자\rangle + |안\ 붕괴한\ 원자\rangle$$

가 된다. 여기에 측정 장치의 효과를 더 넣으면 16장에서 본 것과 같은 중첩된 파동함수를 얻는다.

$$|\ 한\ 시간\ 뒤\ 원자,\ 고양이\rangle$$
$$=\ |\ 안\ 붕괴한\ 원자,\ 살아있는\ 고양이\rangle + |\ 붕괴한\ 원자,\ 죽은\ 고양이\rangle.$$

원자 붕괴와 고양이의 생사 사이에 인과관계가 얽혀 있다.*
슈뢰딩거 고양이 문제는 측정 후에도 원자 파동함수의 중첩이
풀어지지 않을 뿐 아니라 거시적인 고양이의 파동함수도 중첩
된다는 것이었다.

여러 세계<sup>many world</sup>(또는 다세계) 해석은 이에 대한 답으로 중
첩이 풀어질 필요가 없다고 설명한다. 파동함수를 그대로 사용
할 수 있으며, 다만 해석을 다르게 한다. 특히 여러 세계 해석
은 측정도 다른 상호작용과 다를 바가 없다고 본다.


## 파동함수는 우주 전체를 나타낸다

사실 앞의 파동함수는 필요한 것만 나타낸 것이다. 예를
들면 검출기의 표시 바늘에 먼지가 내려앉아도 바늘은 큰 무
리 없이 돌아갈 것이다. 그러므로 태양계 지구 오스트리아 빈
대학 어떤 건물의 어떤 실험실의 어떤 실험장치 속에 있는
65,528번째 먼지의 파동함수는 생략해도 된다. 많은 경우 이
런 효과는 방사능 물질과 고양이의 연결 고리에 영향을 미치
지 않을 것이므로 자세한 사항은 크게 중요하지 않을 것이다.

반대로, 생략했던 것이 의외로 원자나 고양이에 영향을 미

---

* 중첩되어 있다고 써야 하지만 얽혀 있다고 썼다. 이 상태는 뒤에서 보게 될 얽힌 상
태이다.

칠 가능성이 있다. 예를 들면 검출기에 먼지가 내려앉아 검출기가 작동하지 않을 수도 있다. 겹실틈 실험의 전자는 먼지에 부딪히면 실험을 망칠 정도로 예민하다. 보통은 실험장치 속을 충분히 진공으로 만들어 이 영향을 없앤다.

사실은 이 세계를 고전적인 부분과 양자 부분으로 나누는 경계가 분명하지 않다. 전자만 양자적인 것으로 보고 나머지 측정장치(더하기 먼지)를 고전적인 것으로 보는 것은 우리의 편의에 의한 것일 수도 있다. 따라서 원칙적으로는 이 세상의 모든 것이 측정 결과에 영향을 미칠 수 있다. 따라서 다음처럼 말해야 할지도 모른다.

에버릿$^{Hugh \ Everett \ III}$(1957), 휠러, 드윗$^{J.\ A.\ Wheeler,\ DeWitt}$(1967): 각 파동함수는 세상 전체의 정보를 담고 있는 것이다.

이들은 원래 우주의 파동함수를 생각하다가, 우주 전체가 양자적인 것이면 고전적이어야 할 측정 장치와 양자 대상의 구별이 불가능하다는 것을 깨달았다. 우주 전체의 파동함수를 계속해서 생각해보자.

## 파동함수가 무너지지 않아도 무너진 것처럼 보인다
지금까지는 새로울 것이 없는 것 같다. 그러면 중첩된 파동함수가 무너지는 것은 어떻게 설명할까? 우리는 살거나 죽거나 둘 중 한 고양이만을 관찰한다. 파동함수에 몇 가지 정보를 더 넣어 자세히 들여다보자.

| 한 시간 뒤의 원자, 측정 장치, 고양이, 슈뢰딩거⟩
= | 붕괴한 원자, 방사능 검출, 죽은 고양이, 이를 보고 슬퍼하는 슈뢰딩거⟩
+ | 붕괴 안한 원자, 아무 일도 안 일어남, 살아 있는 고양이, 시큰둥한 슈뢰딩거⟩.

등호 오른쪽의 첫 번째 파동함수 안에 있는 슈뢰딩거는 죽은 고양이를 보고 슬퍼하고 있다. 두 번째 파동함수 안에 있는 슈뢰딩거는 살아 있는 고양이를 보고 시큰둥하고 있다.

분명 우리가 밖에서(?) 볼 때에는 두 파동이 중첩되어 있다. 그런데

각 항의 파동함수에 들어 있는 슈뢰딩거는 하나의 상태만을 본다.

파동함수의 붕괴는 일어나지 않았다. 그러나 각 항의 슈뢰딩거는 둘 중 하나의 측정 결과만 보고 있다. 즉,

**에버릿:** 첫 번째 항의 슈뢰딩거는 죽은 고양이를 본다. 그는 중

첩되어 있는 고양이들의 파동함수가 아니라 죽은 고양이만을 보는 것이다. 따라서 그에게는 세상에 파동함수가 | 붕괴한 원자, 방사능 검출, 죽은 고양이, 이를 보고 슬퍼하는 슈뢰딩거⟩만 있는 것처럼 보인다. 파동함수가 무너진 것이 아니라 상대적인 상태relative state만 보는 것이다. 두 번째 항의 슈뢰딩거도 마찬가지이다. 그는 살아 있는 고양이를 본다. 따라서 각각은 중첩

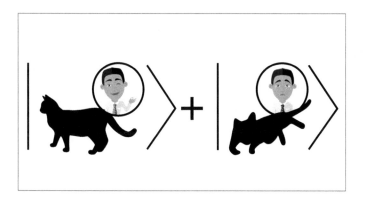

**그림 79**  여러 세계 해석에서는 파동함수의 각 항이 우주 전체를 나타낸다. 각 우주에는 다른 상황이 펼쳐져 있고 각 우주의 '나'는 다른 우주를 볼 수 없다. 그는 측정 뒤 하나의 결과만 관찰한다.

된 고양이가 아닌 온전한 상태의 고양이만 본다.

**질문:** 이 파동함수에 있는 슈뢰딩거는 한 명인가 두 명인가. 한 명이라면 두 항에 있는 슈뢰딩거 중에 누가 진짜인가?

일단 둘 다 진짜이다. 각 항 속의 슈뢰딩거의 입장이 되어 보자. 그는 자신이 세상의 유일한 슈뢰딩거이며, 어떤 항에 들어있는지 모른다. 또 같은 항에 들어있는 세상과 고양이와 원자만을 볼 수 있다.

고양이를 본다는 것은 고양이에게서 반사된 빛이 눈으로 들어가, 뇌로 신호가 가서 처리되는 것이다. 이 빛, 뇌, 신호 모두 각각의 파동 안에서 자기들끼리만 상호작용한다. 슈뢰딩거는 파동함수 바깥을 볼 수 있는 방법이 없다.

각각의 슈뢰딩거는 파동함수가 여러 개로 이루어졌고 덧셈으로 연결되어 있다는 사실을 알 수도 없다. 다른 파동함수에 들어 있는 슈뢰딩거가 아파도 이쪽 파동함의 슈뢰딩거는 아프지 않을 수도 있다. 아프다는 것은 통각이 있는 곳에서 세포를 타고 전기 신호가 뇌로 가는 과정일 뿐이다.

**질문:** 그럼 나도 중첩된 파동에 들어 있다는 것인가?

우리도 슈뢰딩거와 마찬가지로 중첩된 여러 파동함수들 가운데 하나에 들어 있다. 우리도 우리를 담고 있는 파동함수의 바깥에 대하여 알 수 없다.[60] 여러 세계 해석을 통하여, 우리가 보는 우주 바깥에 다른 항으로 쓰여지는 우주가 있을 가능성을 생각할 수는 있다.

우리가 이런 식으로 기술된다는 것이 기분 나쁠 수도 있다. 내가 볼때 나는 특별한 존재인것처럼 느껴지지만 친구들에게 물어보면 꼭 그렇지도 않다는 대답을 들을 것이다. 갑돌이가 볼 때 나는 물질로 되어 있다. 내 몸은 수소, 탄소, 질소, 산소 등의 원자로 이루어져 있으며, 복잡하기는 하지만 원자들과 같은 자연 법칙에 따라 행동한다고 대답할 것이다. 나나 고양이나 모두 원자로 이루어지고 상호작용할 뿐이다. 우리도 원자로 이루어져 있다면, 양자역학은 전자뿐만 아니라 우리도 과학의 대상으로 예외 없이 동등하게 다루어야 한다. 또 측정 현상도, 실틈을 전자가 지나는 현상도, 원자가 붕괴하는 현상도 모두 동등해야 한다.

## 여러 세계에 대한 오해

여러 세계라는 개념은 과학 소설을 비롯한 문화에 많은 영감을 주었지만, 이 이름이 오해를 낳기도 했다.

**오해를 일으키는 말:** 측정을 하는 순간 각 세상은 여러 세상으로 갈라진다.

그리고 나는, 슈뢰딩거는, 고양이는 그들 가운데 한 세상으로 갔기 때문에 '바로 그 측정 결과'를 본다는 것일까. 그럼 우리는 어떤 세상으로 갈아타는가? 똑같은 개념의 문제가 생긴다.

중첩된 원자가 상호작용하여 고양이를 비롯한 여러 거시적인 장치도 중첩되기는 하지만 이것으로 끝이다. 밖에서 보기에, 중첩된 각 항에는 모두 '내가' 들어있다. 그러나 지금의 '나'는 이 중 하나의 세상만 느낀다. 각각의 내가 다 내가 속한 세상을 현실로 생생하게 느낀다. 이 중에서 어떤 상태를 골라야하는 것일까 하는 문제는 없다.

앞서 보았던 코펜하겐 해석에서는 측정을 하는 순간 하나의 경우의 수만 선택한다. 즉, 파동함수의 일부만이 보존되기 때문에 잃는 것이 있다. 반면, 여러 세계 해석은 사실은 과학자들이 지키고 싶어하는 가장 중요한 원리를 지킨다. 이 세상에 물질의 양이나 궁극적으로는 에너지가 보존되어야 한다고 생각하는 것만큼, 시간의 진행에 따라서 물리계의 총 확률이 보존되어야 한다는 것이다. 이를 유니터리티<sup>unitarity</sup>(단위가 그대로인 성질)라고 한다.

세상이 갈라지는 순간은 두 파동함수가 만나서 간섭하는 순간이다. 겹실틈 실험에서는 각 실틈을 지나던 파동들이 합쳐진 순간이다. 그러나 이 두 파동함수도 같은 파동함수에서 나왔다. 겹실틈 실험에서는 같은 전자총에서 나왔다.

## 반론

**벨(1976), 펜로즈(1997)**[61]: 파동함수는 특정한 물리량을 바탕으로 전개할 필요가 없다.\* 파동함수를 다르게 전개해보자.

|한시간 뒤의 원자와 고양이 ⟩

= |안 붕괴한 원자 ⟩ |살아있는 고양이 ⟩ + |붕괴한 원자 ⟩ | 죽은 고양이 ⟩

= (|안 붕괴한 원자 ⟩ + |붕괴한 원자 ⟩) (|살아있는 고양이 ⟩ + | 죽은 고양이 ⟩) - (|안 붕괴한 원자 ⟩ - |붕괴한 원자 ⟩) (|살아있는 고양이 ⟩ - | 죽은 고양이 ⟩)

가 된다. 한 시간 후에 (|안 붕괴한 원자 ⟩ + |붕괴한 원자 ⟩)를 측정하는 장치가 있으면 어떻게 되는 것인가?

파동함수는 특정한 고유상태로 전개할 필요가 없다. 그러나 측정을 한다는 것은 고유상태를 보는 것이다. 즉, 붕괴한 원자

---

\* 우리가 측정하고자 하는 것만 볼 수 있다. 완전한 평면파는 운동량에 대한 고유상태라고 부른다. 단 하나의 파장, 즉 단 하나의 운동량만을 가지므로, 운동량을 측정하면 100% 하나만의 운동량을 측정할 수 있다. 또 완전히 한 점에 모여있는 파는 위치에 대한 고유상태이다. 위치를 측정하면 100%의 확률로 한 점에서 입자를 발견하게 된다. 그런데 푸리에 정리에 따르면 어떤 파동도 다른 파동의 합으로 나타낼 수 있다. 가령 평면파의 위치를 재면 공간의 어떤 점에서도 발견할 확률이 있다. 이 말은 한 점에 모여 있는 파를 무한이 더하면 평면파를 만들 수 있다고 할 수 있다.

를 보아야 하기 때문에 (|안 붕괴한 원자⟩ +|붕괴한 원자⟩)는 '우리'가 관측할 수 있는 고유상태가 아니다.

중요한 것은 슈뢰딩거 방정식의 선형성이다. 즉, 어떤 고유상태로 전개하더라도 파동함수의 전체의 합은 여전히 같으며, 시간이 지나면서 파동함수가 전개되는 것도 어떻게 전개하는가와 상관 없이 같다는 것이다. 펜로즈처럼 특정한 방향으로 전개할 수 있어도, 다시 이들을 모아서 쓰면 '원자의 붕괴' 고유상태를 중첩시킨 것으로 쓸 수 있다. 이 때 각각의 항에는 분명히 '나', 고양이, 방사능 물질이 들어있다.

비록 파동함수 (|살아있는 고양이⟩ + |죽은 고양이⟩)에는 이상한 상태가 들어있다 해도 파동함수가 망가지지는 않는다. 따라서 이 파동함수를 사용하면, '어떤 고양이를 관찰하나'에 대한 답을 100% 확실하게 할 수 있다.

그러나 슈뢰딩거 방정식은 선형이다. 각각의 상태를 고려하여 슈뢰딩거 방정식에 따라서 변화시킨 뒤 합치면, 그 결과는 중첩된 이 둘을 슈뢰딩거 방정식으로 변화시킨 것과 같다. 첫 번째 상태에 고양이의 앞발만 들어 있다면 불완전한 세계인 것처럼 보인다. 그러나 이는 파동함수를 엉뚱한 기준으로 썼기 때문이다. 이것이 양성자, 중성자와 전자로 되어 있다는 것을 생각하면, 이들에 대한 변화가 역시 슈뢰딩거 방정식으로 기술된다.

여러 세계 해석은 이 세상이 모두 물질로 되어 있다는 것을 전제로 한다. 생명 현상이나 모든 것도 슈뢰딩거 방정식으로 기술되어야만 한다.

여러 세계 해석이 코펜하겐 해석보다 더 잘 맞는지는 아직까지는 실험으로 알 수 있는 방법은 없다. 우주의 파동함수를 아는 것은 더더욱 불가능하며 물리를 하고 있는 제삼자가 있어야 할 것 같지만 그것이 필요하지는 않다.

## 장점과 약점

여러 세계 해석에서 중첩된 파동함수를 그대로 쓸 수 있다는 점은 만족스럽다. 측정도 다른 물리 현상과 다를 바가 없으며 해석만 달리 해주면 된다는 것이 가장 큰 장점이다. 또한 파동함수 이외의 다른 정보가 필요 없다. 따라서 양자역학의 파동함수가 기술하지 못하는 것이 없다. 숨은 변수가 필요 없이 현재의 양자역학이 완전하다고 본다.

질문: 여러 세계 해석에서는 왜 파동함수의 제곱이 확률의 크기일까?

이 해석에서는, 파동함수를 중첩하여 전개했을 때, 각 항에 들어 있는 사람은 자신이 본 결과가 100% 일어난 것이다. 전자를 세 개가 아니라 천 개 쏘았다면 우리가 사는 세상에서는 관찰 결과가 전자가 만든 점이 고르게 분포해야 한다. 그러나 여러 세계 해석에 따르면 어떤 관찰자는 백 퍼센트 파동이 같은 자리에만 찍혀 천 개의 점이 한 자리에 명중되어 있는 상황도 있다. 만약 이런 결과로만 세상이 흘러왔다면 그 세상에서는 양자역학을 발견하지 못했을 것이다.

그래도 다음과 같은 원리가 있다.

**인간 원리**anthropic principle : 우리가 존재한다는 조건이 바로 근거이다. 설명할 수 없는 임의의 일이 일어났는데 그것이 우리가 존재할 수 있도록 작용하지 않으면 틀린 것이다. 지금 인간이 존재하는 상황을 설명하지 못하기 때문이다.

그러한 세상이 존재하는 것은 문제가 없지만 그 세상에서는 지구가 안 생기고 인간이 진화하지 못했을 것이다. 다만 우리가 사는 세상은 전자가 골고루 분포하여 양자역학을 발견할 수 있는 세계가 된 것이다.

# 19
# 길잡이파 해석

"내 한마디 해주지.
데이빗 봄은 물리에 대해서
어느 정도가 아니라 굉장히 많이 알고 있어."

- 리처드 파인만[62]

전자가 입자와 파동의 이중성을 가진다고는 했지만 이해되지는 않는다. 파동함수로 전자를 기술하다 보면, 전자가 파동이라는 생각이 들기도 하고 너무 이질적이라는 생각도 든다. 파동함수는 전자에 대하여 무엇을 말해주는 것일까? 엄밀히 말하면 파동함수가 기술하는 것이 꼭 전자가 아니어도 된다. 파동함수로 기술되는 파동과 전자를 따로 생각할 수도 있을까?

## 파동함수는 길잡이파를 나타낸다

전자가 파동이라는 것은 분명한 사실일까?

전자의 겹실틈 실험에서 간섭 무늬는 파동으로만 설명할 수 있다. 그래서 그와 관련된  파동을 도입하였다. 그렇다고 해서 전자 자체가 파동이라고 확실히 말할 수는 없다. 왜냐하면

우리가 관찰할 수 있는 것은 스크린에 남겨진 점들 뿐

이기 때문이다. 코펜하겐 해석이 이상했던 이유는, 전자를 의심없이 파동이라고 하고 측정하는 순간만 입자처럼 점 하나만 남긴다고 설명했기 때문이다. 최종적으로는 전자가 점을 남기더라도 전자가 파동 자체일 필요는 없다. 물론 전자가 남기는 점들의 분포는 파동으로 설명해야 한다.

이렇게 이해하면 어떨까? 전자는 입자이지만, 파동함수로 기술되는 파동은 전자가 이동하도록 도와준다. 전자가 점을 특정한 장소에 남기도록 알려주어 간섭무늬가 남도록 해준다. 우리가 결과적으로 관찰하는 것은 점들 뿐이며 이것들은 분명히 입자들이 남긴 것이다.

이 도와주는 파동을 길잡이파pilot wave라고 부르자.  영어로 pilot은 비행기를 조종하는 사람을 이야기하기도 하고 새로운 일을 개척하는 것을 말하기도 한다(드라마의 1회 또는 예비편을 파일럿 에피소드라고 한다). 실틈 등의 환경이 길잡이파를 통하여 간섭무늬를 갖는 환경을 만들어주었을 뿐 전자는 파동이 아니라 입자라는 것이다.

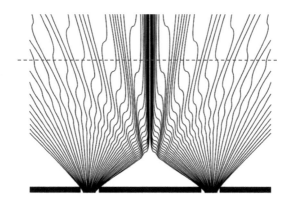

**그림 80**  전자는 스크린에 닿기 직전에 전체에 퍼져 있는 것이 아니라, 처음 실틈을 통과할 때 스크린(점선)의 점이 찍히는 곳이 결정된다. 전자가 실틈을 통과할 때 정확히 어디를 지나는가에 따라 그림의 어떤 선을 따라가는지가 완전히 결정된다. 이 경로는 길잡이파가 정해주며, 그 정도는 슈뢰딩거 방정식에 들어있다.

**드브로이**L. de Broglie(**1927**), **봄**D. Bohm(**1952**): 파동함수는 각 위치에서 전자가 어떤 속도로* 갈지 정해주는 길잡이가 된다.

전자가 입자라면, 겹실틈 실험에서 전자는 두 실틈 중 한 실틈으로 들어간다. 전자가 날아가는 동안 각각의 점에서 어떤 속도가 될지도 완전히 알고 있다.

**질문**: 간섭은 파동의 고유한 성질이다. 입자의 위치와 운동량을

---

\* 　속도(velocity)는 방향과 속력(빠르기)를 함께 일컫는 말이다.

모두 알 수 있다면 간섭은 없어야 하는 것 아닌가?

위치와 운동량이 완전히 결정되어도 간섭무늬를 남길 수 있다. 전자가 어떻게 날아가는가를 그림 80에 표시하였다. 스크린에 해당하는 부분을 잘라 보면 간섭무늬가 생겼다는 것을 알수 있다. 전자가 실틈을 통과할 때, 정확히 어떤 지점을 지나는가에 따라 경로가 결정된다. 그림 80의 어떤 곡선을 만나느냐에 따라 그 곡선을 계속 따라간다. 따라서 전자는 확실히 점입자이고, 스크린에 점을 남긴 이유는 그 길을 따라 날아갔기 때문이라고 해석할 수 있다. 왜 측정이 우연히 그 자리에 점을 찍도록 만들었는지에 대한 문제가 없다. 따라서 길잡이파와 이론은 완전히 결정론적이다. 그럼에도 불구하고 스크린에 찍인 점의 분포는 파동함수(여기에서는 길잡이파)의 절댓값 제곱에 비례하므로, 보른 규칙을 증명한다.

　중요한 것은 이 이론이, 전자를 간섭무늬가 생기는 방식으로 보내도록 인위적으로 설명을 만든 것이 아니라는 것이다. 슈뢰딩거 방정식을 재해석하여, 파동과 전자를 분리하여 이해하면 전자가 날아가는 경로가 그림 80처럼 결정된다. 이를 자세히 살펴보겠다.

## 자기마당의 비유
　길잡이파의 역학을 이해하기 위하여 고전역학의 마당<sup>field, 장</sup>

이라는 비슷한 개념을 살펴보겠다. 주의할 것은 마당은 실체가 있고 잘 이해된 것이지만 길잡이파는 그런 것은 아니고 비유일 뿐이다. 정확히 대응되는 개념은 해밀턴 역학의 파동인데 이는 34장에서 다룬다.

자석은 서로 닿지 않아도 밀거나 당긴다. 멀리 있어도 밀거나 당긴다는 것을 확인할 수 있다. 어떻게 접촉하지 않고 힘을 미칠 수 있을까? 그래서 자석 힘을 전달하는 매개체를 생각하게 되었다. 자석을 놓으면 주변에 자기마당이 퍼진다.

1. 자석 하나가 있을 때 자기마당이 어떻게 펼쳐질지를 알 수 있다. 자기마당은 주변에 작고 약한 자석들을 가져다 놓았을 때, 작은 자석들이 어떤 방향으로 얼마나 센 힘을 받는지를 나타내는 분포이다.

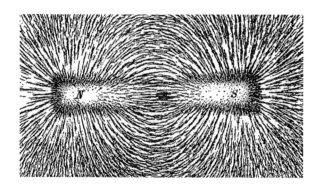

그림 81　자석을 놓으면 자석 주변에 자기마당이 생긴다. 가벼운 쇳가루를 자석 주변에 뿌리면 이 모양을 볼 수 있다.

2. 주변에 가벼운 쇳가루를 뿌려 놓으면 자기마당이 어떻게 펼쳐져 있는지를 볼 수 있다. 쇳가루가 커서 정확한 모양이 생기지 않는다면, 더 작고 가벼운 쇳가루를 뿌리면 더 매끈한 선을 볼 수 있을 것이다.

3. 자기마당을 기술하는 고전역학의 법칙은 잘 알려져 있다. 따라서 자석이 여러 개 있더라도 각각이 만드는 자기마당을 더해서 전체 자기마당을 구할 수 있다. 자기력 법칙도 선형이기 때문이다.

4. 다른 자석을 자기마당에 놓으면 움직인다. 자기마당의 방향과 크기가 바로 자석이 받는 가속도의 크기와 방향과 나란하다. 따라서 뉴턴의 운동 법칙을 통하여 자석이 어떻게 이동할지를 알 수 있다.

## 길잡이파

고전역학의 방정식은, 시간이 흘러가면서 입자의 위치가 어떻게 변하는지를 나타낸다. 힘을 미치는 것을 알면, 속도가 어떻게 변하고 결국 위치가 어떻게 변하는지를 알 수 있다. 이를 나타낼 수 있는 방정식은 뉴턴의 방정식뿐 아니라, 거의 대등한 여러 가지 방식으로 다르게 표현할 수 있다. 이들 중 어떤 것은 입자의 움직임을 파동이 시간에 따라 어떻게 퍼져나가는지와 비슷한 형태로 기술하기도 한다. 이를 34장에서 자세히 볼 것이다. 이는 상당히 보편적인 방정식으로 여러 해석에서 적절히 사용될 수 있다.

루이 드브로이와 데이빗 봄은 파동함수를 알맞는 형태로 쓰면, 슈뢰딩거 방정식이 (고전)입자의 위치를 나타내는 다른 방정식을 얻는다는 것을 알고 길잡이파 해석을 착안하게 되었다.

1. 파동함수를 크기와 위상으로 구분하여 $re^{iS/\hbar}$ 꼴로 써 보자 (12장에서 오일러의 공식을 배웠다) . 이를 슈뢰딩거 방정식에 넣으면 절댓값 $r$에 대한 방정식과 위상 $S/\hbar$의 방정식으로 쪼개쓸 수 있다.

2. 파동함수의 절댓값 제곱 $r^2$은 여전히 확률 밀도이다. 물결파(의 높이 제곱)가 퍼져나가듯, 확률 밀도의 분포가 퍼져나간다는 정보가 $r$에 대한 방정식으로 기술된다. 물결에 대해서는 어느 곳을 보더라도 물이 새로 생기거나 사라지는 곳이 없이 흐르는 방정식이 된다. 마찬가지로 전자에 대한 방정식을 해석해보면, 전체 확률이 골고루 보존된다는 것을 확인할 수 있다.

3. 파동의 위상 $S/\hbar$에 대한 방정식은 고전역학에서 잘 알려진 해밀톤-야코비 방정식이 된다. [63] 이는 뉴턴의 운동 방정식과 사실상 같은 내용을 가지고 있다. 자세한 것은 34장을 참조하라. 다만 차이점은, 고전역학과 달리 양자역학의 확률 밀도 $r^2$때문에 생기는 힘이 추가되어 있다. 이를 양자 힘이라고

부를 수도 있다(이에 해당하는 퍼텐셜을 그림 82에 그렸다).

파동의 위상 $S / \hbar$은 각 위치마다 다르다. 이 위상의 공간에 대한 변화량(위상 나누기 위치의 차이)은 운동량(속도 곱하기 질량)과 같은 단위를 가지고 있다. 위상의 변화가 바로 전자의 속도를 결정한다. 전자는 위상 변화가 큰 곳에서 빨리 움직이며,

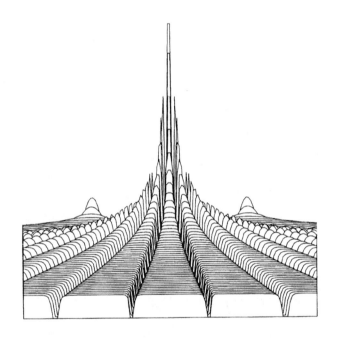

**그림 82** 양자 힘을 받는 상황을 나타낸 그림. 파동함수의 절댓값 제곱은 여전히 확률밀도를 나타내는데, 이에 따라 전자를 특정한 경로로 날아가도록 만든다. 전자는 높이가 높은 곳으로 가기가 힘들기 때문에 높이가 낮은 곳으로 주로 다닌다. 따라서 간섭무늬를 만들려는 경향을 가지고 움직이게 된다.

위상의 변화가 최대가 되는 방향으로 움직인다. 위상을 등고선의 높이라고 생각해보면, 물은 가파를수록 가장 빨리 흐르며, 높이 차가 최대가 되는 방향으로 흘러간다. 앞서 이야기한 양자힘 때문에 결과적으로, 전자들은 간섭 무늬를 만들려는 방향으로 그림 80처럼 이동한다. 이 과정에서 우리는 전자의 위치와 운동량을 모두 분명하게 구할 수 있었다.

## 전자의 경로는 완전히 결정되었다

길잡이파 해석에 따르면, 전자의 정확한 위치를 알면 이후 전자의 경로가 완전히 결정된다. 따라서 전자가 어디에 점을 남기는가는 정확히 어디에서 출발했는가 또는 어떤 점을 지나는지가 결정한다. 정확한 정보가 필요한데 그것을 우리가 잴 수 없을 뿐이다.

그림 80에서 전자가 실틈에 들어갈 때 정확히 어디에 있는지에 따라 나중 경로가 결정된다는 것을 알 수 있다. 그래도 양자 퍼텐셜의 영향을 받아 곧게 날아가지 않고 간섭무늬가 생기는 방향으로 날아가게 된다.

실틈도 너비가 있으므로, 전자가 이들 가운데 조금이라도 다른 지점을 지나가게 되면 스크린에 도달하는 위치가 많이 달라진다. 이 초기 조건의 민감성은 고전역학에서도 나타난다. 연필을 심이 바닥에 닿게 세워놓으면 한쪽으로 쓰러지는데 조금이라도 각도를 다르게 하면 쓰러지는 방향이 완전히 달라진다. 완전히 반대 방향이 될 수도 있다.

하이젠베르크의 불확정성 원리와도 모순을 일으키지 않는다는 것을 알 수 있다. 속도는 길잡이파가 결정하므로, 실틈이 좁을수록 파동은 더 넓게 퍼진다.

**질문:** 전자가 왼쪽 실틈으로 들어갔다고 하자. 그 전자는 오른쪽 실틈이 열려 있든 닫혀 있든 똑같이 날아갈 것이다. 그렇다면 간섭 무늬를 만들 수가 없다. 왼쪽으로 들어간 전자가 오른쪽 실틈이 열려있는지를 어떻게 아는가.

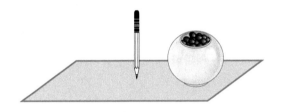

**그림 83** 장애물이 있으면 그 쪽으로 연필이 넘어지지 않는다. 그쪽으로 넘어지기가 힘들고, 더 낮은 곳으로 흘러내리게 될 가능성이 높다. 연필이 바둑알 통으로 넘어지더라도 미끄러지면서 바둑알 통이 놓인 곳이 아닌 다른 곳으로 넘어진다. 결과적으로 장애물을 피해간 것이다.

이것은 전자를 입자라고 주장하는 모든 이론의 가장 큰 반론이 된다.

길잡이파 해석에서는, 한 쪽 실틈이 닫혀 있을 때와 모두 열려 있는 두 상황에서 전자를 인도하는 길잡이파가 다르다. 양자힘 때문이다. 슈뢰딩거 방정식이 기술하는 파동함수는, 왼쪽 실틈에서 퍼지는 파동함수와 오른쪽 실틈으로 퍼지는 파동함수의 합이다. 이 전체 파동함수가 양자 퍼텐셜을 만들고, 전자는 그것이 인도하는 속도로 날아간다.

**질문:** 길잡이파는 실제로 있는 것일까. 길잡이파가 있다는 것을 어떻게 아는가?

길잡이파는 직접 볼 수 있는 방법이 없다. 그러나 어떤 해석을 택하더라도 파동함수로 나타나는 파동 역시 볼 수 있는 방법은 없다. 유일하게 아는 것은 전자가 스크린에 점을 찍은 것들을 모은 것 뿐이다.

**질문:** 오컴의 면도날<sup>Occam's razor</sup>은, 설명할 수 있는 여러 가지가 있을 때 가장 간단한 설명이 더 좋은 설명이라는 기준이다. 길잡이파를 전자와 분리해서 따로 도입하면 더 복잡한 설명이다.

전자를 파동으로 다루면 측정하는 동안 한 곳에만 점유하는 위치의 고유함수로 무너진다는 설명은 개념적으로 이해하기 어려운 설명이다. 점잖은 말로 표현했지만 사실 나쁜 설명이다. 길잡이파는 전자가 입자라는 분명한 개념을 가지고 있다. 또 우리가 고전역학에서 생각하는 입자들은 해밀톤의 방법으로 기술하면 모두 (자기마당의 비유에서 설명한 것처럼) 길잡이파를 가지고 있다. 새로운 것을 도입한 것이 아니다.

질문: 자기마당은 관측할 수 있지 않은가. 주변에 작은 자석이나 나침반을 놓으면 이들이 움직이는 것을 통하여 자기마당의 존재를 알 수 있다.

자기마당의 존재는 간접적으로 알 수 있을 뿐이다. 도구를 사용해야만 볼 수 있는 모든 것들은 길잡이파보다 더 실재적이라고 할 수 없다. 전자를 전자총에서 쏘면, 이는 길잡이파를 퍼트리고 그곳에 전자를 쏜 것과 같이 행동한다. 물론 이 둘은 분리할 수 없다. 어쨌든 전자는 길잡이파가 인도하는 곳으로 간다. 처음 쏠 때 어느 곳으로 갈 지가 결정되면, 확률이 같은 분포로 유지되도록 날아간다.

질문: 길잡이파가 전자를 인도하는 힘은 자연의 어떤 힘일까? 전기력이나 중력 같은 자연의 기본 힘일까?

확률이 최대인 곳으로 전자를 보내는 힘은 자연의 기본 힘은 아니다. 이는 임시방편적인 것일 수 있다. 그러나 스핀도 처음 도입되었을 때 같은 문제를 가지고 있었다. 같은 스핀의 두 입자를 같은 상태에 넣으려고 하면 들어가려 하지 않는다. 이것도 자연의 알려진 네 가지 힘 가운데 어떤 것도 아니지만 전자가 어떻게 움직일지를 결정한다.

길잡이파의 경우에는 파동함수가 양자 퍼텐셜을 만들어서 뉴턴의 운동 법칙에 등장하는 힘을 구체적으로 준다. 따라서 같은 스핀의 입자가 서로 피하는 것보다 더 구체적이다.

# 20
# 겹실틈의 어디를 지나가는가

자연의 근본 법칙이,
우리 마음에 떠올릴 수 있는 방식으로 세상을 다스리는 것이 아니라,
마음으로 그리기에는 부적당한 방식으로 토대를 제어하는 것이다.

- 폴 디랙, 《양자역학의 원리》 (1930)


이 장에서는 겹실틈 실험을 더 자세히 살펴본다. 특별한 간섭무늬가 생겼는데 이 무늬는 실틈 두 개가 모두 열려 있을 때에만 생긴다(1장). 그런데 전자 단 하나만 쏘아도 이런 일이 일어난다는 것이다(3장). 전자 하나가 두 실틈을 동시에 이용했다고 말할 수밖에 없었다.


## 빛의 산란

안개 서린 아침 숲을 산책하다 보면 그림 84와 같은 햇살을 보게 된다. 햇살은 해에서 나오는 빛이 살(막대기, 선)들처럼

그림 84  안개 낀 숲, 매연이 있는 도시에서 햇살을 볼 수 있는데 이는 작은 물방울, 먼지에 산란되는 빛이 보이기 때문이다. 맑은 물에서는 빛살이 보이지 않는다. 반면 물에 밀가루나 소금을 탄 용액에 빛이 통과하면 빛살을 만든다. 빛이 이동하면서 용액 속의 작은 용질 입자들과부딪혀 임의로 튀어나가기 때문이다.

보이는 것이다. 빛이 지나가는 과정이 보이는 듯하다. 그러나 맑은 날에는 이런 햇살이 보이지 않는다.

우리가 빛을 볼 수 있는 것은 빛이 눈에 들어왔을 때뿐이다. 레이저포인터로 빛을 쏘아 보면 빛이 닿는 스크린에만 점이 생길 뿐 중간에 빛이 이동하는 경로가 보이지 않는다(이를 확인한다고 레이저가 나오는 부분을 보면 절대로 안 된다. 시력을 잃게 될 수도 있다).

물에 밀가루를 탄 다음 레이저를 통과시켜 보면 투명한 물에서 보이지 않았던 빛의 자취를 볼 수 있다. 빛이 밀가루 입자에 부딪쳐 반사되어, 그곳으로부터 출발한 빛이 눈에 들어와서 보이는 것이다. 마찬가지로 안개는 작은 물방울들로 이루어졌는데, 햇빛이 물방울에 부딪치면 그곳으로부터 출발한 빛을 통해 빛살을 볼 수 있다. 우리는 여기에서 튀어나온 빛을 보

며, 빛이 어디를 지나가면서 튀어 나왔는지를 본다. 빛이 지나
가는 자취를 볼 수 있는 것이다.


## 광자들의 산란으로 전자가 날아가는 것을 관찰해보자

이 효과를 응용하여 전자가 어디를 지나가는지 알아볼 수
있을까?

겹실틈과 스크린 사이에 전구를 놓는다. 여기에서는 전구빛
이 안개 역할을 하고, 전자가 햇빛 역할을 하도록 한다. 전구에
서 나온 빛이 도중에 전자와 부딪혀 우리 눈에 들어오면, 우리
는 그 자리에 번쩍 하는 불빛을 보게될 것이다.

불을 켜고 실험을 시작한다.

이제 겹실틈 뒤에 두 줄기 빛살이 보인다. 이들은 전자가 날
아가면서 남기는 자취이다. 왼쪽 실틈 뒤로부터 뻗어 스크린

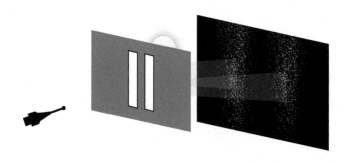

**그림 85** 빛을 산란시켜 전자가 지나가는 경로를 관찰할 수 있다.

까지 이어진 빛살은 이 길을 지나가는 전자들에 부딪힌 빛 때문에 생기는 것이리라. 그러나 두 줄기 빛이 너무 뚜렷해서 전자 하나 하나가 아닌 연속된 빛살이 보인다. 게다가 스크린에는 간섭 무늬가 아닌 두 기둥이 보인다. 간섭 무늬를 만드는 전자가 어디로 날아가는지를 보는데 실패했다.

**제안:** 빛을 충분히 어둡게 하면 광자가 적게 나가므로, 전자 하나 하나를 관찰할 수 있을 것이다.

밝기를 줄여가면서 실험을 해보니, 전자들이 만드는 줄이 없어지고 간헐적인 번쩍임만이 보인다. 그 섬광이 어느 실틈 뒤에서 켜졌는지를 보면 되는 것이다. 왼쪽 실틈 뒤에서 번쩍이면 왼쪽 실틈을 지나간 것이고, 오른쪽 실틈 뒤에서 번쩍이면 오른쪽 실틈을 지난 것이리라. 그러나 두 실틈의 간격이 너무 좁아 사실은 어느 실틈 뒤에서 불이 번쩍하는지 뚜렷하지 않다.

빛을 어둡게 할수록 스크린의 상에는 명암이 뚜렷해지면서 간섭무늬가 서서히 생기기 시작한다. 이제 파동의 성질을 유지하는 상태에서 전자가 어디로 지나가는지를 볼 수 있게 되었다. 이때다 하고 실틈 뒤를 보니 번쩍임이 너무 없어 한참을 기다려도 알 수가 없다. 결국은 간섭무늬를 유지하면서 어떤 실틈을 통과했는지를 동시에 알아내는 데 실패했다.

그러나 스크린을 보았더니 간섭무늬가 사라지고 두 기둥만이 남았다. 전자의 경로를 알아내는 것은 실패로 돌아갔다. 우리가 알고 싶은 것은,

전자가 간섭 무늬를 만들 때 어떤 길로 지나가는가

하는 것이었다. 우리가 상식적으로 알고 있는 것과는 달리 이상하게 움직여야만 두 기둥 이외에 다른 기둥을 만들고 간섭무늬를 만들게 되는 것이었다. 그런데 여기에서는 두 기둥만 생겨 전자나 축구공이나 별반 다를 바 없는 것이 되었다. 간섭이 일어나지 않았다.

파동이라는 측면을 이해하기 어려워서, 입자로서의 전자는 어떤 일을 일으키나를 관찰하려고 했다. 전체적으로 퍼져 있지 않고 특정한 위치에 있다는 것은 입자의 성질이다. 입자의 성질을 보려고 했더니 파동의 성질은 망가지고 입자처럼 행동한다.

다시 한번, 관찰은 마음을 열고 보이는 모든 것을 보는 것이 아니다. 입자의 성질을 보기 위하여, 입자의 성질을 드러내는 실험을 고안했다. 산란을 통해 전자가 그 순간 그 자리에 있다는 것을 보려고 한 것이다. 적극적인 측정이 개입되었고 우리가 원래 보려는 상태는 망가졌다. 입자성만 보였다.

입자로서의 성질을 보려면, 입자의 특징을 보이도록 대상을 망가뜨려야 한다. 그 결과로 입자로서의 성질만 남는다.

## 결깨짐

왜 망가졌을까? 빛을 통해 본다는 것은 사소한 일이 아니다. 빛도 입자로 볼 수 있다는 것을 상기한다면, 전구는 큰 에너지를 갖는 광자들을 엄청난 양으로 퍼붓고 있었다. 이 광자들은 제각각의 속도를 가지고 제각각인 방향으로 전자들을 교란시켰다. 이는 왼쪽 물결과 오른쪽 물결을 같은 리듬으로 만들지 못한 것과 같다. 그러니 간섭이 생길 수가 없다. 같은 리듬으로 만들었기 때문에 두 파동이 특별하게 중첩된 상태를 결맞음$^{coherence}$이라고 하고, 중첩이 깨져 각각의 파동처럼 생각해야 하는 상황을 결깨짐$^{decoherence}$이라고 한다.

빛과 같은 '전자 외부 환경의 방해'를 생각하면, 간섭무늬가 왜 없어지는지를 부분적으로 설명할 수 있다. 전자의 파동 둘이 만날 때는 마루와 골이 같은 리듬으로 만나 특유의 간섭무늬가 생긴다. 광자 각각을 따라가보면 제멋대로의 위상을 가지고 있으므로, 전자와 부딪치면 원래 전자와 전자의 결이 깨지게 된다.

만약 광자 하나와 전자 하나만을 보면 나름대로 일정한 리듬을 가지고 생긴 파동처럼 행동하므로, 광자와 전자 사이에도 결맞음이 생긴다. 따라서 광자와 전자 하나하나 파동들이 짝을 지어 각각 결맞음이 일어난다. 그러나 광자가 만드는 파동의 리듬은 실틈을 통하여 잘 조절된 것이 아니라 전구에서 마구잡이로 나온 것이다. 따라서 광자 열 개, 백 개, 만 개, 천만 개를 생각하면 이들의 위상은 아무런 규칙도 없는 임의의 모임일 것이다. 전자만 놓고 보았을 때는 결이 깨진 것처럼 보인다.

전자 하나를 고려하는 데 수억 개의 광자를 함께 고려해야 하는 문제가 어렵긴 하다. 스크린에서 측정이 일어날 때에도 전자들의 결깨짐이 일어날 수 있다. 스크린에 있는 원자들과 임의로 중첩되면서, 전자의 중첩이 망가진다. 역시 더 정확히 따라가면 중첩에 대한 정보가 스크린에 있는 원자들로 새어나갈 것이다.

이를 모두다 추적하고 다 계산할 수 있으면, 결국 스크린에 어떤 전자의 파동이 점을 남길 지 알 수 있을까? 결깨짐은 간섭이 깨져, 각각이 중첩을 일으키지 않게 되는 상태까지 설명해줄 뿐이다. 12장에서 살펴보았던 겹실틈 실험의 파동함수에서 $\psi_1\psi_2^* + \psi_1^*\psi_2$항이 수억 개의 광자의 상호작용 때문에 평균이 0이 된다는 것을 보여준다. 측정에서 궁금한 문제는 나머지 확률로 기술되는, 왼쪽으로 지나가는지(확률 $|\psi_1|^2$) 와 오른쪽으로 지나가는지(확률 $|\psi_2|^2$) 여부에서 결국 어떤 것을 선택하느냐 하는 문제이다.

## 전자를 최대한 건드리지 않으려면

전자를 건드리지 않고 실험할 수는 없을까?

**다른 제안:** 빛의 에너지는 파장에 반비례하므로 파장을 길게 하면 전자를 살살 때릴 수 있을 것이다.

좋은 생각이다. 보라색보다는 푸른색이, 푸른색보다는 빨간색이 파장이 길고 에너지가 적다. 빨간색 빛이 나오는 등을 사용하여 관찰한다.

실험을 해보니 빛이 너무 희끄무레하게 많이 퍼진다. 파장이 짧으면 작은 것도 샅샅이 훑고 부딪히지만, 파장이 길면 장애물을 설렁설렁 넘어가기 때문이다. 빨간 빛의 파장은 이들보다 훨씬 길어 실틈 왼쪽과 실틈 오른쪽을 제대로 구별할 수 있는 해상력이 없다. 전통적으로 빨간색 레이저를 사용하는 컴팩트 디스크(CD)가 나중에 나온 파란색 레이저를 사용한 블루레이<sup>Blu-ray</sup>보다 기록할 수 있는 정보가 적음을 기억하자.

**다른 제안:** 전자를 건드리지 말아야 한다. 실틈에 전자가 지나가면 자기장이 생기므로 이를 감지하는 장치를 실틈 양쪽에 놓는다. 전자가 왼쪽 실틈을 지나가면 이 옆에 있던 감지기는 증폭기로 신호를 보내고 '삥' 소리를 내도록 하고, 오른쪽을 지나

가면 그쪽 감지기가 신호를 보내 '뽕' 소리가 나도록 고안한다.

실험을 시행해보면, 뽕… 삥… 삥… 뽕… 삥… 과 같이 왼쪽 오른쪽으로 지나가는 것을 알려주는 소리를 들을 수 있다. 소리를 들으며 스크린에 찍히는 점을 본다.

그러나 이 경우도 스크린에는 두 줄의 기둥만 생긴다. 감지장치가 전자가 지나가는 것을 알아내는 유일한 방법은 전자를 건드려서 전자에서 되돌아오는 신호를 받는 것이다. 자석 힘을 전달하는 것은 전자기파이므로 전구로 전자에 불빛을 비추는 것과 정확히 똑같은 과정이다(8장).

**다른 제안:** 어떻게든 전자를 건드리지 않아야 한다. 아예 실틈 뒤에 바짝 스크린을 가져다 놓으면 정말 어느 실틈을 통과한지 알 수 있다.

**그림 86**　겹실틈 바로 뒤에 스크린을 놓으면 간섭이 일어날 겨를이 없으므로 간섭무늬가 생기지 않고 기둥이 두 개만 생긴다.

실험 결과를 그림 86에 소개한다(이는 그림 57과 같은 그림이다).

두 기둥이 생겼다. 간섭 무늬가 생길 겨를이 없었다.

다시 한번, 파동함수의 입자성을 보려면, 다른 상태를 파괴하고 입자의 성질만 볼 수 있도록 실험장치를 적극적으로 바꾸어야 한다. 그러나 이 모든 개입은 파동의 성질을 망가뜨린다는 것을 알 수 있다.


## 오해: 보고 있으면 입자이고 안 보면 파동이다

흔히 하는 오해는, 전자는 파동처럼 행동하지만 보는 동안은 입자로서만 볼 수 있다는 것이다.

물론 전자의 위치를 보기 위해서는 스크린에 점을 찍도록 하거나 전자와 부딪히는 빛을 보아야 한다. 그러나 수동적으로 본다면 볼 때나 안볼 때나 전자의 상태는 변하지 않는다. 내 눈에서 빛이 나가지 않기 때문이다. 어딘가에 빛을 내는 광원이 있어, 전자를 때려야 눈에 보이므로, 그 도구로 적극적으로 전자를 때리는 것이 중요하다. 이 장치를 켰다면, 내가 안 보더라도 계속 때리고 있는 것이다. 전자는 우리가 보는 것과 상관 없다.

사람처럼 의식이 있는 존재만 볼 수 있기 때문에, 관찰을 의식과 연관 지어 해석하려는 시도도 있었다. 보는 것은 그 적극적인 행동의 결과인 반사된 광자 다발을 눈 안으로 받아 이를 신호로 만들어 뇌로 보내는 일일 뿐이다.

## 동적 환원

이 장의 나머지에서 몇 가지 대안 해석을 소개한다. 우선 동적 환원dynamical reduction을 간단히 소개한다. 동적 환원은 코펜하겐 해석의 측정이 어떻게 일어나는지를 설명한다.

**지라르디, 리미니, 웨버**Ghirardi, Rimini, Waber(1985): 파동함수는 측정 때문에 무너지는 것이 아니라 자발적으로 무너진다. 모든 파동은 어떤 작은 확률로 특정한 공간에 국소화되었다가 다시 퍼진다.

각자가 붕괴할 확률은 100,000,000년에 한 번 일어나는 정도이다. 이는 엄청나게 작은 확률이고 실험적으로 측정할 수 없다. 그러나 빈 물통에 들어 있는 공기 분자가 1,00,000,000, 000,000,000,000,000개인 것을 기억하면 스크린과 같은 측정 장치에 있는 그만큼 많은 원자들이 붕괴할 확률은 높아진다. 만약 한 물질을 이루고 있는 원자들이 인과관계로 얽혀 있다면, 단 한 개의 원자라도 자발적으로 무너질 때 얽힘이 연쇄적으로 깨지면서 붕괴할 것이다. 따라서 슈뢰딩거의 고양이에서 어떤 한 단계가 무너지면 결과적으로는 중첩되지 않은 고양이를 관측하게 된다.

동적 환원은 어떤 원자가 왜 붕괴하는지를 설명하지는 않지만 모든 원자가 같은 성질을 가지고 있다는 점에서 보편적이다. 다만 전체 에너지가 보존되지 않는 단점이 있다. 이 보존되지 않는 에너지를 우주의 역사 내내 관측할 수 없다면 에너지가 보존되는 것과 차이가 없을 것이다. 그러나 이 세상에 공짜는 없다는 원리에 비추어보면 우주의 총 에너지를 점점 잃고 있다는 점에서 만족스럽지 못하다고 생각하는 이도 있을 것이다.

# 21
# 측정 문제

오직 실험 결과에 대한 질문만이 실제적인 중요성을 가지며,
이론 물리학은 그러한 질문만을 고려해야 한다.

- 폴 아드리안 모리스 디랙, 《양자역학의 원리》 (1930)

양자역학의 개념적인 문제는 측정에서 나온다. 측정은 양자
역학에서 아직까지도 해결되지 않은 문제이다.


## 양자역학에서의 측정

길이나 무게처럼 물리량의 크기를 재는 일을 측정measurement
이라고 한다. 축구공이 어디에 있는지를 확인하기 위하여 벽
에 부딪히도록 하는 것도 측정이다. 관찰하고자 하는 대상(축
구공)이 측정 장치(벽)와 상호작용하여 측정 장치가 변하도록(
움푹 들어감) 하는 것이다.

양자역학에서는 측정이라는 말이 더 특별하게 쓰인다.

양자역학의 관찰대상이 고전적인 측정 장치와 상호작용하여 측정 장치가 변하도록 하는 것.

고전 입자인 축구공은 날아가는 과정을 하나하나 다 살필 수 있으나 양자 대상인 전자는 그럴 수가 없다. 대신, 축구공이 벽에 자국을 남기듯, 전자도 형광 물질을 바른 스크린에 점을 찍도록 할 수 있다. 이것이 우리가 할 수 있는 최선이다.

형광 물질이 어떻게 작용하는지는 모르겠지만 빛나는 점이 생긴 것 이후에 이를 읽는 것은 고전적인 것이다. 우리는 고전적인 장치를 통하여 정보를 얻을 수밖에 없으며, 사실은 고전적인 것만 받아들일 수 있다.

## 측정 장치의 안정성

양자적인 것과 고전적인 것을 나누는 기준은 안정성이다. 측정 장치는 측정한 직후에 측정값을 충분히 보여주어야 하고, 그동안은 사소한 것이 건드려도 움직이지 않을 만큼 안정적이어야 한다. 스크린에 찍힌 점은 안정적이다. 점이 찍히고 나서 스크린을 조금 흔들거나 바람이 불어도 그 자리에 그 점이 있다. 여기에 인쇄된 글자처럼 손톱으로 긁으면 지워질지라도 광자 수천 개가 글자를 때려도 잉크는 지워지지 않는다. 인간이 측정된 사실을 알려면 고전적인 장치가 필요하다.

미시적인 대상은 전자와 같이 살짝 건드려도 망가지는 양자 대상이다. 전자나 광자 하나의 움직임은 그래서 관찰하기 힘들다. 이들이 고전적인 대상과 어떻게 상호작용할지 계속해서 생각해본다.

고전적인 측정 장치가 안정적이라는 것은 모순되어 보인다. 양자 상태가 고전적인 측정 장치 장치를 움직이도록 해야 측정할 수 있지만, 일단 변화된 뒤에는 안정되어서 더이상 변하지 않아야 한다.

**질문:** 전자의 성질을 측정하는 기계가 있다고 하자. 전자가 닿는 곳만 예민하게 반응하고, 눈금 쪽은 잘 안 움직이도록 하면 되지 않나.

전자가 만든 작은 변화가 눈금을 움직이도록 해서 측정하는 것이다. 한쪽은 예민하고 다른쪽은 둔해야 하는 모순이 생긴다.

더 큰 문제는 중첩이다. 양자 상태는 중첩되어 있을 수 있지만, 측정 장치는 중첩되지 않아야 한다.

## 측정은 특별한 작용인가

슈뢰딩거의 고양이 문제로 돌아가자. 한 시간 뒤에 원자 주변에 방사능 측정기가 있으면 측정이 일어난다. 측정에 해당하는 과정은 방사선(전자나 광자)이 방사능 측정기에 전류를 흐르게 하는 상호작용이다.

코펜하겐 해석은 측정에 대해서는 확률 이외에는 아무런 이야기도 할 수 없다. 슈뢰딩거 방정식이 전자와 원자의 진행, 그리고 이들의 상호작용을 근본적으로 기술하는 근본적인 방정식인데도 말이다. 붕괴하는 원자가 가이거 계수기와 상호작용하는 측정 과정은 왜 똑같이 기술할 수 없을까?

이것이 슈뢰딩거 방정식으로 기술되는지에 대하여는 학자들의 의견이 분분하다. 생각해보면 측정 장치도 양자역학으로 기술되어야 한다. 모든 측정 장치는 확대해보면 역시 원자로 이루어졌을 것이다. 스크린에 점을 남기는 것은 전자가 형광 물질에 에너지를 전달하기 때문이다. 각 전자와 원자는 파동함수로 기술되며, 시간이 흐르면서 이들이 어떻게 움직이고 부딪히느냐 하는 것은 슈뢰딩거 방정식으로 기술될 것이다. 물론 이 상호작용은 엄청나게 복잡할 것이다. 모든 것은 원칙적으로 양자역학으로 다룰 수 있는 것들이다. 어쨌든 측정이 확률을 보존하는 법칙(유니터리 법칙)에 따라 일어난다고 가정할 수 있다.

## 모든 측정에서 슈뢰딩거 고양이 문제가 생긴다

측정하고자 하는 상태가 중첩되지 않은 고유상태라면, 측정 대상과 측정 장치가 확실한 원인과 결과로 연결될 것이다. 원자와 방사능 측정기의 파동함수를 나란히 써서 이를 표현해보자.

|붕괴한 원자⟩ |방사능 측정기⟩ ⋯ |붕괴한 원자⟩ |방사능 측정됨⟩

|안 붕괴한 원자⟩ |방사능 측정기⟩ ⋯ |안 붕괴한 원자⟩ |방사능 측정 안됨⟩

원자의 중첩된 파동함수
|한 시간 뒤 원자⟩ = |붕괴한 원자⟩ + |안 붕괴한 원자⟩
에, 측정기의 파동함수 |방사능 측정기⟩를 곱할 수 있다.

**야우흐**[Jauch,] **(1968):** 원자와 방사능 측정기가 상호작용하는 것을 관장하는 방정식이 (꼭 슈뢰딩거 방정식이 아니라고 하더라도) 선형이라면, 나중 상태가
|한 시간 뒤 원자⟩ |방사능 측정기⟩
= ( |붕괴한 원자⟩ + |안 붕괴한 원자⟩ ) |방사능 측정기⟩
⋯ |붕괴한 원자⟩ |방사능 측정기 작동⟩ + |안 붕괴한 원자⟩ |방사선 측정 안됨⟩

처럼 중첩된다. 즉,

중첩된 상태를 측정하면, 측정장치까지 포함한 전체 상태가 중
첩된다.[64]

이것이 슈뢰딩거 고양이 문제이고 측정의 일반적인 성질이
다. 이 거시 상태가 중첩된 상태를 슈뢰딩거 고양이 상태라고
도 한다. 방사능 측정기는 거시적인 물체임에도 불구하고 강
제로 중첩되었다. 방사능 측정기는 작동했을까?

## 하나의 결과만 관찰해야 할까

측정의 일반적인 문제에 대한 여러 가지 의견을 들어보자. 첫
번째 입장은 함부로 측정 이후의 상태를 더할 수 없다는 것이다.

**벨트라메티, 카시넬리**Beltrametti, Casinelli**(1981), 완**Wan**(1980):**
측정 장치도 양자역학으로 기술되기는 하지만 양자 효과가 상
쇄되어 고전역학적인 상태를 남기게 된다. 따라서 측정 후 두 파
동함수를 중첩시킬 수 없다.

겹실틈 실험을 다시 생각해보면, 전자가 한번에 점 하나만
을 찍었다. 스크린에 점을 찍기 직전에는 파동함수가 온 스크

린에 퍼져 있었으므로 '이곳에 점', '저곳에 점', '그 옆의 점' 상태들이 중첩되어 있었을 것이다. 그래도 우리는 한 번에 점 하나씩만 본다. 슈뢰딩거의 고양이에서는 살아있는 고양이 또는 죽은 고양이 둘 중 하나만 보는 것과 같다.

**코펜하겐 해석**: 파동함수는 원자 하나와 이에 연결된 고양이 하나의 상태를 나타내므로, 둘 중 하나만 볼 수 있다. 따라서 관찰 후에는 죽은 고양이만, 또는 산 고양이만을 봐야 한다. 나머지 상태는 버려진다.

이 두 해석을 받아들이면, 이들 가운데 어떤 것을 선택해야 하는지의 문제가 남는다. 이번 단계에서 선택되지 않으면, 다음 단계에서 선택되어야 할 텐데, 중첩만이 꼬리에 꼬리를 물고 일어나며, 영원히 선택되지 않을 것이다. 앞서 보았던, 측정된 상태는 언제나 중첩된 상태라는 결론은, 비교적 쉽게 받아들일 수 있는 확률 보존과 선형성 두 가지만 가정했음에 유의하자. 두 항 중 하나는 쉽게 없어지지 않는다. 따라서 이들 중 하나만 선택한다는 코펜하겐 해석은 설득력이 약해진다.

이 두 해석은 다음 해결책을 제시하는 것이다.

양자역학의 측정은 상태를 망가뜨린다. 측정은 비가역적irreversible이다.

스크린에 점을 찍어 자신의 위치를 알려준 전자는 어디론가 사라지고 (아마도 튀어나가거나 스크린에 흡수되었을 것이다) 더이상 사용할 수 없다. 전자의 위치를 알려주도록 하면서 전자가 그 상태를 유지하도록 하는 방법은 없다. 어떤 과정에서 측정이 일어나 중첩이 풀어졌을 것이다.

최초에 반응이 일어나는 그 순간 미시적인 파동함수가 거시적인 장치와 상호작용하는 지점이 중요하다. 그러나 비가역성이 측정의 전부는 아니다. 어떤 비가역적인 반응이 특정하게 거시장치를 움직이느냐는 해결되지 않은 문제이다.

**앙상블 해석:** 파동함수는 전자나 광자, 고양이 하나만 나타내는 것이 아니다. 비슷한 실험을 하면 통계적으로 50%는 살아 있는 고양이를 보고 50%는 죽은 고양이를 본다는 것을 반영할 뿐이다.

앙상블 해석은 중첩이 남아 있어도 괜찮다. 각 항의 계수의 제곱이 확률에 비례하는데, 여러번 비슷한 실험을 하면 몇 번 정도 각 항의 일이 일어나는지 분포를 나타내기 때문이다. 그러나 왜 양자 측정이 일어나는지를 이해하는 데는 별로 도움이 안 된다.

코펜하겐 해석은 반 실재론<sup>anti-realism</sup>으로서 측정하기 전까지는 살아 있는 것도 죽은 것도 아니라는 입장이다.

**실재론자**realist : 살아 있는지 죽었는지 모르지만, 모를 뿐이다. 둘 중 하나이어야 한다.

**실증주의자**positivist : 측정하기 전까지는 이 질문이 의미없다. 관찰할 수 있는 것이 아무 것도 없기 때문이다(반 실재론도 아니고 유보적인 입장).

# 4부

# 편광,
# 더 단순한 세상

# 22
# 편광

갇힌 자들은 어릴 때부터 사슬로 매였고 움직일 수가 없게 되었으며,
다리만 (팔은 아니지만) 매인 것이 아니라 목도 고정되어 있어서
눈앞의 벽만을 볼 수 있도록 되어 있었다.

- 플라톤, 《국가》, 5권

앞서 빛과 전자의 겹실틈 실험을 통하여 양자역학의 문제를 살펴보았다. 전자가 어떤 경로로 날아가는지를 말하기 어려운 이유는 위치와 운동량(속도)을 한꺼번에 이야기할 수 없기 때문이다(17장). 입자와 파동의 이중성, 특히 중첩을 이해하기도 어려웠다.

위치와 운동량은 연속적이고 가질 수 있는 값의 제한도 없기 때문에 개념적으로 다루기 힘든 양이다. 반면에 이제부터 알아볼 편광은 값이 단 두 개밖에 없어 훨씬 다루기 쉬운 물리량이다. 무엇보다도 중첩을 직관적으로 이해할 수 있다.

따라서 편광을 통하여 지금까지 살펴보았던 양자역학의 문

제를 더 구체적으로 생각해볼 수 있다. 특히 5부의 새로운 주제인 얽힘은 편광을 이용하면 훨씬 이해하기 쉽다. 만약 읽는 이가 편광에 대하여 어느 정도 익숙하다면 이 장과 다음 장은 건너 뛰고 24장으로 넘어갈 수도 있다. 그러나 24장에서 다시 보게 될 양자 현상이 이상하다면, 우리가 무엇을 잘못 생각했는지를 다시 짚어보기 위하여 이 장으로 돌아와야 할 것이다.

## 입체 안경 겹쳐보기

입체(3D) 영화를 보러 영화관에 가면 안경을 나누어준다. 이 안경은 특별하게 만들어졌다. 안경을 두 개 가져와서 (아니면 한 안경의 두 렌즈를 빼도 된다) 왼쪽 눈의 렌즈를 오른쪽 눈의 렌즈와 겹쳐 이리저리 돌려보면 어느 순간 새카매지는 것을 볼 수 있다. 둘이 겹치는 방식에 따라 어떤 때는 빛을 통과시키다가 어떤 때는 완전히 빛을 막아버리는 것이다. 이를 편광polarization이라고 하는데 이 현상을 이 장에서 탐구할 것이다.

이 안경을 쓰면 왼눈과 오른눈이 다른 영상을 보게 된다. 그래서 입체 영상을 볼 수 있다. 물체가 얼마나 멀리 있느냐에 따라 물체의 모습이 왼쪽 눈과 오른쪽에 조금씩 다르게 보인다. 우리 뇌는 각각의 눈에서 들어오는 영상을 처리해서 입체감을 느낀다.

그림 87　입체영화용 안경의 두 렌즈를 겹치면 빛이 차단된다. 렌즈가 완벽하게 투명하지 않아 어두워지는 것이 아니라 왼쪽 렌즈를 통과한 빛은 오른쪽 렌즈를 통과하지 못하는 특별한 성질이 있기 때문이다. 통과하지 못하는 정도는 두 렌즈가 서로 어떻게 겹쳐있는가와 관계가 있는데 이 현상을 빛의 편광이라고 한다.

## 빛이 차단되는 정도

입체영화 안경은 편광판이라는 것으로 되어 있다. 편광판 두 장을 포개어, 그중 한 장을 돌려본다. 돌리는 정도에 따라

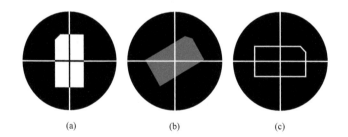

그림 88　두 장의 편광판을 겹쳐서 돌려보면, 돌아간 정도에 따라 빛의 밝기가 달라보인다. (a)에서는 완전히 통과했던 빛이 이어 편광판을 돌려보면 점점 어두워지고 (b) 빛이 더 적게 통과한다. (c)처럼 완전히 어두워지는 것은 두 편광판의 각도가 90도일 때이다.

편광판을 통과하는 빛이 밝아지기도 하고 어두워지기도 한다.

가장 밝을 때는 첫 번째 편광판을 통과했던 빛이 두 번째 편광판을 그대로 통과했다고 볼 수 있다.* 가장 어두울 때는 완전히 시커멓게 된다. 이때는 첫 번째 편광판을 통과한 빛이 두 번째 편광판을 통과하지 못한 것이다. 이를 통해 알 수 있는 것은 편광판이 방향성을 가지고 있으며, 상대적인 방향이 달라지면 빛이 통과하는 양도 달라진다는 것이다.

가장 밝을 때를 기준으로, 편광판 하나를 고정시키고 다른 편광판을 조금씩 돌려보자. 돌릴수록 점점 어두워지다가 90

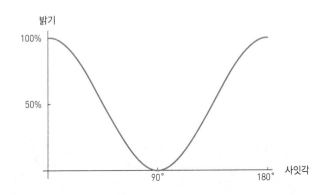

**그림 89**  두 편광판을 돌렸을 때 가장 밝은 정도를 100%라고 하면, 이 상태에서 90도를 돌렸을 때 가장 어두운 상태가 된다. 그 사이 밝기는 각도의 코사인 제곱에 비례한다.

---

\*  실제로 편광판을 대고 보면 약간 어둡다. 모두 다 통과하지 못하기 때문이다. 그러나 복굴절을 일으키는 물질은 편광된 빛이 거의 다 투과한다.

도 돌렸을 때 가장 어둡고, 계속해서 돌리면 점점 밝아지다가 180도 돌리면 원래대로 밝아진다. 각도가 45도이면 밝기가 반이 되고 일반적인 각도에 대한 밝기는 그림 89와 같다.

**말루스**Malus: 두 편광판을 통과한 빛의 상대적인 밝기는 두 축 사잇각의 코사인 제곱에 비례한다.*

## 빛이 편광판을 지나가는 방식

눈으로 편광판을 보면 어떤 무늬도 보이지 않지만 앞의 관찰(그림 88)을 바탕으로 가상의 축을 설정할 수 있다. 두 편광판 축의 상대적인 방향에 따라 빛이 통과하는 정도가 다르다.

빛이 어떤 방향성을 가지고 있으며, 그 방향이 편광판의 축과 나란할수록 빛이 많이 통과한다고 설명할 수 있다. 이에 따르면 첫 번째 편광판을 통과한 빛은 그에 맞는 방향성을 가진 빛만 남는다. 두 번째 편광판의 축이 이와 나란하다면 그 방향성을 가진 모든 빛을 통과시킬 것이다. 하지만 두 번째 편광판의 축이 수직하다면 빛이 통과하지 못한다. 이를 빛이 걸러진다고 이야기할 수 있을까?

---

\* 밝기 = $I \cos^2 \theta$. 여기에서 $I$는 편광축을 나란히 할때의 밝기, $\theta$ 는 두 편광축의 사잇각. $\cos^2 0° = 1$, $\cos^2 90° = 0$이다.

이를 알아보기 위하여 편광판에 빛을 통과시켜 보자. 먼저 편광판을 통과시키지 않은 빛을 쏘면 스크린에 일정한 밝기의 상을 맺는다.

**그림 90** 빛을 쏘는 실험을 할 것이다.

다음, 편광판을 통과시키면 빛의 밝기가 반이 되는 것을 알 수 있다.

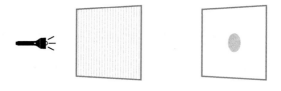

**그림 91** 편광판을 통과시키편 빛이 반쯤 어두워진다.

빛이 걸러졌다. 사실, 빛은 특별한 방식으로 걸러진다. 그림 92처럼 첫 번째 편광판에 나란한 편광판을 놓아 보자. 앞서 보았던 것처럼 빛이 모두 통과하는 것을 알 수 있다.

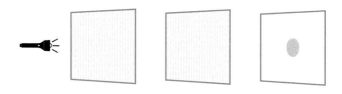

그림 92 편광판을 통과한 빛은 특별한 방향성을 가지는데, 첫 번째 편광판과 축이 나란한 편광판을 더 통과시키면 완전히 통과한다.

이번에는 첫 번째 편광판과 축이 수직인 편광판을 더 통과시 켜본다. 그러면 그림 93처럼 빛이 통과하지 못한다는 것을 알 수 있다. 역시 앞서와 같이 빛이 통과하지 못하는 것을 알 수 있다. 편의상 이 둘을 '처음 편광판'과 '나중 편광판'이라고 부르자. 처음 편광판을 통과한 빛의 방향성 때문에 나중 편광판 을 통과하지 못하는 것이다.

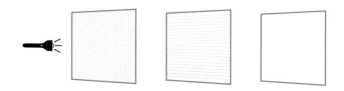

그림 93 첫 번째 편광판과 축이 수직인 편광판을 더 통과시키면, 빛을 통과하지 못한다.

처음 편광판을 기준으로 축이 45도쯤 되는 제삼의 편광판 을 (이를 사이 편광판이라고 부르자) 두 편광판 사이에 집어넣 으면 어떻게 될까?

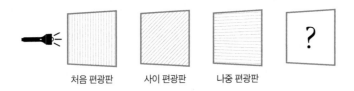

| 처음 편광판 | 사이 편광판 | 나중 편광판 | ? |

**그림 94**  그 사이에 축이 비스듬한 제삼의 편광판을 집어넣으면 빛이 통과할까?

두 가지 가능성이 있다.

1. 빛은 처음 편광판과 나중 편광판을 모두 통과할 수 없다. 또, 거를수록 빛은 어두워진다. 따라서 사이 편광판을 둘 사이에 어떤 방향으로 넣어도 빛이 전혀 통과하지 못할 것이다.
2. 연속된 두 편광판의 축이 수직이지만 않으면 빛이 통과한다. 처음 편광판과 사이 편광판은 수직이 아니므로 빛이 일

**그림 95**  편광축이 서로 수직인 두 편광판은 빛을 완전히 막는다. 그러나 그 사이에 편광축이 비스듬한 편광판을 넣으면, 빛이 일부 통과한다.

부 통과한다. 또 사이 편광판과 나중 편광판은 완전히 수직이 아니므로 일부의 빛이 통과할 것이다.

답은 그림 95에서 볼 수 있다. 세 편광판이 겹친 부분이 오히려 밝다. 다음 장에서는 이를 설명할 방법을 찾아본다.

# 23
# 편광을 설명하는 방법

앞 장에서 편광을 살펴보았다. 실험을 통해 알아낸 것은 편광판 두 장의 축이 나란할수록 빛이 잘 통과한다는 것이었다. 서로 축이 수직인 편광판 두 장을 놓으면 빛이 아예 통과하지 않는다. 그런데 그림 95처럼, 수직인 두 편광판 사이에 비스듬하게 편광판을 한 장 더 넣으면 다시 빛이 통과하는 신기한 현상을 볼 수 있었다. 이 장에서는 이를 해석하는 방법을 알아본다.

책을 읽는 여러분들은 여기에서 제시하는 방법을 옳은 설명이라고 쉽게 받아들이지 말고, 과연 이 방법이 제대로 현상을 반영하는지를 거꾸로 생각해보기 바란다. 이 설명은 양자역학에서 잘 맞지 않기 때문이다.

## 빛은 횡파이기 때문에 거를 수 있다

편광판은 빛이 특정한 방향성을 가지고 있어야 통과시킨다. 고전역학에 따르면 빛은 그림 96처럼 날아가면서 특정한 방향으로 진동한다. 편광은 이것과 관계가 있다.

줄을 흔들어서 파동을 만들면, 파동은 줄을 타고 진행하지만, 흔들림 자체는 진행 방향이 아닌 '옆으로' 일어난다. 이처럼 진행 방향과 수직하게 진동하는 파동을 횡파<sup>橫波, transversal wave</sup>라고 한다(찻길을 보행자가 수직으로 건너도록 한 길을 횡단보도<sup>橫斷步道</sup>라고 한다는 것을 기억하자). 반면에 소리 파동은 지나가는 방향으로 공기를 압축시켰다 풀었다 하면서 전달된다. 이를 종파<sup>縱波, longitudinal wave</sup>라고 한다.

횡파는 거를 수 있다. 줄을 막대에 꿰어서 막대가 뻗은 방향

그림 96  고전역학에서 편광은 파동이 진행방향과 수직으로 얼마나 벗어나는가를 나타내는 벡터이다.

으로 흔들면 자유롭게 흔들린다. 그러나 그림 97처럼 비스듬한 방향으로 흔들면, 잘 흔들리지 않는다. 막대가 뻗은 방향으로는 자유롭게 흔들리지만, 수직한 방향으로는 흔들리지 않는다.

마찬가지로 빛도 '결'이 있는 판을 통과하면 그 결과 같은 방향으로 진동하는 성분만 통과할 수 있다.* 다른 방향의 빛의 진동은 판에 흡수된다.

편광판이 방향성을 가지고 빛을 거르는 것을 보았으므로 따라서 빛도 횡파라는 것을 알 수 있다. 종파는 빛이 진행하는 방향으로 매질을 밀고 당기면서 진동하므로 거를 수 없다.

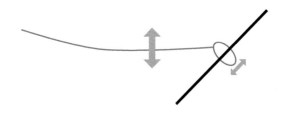

**그림 97** 편광이 걸러지는 방식. 줄을 아무리 위아래로 흔들어도 고리는 움직일 수 있는 방향으로만 움직인다. 일부는 걸려있는 막대와 나란한 방향으로 흔들리지만, 나머지 방향으로 흔드는 효과는 상쇄된다.

---

\* 실제로는 반대처럼 보이는 일이 일어난다. 빛은 전기 진동과 자기 진동이 서로 수직하게 이루어지는 횡파이다. 편광판의 '창살'의 결이 상하방향으로 뻗어 있다고 하자. 전기 진동이 상하 방향으로 이루어지면 같은 방향으로 이루어진 전선에 전류를 흘리려 하므로 전기 진동이 통과하지 못할 것이다. 오히려 전기 진동이 좌우 방향으로 이루어지면 전선이 없는 것과 마찬가지이므로 거의 다 통과할 것이다.

## 상대적인 밝기를 계산하는 방법

편광판을 통과하면서 빛이 어두워지는 정도를 계산할 수 있다. 먼저 편광판을 통과하기 전 빛의 밝기를 알아둔다. 그림 98처럼 손전등을 스크린에 비추어서 밝기를 재면 된다.

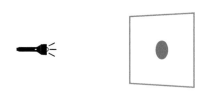

**그림 98** 다시 한번 빛을 쏘는 실험을 할 것이다.

다음, 이 빛이 수직 방향의 편광판을 통과한 뒤 조금 어두워지는 것을 확인할 수 있다. 편광판을 통과한 뒤 빛이 수직으로 편광되어 있다고 말한다.

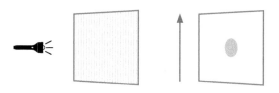

**그림 99** 빛이 편광판을 지나면 모두 통과하지 못하고 밝기가 반쯤 된다. 빛의 밝기를 화살표로 나타낼 수 있다. 화살표의 방향은 편광축을 나타내고, 길이의 제곱이 밝기를 나타낸다.

편광상태를 화살표로 나타낼 수 있다. 이 편광판을 통과한 빛에, 편광축에 대하여 나란한 화살표를 그리자. 통과한 빛이 밝을수록 화살표를 길게 그릴 수 있다.

축이 나란한 편광판을 한 장 더 댄다고 하더라도 빛이 어두워지지 않는다. 따라서 다음 그림처럼 길이와 방향이 같은 화살표를 하나 더 그릴 수 있다.

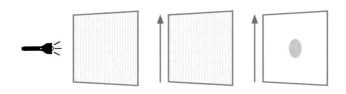

**그림 100** 편광판을 통과한 빛은, 축이 나란한 편광판을 완전히 통과한다. 이전 실험과 비교하여 빛이 더 어두워지지 않는다. 편광판의 방향으로 편광되었다고 할 수 있다.

두 번째 편광판의 편광축을 알면, 첫 번째 편광판의 편광축도 알아낼 수 있다. 두 축이 나란할 때 빛이 가장 밝기 때문이다.

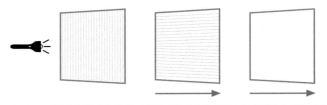

**그림 101** 편광판을 통과한 빛이, 이에 수직한 편광판을 통과하지 못한다. 화살표에 수직한 편광판은 통과할 수 없다.

두 번째 편광판을 돌려 보면 빛이 전혀 통과하지 못하는 방향이 있다. 이 때 축의 각도는 첫 번째 편광판과 수직이다.

화살표를 사용하여 이야기한다면, 이 화살표의 수평 방향 성분이 없으므로 통과할 수 없다고 할 수 있다. 마치 화살표 방향으로 진동하려고 하는 빛이, 두 번째 편광판에 결이 없어서 통과할 수 없는 것처럼 보인다.

다음 편광판의 축이 첫 번째 편광판에 대해 45도로 돌아갔다면 빛의 밝기는 반쯤이 된다.

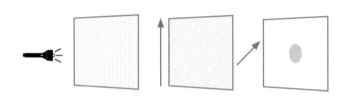

그림 102   두 번째 편광판의 축이 첫 번째 것과 수직이 아니라 비스듬하다면? 45 도로 돌아갔다면 빛은 반쯤 통과한다.

이를 다음과 같이 계산할 수 있다. 수직했던 빛은(그림 103의 흐린 화살표) 다음 그림처럼 (진한 화살표 두 개로) 분해할 수 있다. 즉, 분해한 두 화살표를 합치면 정사각형을 만들게 되고, 원래 화살표는 대각선을 만든다.

이제 이 두 성분들 가운데 편광판의 축과 나란한 것만 통과한다고 하자. 수직한 것은 통과하지 못한다. 화살표의 길이는

**그림 103** 빛의 편광을 간단히 계산할 수 있다. 45도 돌아간 편광판에 대해, 원래 빛이 두 성분으로 분해된다. 빛의 밝기는 화살표의 길이의 제곱이 된다.

원래보다 짧아졌으므로, 이후 통과한 빛의 밝기는 어두워졌다고 할 수 있다.

실제로 편광판을 통과한 빛의 밝기는 앞장의 그림 90 아래에 있는 말루스의 법칙을 설명해야 한다. 이 그림에서 이 경우 밝기가 반이다. 그런데 세 화살표를 비교해보면, 통과한 화살표는 원래 화살표 길이의 ½이다. 이를 만족하려면

빛의 밝기는 화살표의 제곱에 비례해야만 한다[65]

는 것을 알 수 있다.

이제 다음 그림처럼, 축이 수직한 두 편광판 사이에 비스듬한 축의 편광판을 놓았을 때 빛이 통과한다는 것을 다음 그림의 화살표로 보일 수 있다.

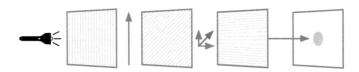

그림 104　빛은 축이 수직한 편광판 두 장을 통과하지 못한다. 그러나 그 사이에, 비스듬하게 제삼의 편광판을 넣으면 빛은 다시 통과한다. 이 사실을 벡터의 분해로 설명할 수 있다. 사이 편광판을 통과한 빛을 나중 편광판에 수직인 성분과 수평인 성분으로 분해할 수 있다. 나중 편광판에 수직인 성분만 통과한다.

## 벡터

편광을 나타내는 화살표를 살펴보았다. 이 화살표의 크기는 진동 정도를 나타내고, 방향은 진동 방향을 나타냈다. 이렇게 크기와 방향을 가진 양을 벡터$^{vector}$라고 한다.

벡터의 가장 중요한 성질은 평행사변형으로 분해되고 합성되는 규칙이다. 그림 105처럼, 같은 점에서 출발하는 두 벡터로 평행사변형을 만든 뒤, 대각선을 이루는 벡터가 원래 두 벡터의 합이다. 거꾸로, 어떤 벡터든 평행사변형을 만드는 두 벡

그림 105　편광은 화살표로 나타낼 수 있으며, 벡터이므로 평행사변형법으로 분해할 수 있다. 두 벡터로 평행사변형을 만들면 대각선을 향하는 벡터가 합 벡터이다.

터로 분해할 수 있다.

벡터를 분해한다는 것은 무슨 뜻일까? 분해된 벡터를 각각 독립된 진동으로 생각할 수 있다. 이 둘이 합쳐져 만드는 벡터를 그림 105처럼 이해할 수 있다.

따라서 편광된 빛을 다른 편광판에 통과시킬 때 얼마나 어두워지나를 구할 수 있다. 통과하기 전과 통과한 뒤의 벡터 크기의 제곱을 비교하면 된다. 두 편광 벡터가 이루는 사잇각을 $\theta$라고 할 때, 나중 편광 벡터는 원래 편광 벡터보다 $\cos \theta$만큼 작아진다. 빛의 밝기는 벡터 크기의 제곱에 비례하므로 앞 장에서 본 말루스의 법칙을 만족한다.

# 24
## 광자 하나의 편광[66]

 이 책의 전반부에서 겹실틈 실험 결과가 이상하다는 것을 보았다. 점을 수십만 개 모은 간섭 무늬를 보면 전자는 파동처럼 행동하는데, 전자가 하나 둘 셀 수 있다는 것을 반영하는 순간 모든 것이 이상해진다.

 빛으로 실험해도 마찬가지 결과를 볼 수 있었다. 빛이 점을 하나씩 남긴다는 것을 보고 빛의 기본 단위인 광자를 생각하는 순간 이상한 일이 일어나는 것이다.

 이상한 일은 입자 하나의 간섭 때문에 생긴다. 이 장에서는 광자 하나의 편광 상태들이 간섭을 일으키는 것을 보고, 측정할 때 무슨 일이 생기는지 다시 한 번 생각해보게 될 것이다.

**용어:** 이 책에서 빛이라는 말은 일상생활에서와 같이 고전역학의 전자기파를 말한다. 그러나 양자역학의 효과를 볼 수 있는 것은 빛의 최소 단위 하나를 고려할 때이므로, 이 경우에는 특별히 광자라는 말을 쓸 것이다. 따라서 빛은 광자들이 무수히 많이 모인 것이다.

## 빛의 편광

먼저 광자의 모임인 빛의 편광을 간단히 복습해보자. 중요한 것은 앞 장의 그림 102이나, 다시 한번 생각해볼 수 있도록 이번에는 편광축을 돌려서 그림 106처럼 그렸다.

먼저 ╱방향으로 편광된 빛을 준비한다. 이는 그림 106처럼 정렬된 편광판을 통과시켜 준비할 수 있다. 이제부터 이 편광판을 그림 대신 기호로 [ ╱ ] 편광판이라고 할 것이다. 편광판을 나타내는 사각 괄호 안에 편광축 방향을 줄로 표시했다.

여기에 편광판을 하나 더 댄다. 세로 축을 가진 [ │ ] 편광판

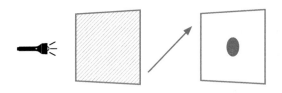

**그림 106** 편광판은 특정한 축으로 빛을 거른다. 편광판을 통과한 빛의 편광을 화살표 ╱로 나타낼 수 있다.

에 이어서 통과시켜 보자. [│] 편광판을 통과하기 전과 후의
밝기를 비교해보면, 빛의 밝기가 반이 된다는 사실을 보았다.

이 관계를 벡터로 나타내는 방법을 알아보았다. 화살표의
길이 제곱이 빛의 밝기를, 화살표 방향이 편광 방향을 나타내

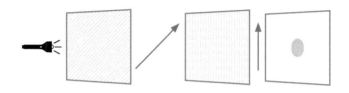

그림 107   편광된 빛이, 다른 축의 편광판을 통과하면 그 축 성분 빛만 통과한다.

도록 그렸다. 첫 번째 편광판을 통과한 빛의 편광 벡터를 그림
108 처럼 분해할 수 있다.

두 번째 [│] 편광판에는 분해된 두 성분중 ↑ 성분만 통과
한다. 그림 108를 보면, 원래 화살표 ╱의 크기를 1이라고 할

그림 108   편광 상태는 벡터의 평행사변형법을 이용하여 분해할 수 있다. 두 번째 편
광판을 통과하는 성분은 ↑성분이다.

때, $\uparrow$ 화살표의 크기는 $1/\sqrt{2}$이다. 따라서 [ | ] 편광판을 통과한 빛의 밝기가 이의 제곱인 $\frac{1}{2}$이 된다는 실험 결과를 잘 설명한다.

### 광자 하나의 편광

똑같은 상황에서 광자 하나의 편광을 생각하면 어려운 문제가 생긴다.

물체가 밝아 보이는 것은 물체에서 광자가 그만큼 많이 나오기 때문이라는 것을 보았다(7장). 가령, 촛불이 두 배 밝다는 것은 거기에서 광자가 두 배 많이 쏟아져 나온다는 것이다.

앞서 본 것처럼, [ / ] 편광판을 통과한 빛이 이어서 [ | ] 편광판을 통과하고 나면 밝기가 반이 된다. 밝기가 광자의 개수와 비례한다고 했으므로, 광자 천만 개를 쏘면 대략 오백만 개 쯤이 통과하고 오백만 개쯤은 흡수될 것이다. 천만 개의 광자가 지나간다는 것은, 지나가는 장면을 천천히 그려보면,

각각 광자 하나가 천만 번 반복해서 지나가는 것이다.

광자 하나로 똑같은 실험을 해보아도 같을 것이다. 겹실틈을 통과한 광자들(7장)이 만든 모든 점의 크기가 같았다는 것

을 기억하자. 반 개짜리 점은 없었다. 따라서 반으로 쪼개지거나 어두워진 광자가 통과한 것이 아니다.

광자 하나는 통과하거나 통과하지 못하거나 둘 중 하나밖에 없다.

따라서, 밝기를 설명하려면 겹실틈 실험처럼 확률을 도입할 수밖에 없다.

[ / ] 편광된 광자 하나는, [ | ] 편광판을 50%의 확률로 통과하거나, 50%의 확률로 통과하지 못한다. 각 확률은 그림 108처럼 편광 벡터를 전개했을 때 성분의 계수 제곱의 비율인 1:1과 같다.

어떤 광자는 편광판을 통과하고 어떤 광자는 통과하지 못한다고 해도 이들을 모으면 빛의 밝기가 광자의 개수에 비례한다고 설명할 수 있다.


## 광자의 파동함수

광자 하나의 편광을 그림 108로 계산했다. 성분의 길이 제곱이 확률의 비율이 된다는 성질은 바로 파동함수의 성질이다.[67] 그러므로 벡터와 대응되는 파동함수를 괄호 안에 써서

$$| \nearrow \rangle = | \rightarrow \rangle + | \uparrow \rangle$$

처럼 나타낼 것이다. 편광에 대한 정보만 대표로 나타냈고, 광자의 위치 등에 대한 것은 생략했다. 여기에서 두 성분의 계수가 1대 1인데, 각 성분의 길이를 나타낸 것이다. 거의 비슷한 정보를 나타내지만 파동함수의 계수는 복소수를 쓸 수 있다.[68]

정확히 말하면 각 상태의 길이를 1로 맞추고 파동함수를

$$| \nearrow \rangle = \frac{1}{\sqrt{2}} | \rightarrow \rangle + \frac{1}{\sqrt{2}} | \uparrow \rangle$$

처럼 규격화해야 한다. 양자역학에서는 파동함수의 전체의 크기가 중요하지 않다. 파동함수에 복소수를 곱해도 같은 파동함수로 취급한다. 파동이 중첩되어 해당 파동함수를 더했다면, 그 계수의 상대적인 비율은 중요하다. 따라서 이 책에서는 복잡한 숫자를 피하기 위하여 계수를 규격화하지 않고 앞의 파동함수를 쓸 것이다.

## 측정

편광은 파동함수의 중첩을 잘 보여주는 예이다. 광자를 편

광판에 통과시켜 보는 것은 측정이다.*

**보른 규칙:** 편광판을 광자의 편광 방향에 비스듬하게 대면 광자가 통과할 수도 있고, 통과하지 못할 수도 있다. 이때 편광축에 나란한 성분의 계수 제곱이 통과할 확률, 수직한 성분의 계수 제곱이 통과하지 못할 확률이다.

이에 대해서는 모든 물리학자가 동의한다. 편광판을 통과했다면 광자를 거른 것이다. 편광판과 평행하게 편광된 광자는 걸러진 것이며, 스크린에 닿아 점을 남겨야 비로소 측정이 이루어진다.

**질문:** 광자가 편광판을 통과할지 통과하지 못할지는 어떻게 아는가? 어떤 값을 알면 되는가? 누가 결정하는가?

이 질문은 전자가 두 실틈 가운데 어떤 실틈을 지날 것인지, 또 스크린에 도달한 전자가 무수히 많은 곳 가운데 어떤 곳에 점을 찍을지와 같은 문제이다. 이 장의 뒷부분에서는 이에 대한 대답을 찾아볼 것이다.

---

\* 복굴절 결정을 통과하면 측정이 아니라 파동의 거르기이다

## 다시, 코펜하겐 해석

**코펜하겐 해석:** 만약 앞 상황에서 $|\nearrow\rangle$ 광자가 $|\,|\,\rangle$ 편광판을 통과했다면(확률 50%), 이후 파동함수는 이에 나란한 편광 $|\uparrow\rangle$으로 무너진다. 여기에서도 우리는 광자 하나가 통과할지 통과하지 못할지를 확실하게 예측할 수 없으며, 확률만 구할 수 있다.

확실히 코펜하겐 해석이 편광에서 일어나는 모든 일을 잘 설명하는 것 같다. 벡터 계산이 너무 잘 작동하니, 파동함수가 광자의 상태를 나타내는 도구가 아니라 실제 상태를 나타내는 것 같은 생각이 든다.

**실증주의자:** 보른 규칙에는 광자가 일정 확률로 편광판을 통과한다는 이야기는 있지만 '파동함수가 무너진다'는 말은 없다. 파동함수가 무너진다는 것을 관찰하거나 이를 지지하는 다른 증거가 없다. 코펜하겐 해석의 문제는 파동함수가 왜 무너지는지를 설명하지 않는다.

**앙상블 해석:** 파동함수는 광자 하나를 나타내는 것이 아니라, 실험을 여러 번 했을 때 통계적인 분포만을 알려준다. 백 번 쯤 실험했을 때 오십 번쯤은 편광판을 통과하고, 오십 번쯤은 통과하지 못할 뿐이다.

**실증주의자:** 앙상블 해석은 파동함수가 무너지는 문제는 피해 가지만 중첩이 결국 어떻게 되는 건지를 설명하지 않는다.

**코펜하겐 학파:** 파동함수가 $|\uparrow\rangle$이 되었다는 것을 확인할 수 있다. $[|]$ 편광판을 통과시켜보면 확실히 통과하기 때문이다.

**실증주의자:** 말할 수 있는 것은 $[|]$ 편광판을 통과한 광자는 100% 확률로 $[|]$ 편광판을 통과한다는 것이다.

코펜하겐 해석이 거의 피할 수 없는 결론 같다. 그러나 겹실틈 실험의 길잡이파 해석을 기억해보자(19장). 왼쪽과 오른쪽 실틈에 들어갈 파동함수는 중첩되었지만, 전자는 한 번에 한 쪽으로만 들어갔다. 파동함수가 무너질 필요가 없다는 것을 잘 보였다. 마찬가지로, 광자의 편광에서도 파동함수가 길잡이 역할만 한다면 파동함수가 무너지지 않고 광자가 편광판을 선택적으로 통과할 수도 있다. 길잡이파가 궁극적인 설명이 아니라도, 파동함수가 무너지지 않으면서 통과할 확률을 설명할 수 있는 다른 방법이 있을지도 모른다.

편광은 고전역학에서 가져온 개념이다. 양자역학에서는 광자의 파동함수를 $|\nearrow\rangle$라고 썼기 때문에 광자가 이 방향으로 진동하는 것처럼 상상하지만 이를 본 사람은 없다. 과정을 설명하는 기호일 뿐 이것이 무엇인지 말할 수 없다. 더욱이, 고전 파동은 진폭이 크게 진동할수록 밝았지만, 양자역학에서는 광자가 많이 모인 것이다. 광자의 진동 그림이 양자역학에서

는 틀렸다.

빛이 유리를 통과하는 것, 편광판을 통과하는 것이 간단한 현상은 아니다. 단순히 속도가 느려지는 영역을 지나가는 것이 아니라, 유리를 이루는 원자들이 광자를 흡수했다가 방출했다가를 연쇄적으로 하는 복잡한 현상이다. 놀라운 것은 그 과정에서 여러 다른 경로로 가는 파동함수의 간섭이 깨지지 않는다는 것이다.

재미있어 하는 분도 있겠지만 뜬구름 잡는 이야기라고 생각하는 분도 있을 것이다. 그러나 이 문제의식을 통하여 얽힘이라는 재미있는 개념을 만들게 되었다.

**조작주의자:** [ | ] 편광판을 통과한 광자가 ↑ 편광이라고 가정했을 때 이 세상의 모든 실험 결과가 설명된다면, 광자는 그냥 ↑ 편광인 것이다.

앞으로는 이 입장에 따라 [ | ] 편광판을 통과한 광자는 | ↑ 〉 편광이라고 생각하고 문제가 생기면 그때 가서 생각해보겠다.

# 25
# 한꺼번에 알 수 없는 두 성질

어느 산책에서 아인슈타인이 갑자기 멈춰 서서 나를 돌아보더니,
달을 볼 때만 달이 존재한다고 믿는지 물었던 일을 기억한다.
나머지 산책은 물리학자가 "존재한다"는 용어를
어떻게 쓰는지에 대한 토론이 되었다.

*– 아브라함 페이스 (1979)*

나는 달로 간 사람의 이야기를 알고 있다.
그는 어느 날 달 속으로 홀연히, 잠겨버렸다.

*–한유주, 《달로》 (2003)*

　전자가 어떻게 움직이는지는 고전역학과 같은 방식으로 이
해할 수 없다. 그 한계는 불확정성 원리를 통해 구체적으로 정
량화할 수 있었다(17장). 그렇다 하더라도 우리가 모를 뿐, '그
위치'에 '그 운동량'이 있는지를 질문할 수 있다. 바꾸어 말하면

**실재에 대한 질문:** 전자의 위치와 운동량은 실재하는가?

　이것이 이 장과 이 책 후반부를 아우르는 가장 큰 질문이다.
위치와 운동량 대신 광자의 편광에 대하여 같은 질문을 해보
면 이 문제가 더 선명하게 보인다.

## 광자의 편광을 알아낼 수 있을까

어떤 과정을 통해 만들어졌는지 모르는 광자가 있다. 이 광자의 편광이 어떤 상태인지 알 수 있을까?

광자를 건드리지 않고 알 수는 없다. 편광을 확인하는 유일한 방법은 편광판을 대어 보고 측정하는 것이다. 광자가 지나가는 길에 [ | ] 편광판을 놓았는데, 통과하여 스크린에 점을 찍었다고 하자. 이 광자는 편광판을 통과하기 전에 어떤 상태였을까?

- [ | ] 편광판에 나란하게 편광되어 있어 당연히 통과했거나,
- ╱ 편광되어 있었는데 우연히 $\frac{1}{2}$의 확률로 통과했거나,
- ╲ 편광이었는데 $\frac{1}{2}$의 확률로 통과했거나,
- 다른 방향으로 편광되어 있었는데 0이 아닌 확률로 통과했다.

이 광자가 편광판을 통과하기 전에 원래부터 ↑ 편광이었는지는 확실하지 않다. 통과하기 전에는 ╱ 편광상태이었을 수도 있다. 그렇다면 이전 장의 그림 108처럼 벡터를 | ╱ 〉 = | ↑ 〉 + | → 〉로 분해할 수 있다. 따라서 | ↑ 〉항 계수의 절댓값 제곱의 비율인 반의 확률로 [ | ] 편광판을 통과한다. 반의 확률로 통과하지 못할 수도 있지만 하필이면 이번에 통과한 것이다. 이는 스크린에 찍힌 점으로 확인할 수 있다.

편광판을 통과하기 전 광자의 편광상태에는 무한히 많은 가능성이 있다. 측정하지 않고 이를 알 수 있는 방법은 없다.


## 원하는 편광을 만들 수 있을까

물론, 축이 [ | ] 방향인 편광판을 통과한 광자는, 이후에 분명히 ↑ 방향으로 편광되어 있다.* 그 광자가 날아가는 길에 다시 [ | ] 편광판을 대어 보아도 통과한다는 것으로 알 수 있다. 이것을 확인한 것이 그림 109이다.

이를 일반화하여 다음과 같이 조심스럽게 말할 수 있다.


**아인슈타인, 포돌스키, 로젠 (1935, 물리적 실재론, 변형[69]):** 다음 번에 측정할 때 100%의 확률로 '그 값'이 나온다는 것을 예측할 수 있다면, 측정을 해보지 않아도 대상은 그 속성을 가지고 있다.


측정할 때마다 언제나 같은 값을 결과로 얻는다면 측정을 안해도 그 물리량이 있다는 것이다.

그런데 이처럼 편광을 확실하게 말할 수 있는 경우는, 측정

---

\* 조작주의자의 입장. 이 책에서 편의상 진행할 관점이다. 앞 장의 결론 부분을 참조하라.

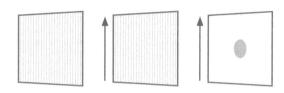

**그림 109** 그림 100 을 다시 그린 것. 왼쪽에서 출발한 광자가 처음에 어떤 편광상태였는지는 모른다. 그러나 첫번째 [ | | ] 편광판을 통과한 광자는 ↑방향 편광을 가지고 있다. 이는 두번째 [ | | ] 편광판을 통과시켜보았을때 확실히 통과하는 것으로 알 수 있다.

을 하고 난 뒤의 일이다. 측정하는 동안 광자가 편광판에 흡수될 수도 있고, 원래 방향과 상관 없이 편광판과 나란한 방향으로 편광이 바뀔 수도 있다.

우리가 원하는 방향으로 편광된 광자를 만들 수 있을까? [ | | ] 편광판을 통과한 광자를 얻으면 이는 ↑방향 편광을 가지고 있다. 그러나 편광을 모르는 광자를 가지고 의도적으로 [ | | ] 편광판을 통과하도록 할 수는 없다. 광자가 우연히 편광판을 통과하기를 바랄 수밖에 없다.

편광을 모르는 광자를 [ | | ] 편광판에 통과시켰는데 우연히 광자가 통과했다고 하자. 이 사실을 알 수 있을까? 광자를 스크린에 대어 보거나 해서 측정해보기 전까지는 모른다. 그러나 그 후에는 광자를 쓸 수가 없다. 스크린에 흡수되었기 때문이다. 측정은 광자를 망가뜨린다.* 따라서 원하는 편광을 띤

---

*　복굴절을 일으키는 결정을 통과시키면 흡수될 일은 없다. 그러나 광자 하나가 어느

광자 하나는 준비할 수 없다.

편광판에 광자를 여러 개 통과시키면 개중에 통과하는 것이 있을 수 있다. 일부는 편광판을 통과하지 못하지만 그래도 원하는 편광을 가진 광자 여러 개를 준비할 수 있다. 이들을 광자 하나처럼 사용하면 된다. 그러나 이때는 광자 하나를 다루는 것이 아니라 사실상 고전적인 빛을 다루는 것이다.


## 순서를 바꾸어 측정하면 다른 결과가 나온다

전자의 위치와 운동량을 동시에 정확하게 측정할 수 없다고 하였다(17장). 그래도 위치와 운동량이 동시에 실재하는지에 대하여 질문할 수 있다. 이 문제를 광자의 편광으로 더 쉽게 이해할 수 있다.

1. 어떤 광자가 [ | ] 편광판을 통과했다고 하자. 통과한 이후 광자의 편광이 ↑ 라는 것을 100% 확실히 알고 있다. 다시 [ | ] 편광판을 대어 보면 반드시 통과하기 때문이다.

2. 이 광자를 [ / ] 편광판에 통과시켜 보자. 24, 25장에서 본 것처럼 광자의 상태는 $| \uparrow \rangle = | \nwarrow \rangle + | \nearrow \rangle$ 로 분해할 수 있으므로, [ / ] 편광판을 통과할 확률은 반이 된다. 통과에 성

---

경로로 갔는지 알 수 없다.

공했다면 그 후 광자는 분명히 $\nearrow$상태일 것이다.

3. 광자의 이전 편광상태인 $\uparrow$는 어떤 의미가 있는가?

4. 이를 확인하기 위하여 이 광자를 다시 한번 [ | | ] 편광판에 통과시켜 본다. [ $\nearrow$ ] 편광판을 통과한 광자는 $|\nearrow\rangle = |\uparrow\rangle + |\rightarrow\rangle$로 분해할 수 있으므로, [ | | ] 편광판을 통과할 확률은 반 밖에 안 된다. 통과할 확률이 100%가 아니므로 이 광자는 $\uparrow$ 편광을 가진다고 할 수 없다. 광자는 이전 편광상태인 $\uparrow$를 잊어버렸다.

지금까지의 결과를 이렇게 말할 수 있다.

$\uparrow$ 편광과 $\nearrow$편광은 순서를 바꾸어 측정하면 다른 결과가 나온다. 즉, $\uparrow$ 편광과 $\nearrow$편광의 측정은 교환가능<sup>commute</sup>하지 않다.[70]

교환가능한 측정도 있다. 어떤 광자를 측정해서 편광이 $\uparrow$라는 것을 알았다면, 그 광자의 $\rightarrow$성분도 확실히 아는 것이다. 이 광자는 순수한 $\uparrow$방향이므로 $\rightarrow$성분은 0이다. 따라서 $\uparrow$ 편광과 $\rightarrow$편광의 측정은 교환가능하다.* 이는 [ | | ] 편광판을 통

---

\* [ | | ] 편광판을 통과한 뒤 [━] 를 측정해보는 것이 아니다. 복굴절 결정을 이용하면 된다.

과한 광자를 다시 한번 [—] 편광판을 통과시켜보면 반드시 통과하지 못한다는 것으로 알 수 있다.

또, 광자의 편광과 위치는 동시에 알 수 있다. 예를 들어 편광판을 통과시킨 광자를 스크린에 부딪치게 하면 편광과 위치를 함께 측정한 것이다. 즉, 편광과 위치의 측정은 교환가능하다.


## 광자의 편광은 실재하는가

다시 첫 질문으로 돌아가자. 어떤 과정을 통해 만들어졌는지 모르는 광자의 편광을 현실적으로 알아낼 수는 없다. 그래도 우리가 편광판을 대어보는 등의 방법으로 알 수 없다는 것일 뿐, 원칙적으로는 광자가 특정한 방향으로든 편광되어 있다고 할 수 있을까? 즉, 광자의 편광은 실재하는지를 물을 수 있다.

**실재론자:** 내가 달을 한 번도 본 적이 없다면 달이 존재하지 않는단 말인가. 달은 우리와 상관 없이 존재한다. 측정을 해보지 않아도 광자가 한 방향으로 편광되었다. 지금까지 파동함수의 무너짐을 이용한 분해는 코펜하겐 해석을 이용한 것이다. 코펜하겐 해석을 사용하지 않으면 교환가능성은 중요하지 않다.

**코펜하겐 학파:** 어떤 것을 먼저 측정하는지에 대해 다른 값을

준다면, 애초에 광자의 편광은 실재하는 양이 아니다.

**실재론자:** 광자가 처음부터 ╱방향으로 편광되어 있었다면, [╱] 편광판을 대어보면 확실하게 광자가 통과하는 것을 알 수 있지 않은가.

**코펜하겐 학파:** 마찬가지 문제가 생긴다. 우리가 달을 보는 것은 달을 건드리는 것이 아니다. 그러나 양자역학의 측정은 상태를 망가뜨리는 것이다. [╱] 편광판을 통과했다고 해도, 측정하는 사람 입장에서는 다음 둘을 구별할 수 없다. 이 광자가 원래 ╱편광이었는지, 아니면 원래 다른 편광 상태였는데 운 좋게도 이번에 [╱] 편광판을 통과했는지.

**앙상블 해석:** 파동함수로 나타내는 편광은 광자 하나에 대한 정보가 아니다. 여러 광자들로 측정했을 때 나오는 기댓값이다.

# 5부

# 얽힘, 그리고 실재에 대한 도전

# 26
# 얽힘

이 상호작용을 통해
두 표현형(또는 프사이 함수들)들은 얽혔다[entangled].

- 에르빈 슈뢰딩거 (1935)[71]


이제 이 책 후반부의 가장 중요한 주제인 얽힘[entanglement]을 알아볼 차례가 되었다. 얽힘은 두 개의 입자를 따로 다룰 수 없는 양자역학의 고유한 상태이다. 곧 보겠지만, 얽혀 있는 두 입자는 아무리 멀리 떨어져 있어도 하나만 건드리면 다른 것에 양자 영향을 미치는 것처럼 보인다. 이 '원격 작용'은 고전적으로는 금지되어 사람들에게 큰 고민을 가져다 주었다. 그래도 이 성질이 정말 존재한다면 한 입자를 건드려 다른 입자를 신기하게 조작할 수 있을 것이다. 역설적으로 21세기 양자역학은 이 얽힘을 이해하는 과정을 통하여 발전하게 되었다.

## 한꺼번에 나온 광자 한 쌍의 밀접한 관계

언제나 광자 두 개를 한꺼번에 쏘아주는 장치가 있다(그림 110).[72] 이 장치 안의 어떤 원자 하나에서 광자 두 개가 한꺼번에 나와 양쪽으로 이동한다. 이는 그냥 손전등을 반대 방향을 향하도록 맞붙여 놓은 것과는 다르다. 이 광자 한 쌍이 얽힘이라는 특별한 성질을 가지게 된다.

두 광자는 운동량을 보존하면서 서로 반대 방향으로 날아갈 것이다. 총을 쏘면 언제나 총알 반대방향으로 반동이 생기는 것과 같은 현상이다. 광자 하나가 왼쪽으로 날아간다면, 다른 하나는 오른쪽으로 날아가게 된다.[73] 광자의 이러한 성질은, 스크린을 놓아 점이 찍히는 것으로 관찰할 수 있다.

마찬가지로 회전에 대해서도 반동이 있다.* 따라서 왼쪽 광자의 편광 상태가 오른쪽 광자의 편광 상태와 어떤 상관관계를 갖는다.

이를 알아보기 위하여 각 스크린 앞에 편광판을 놓자. 왼쪽과 오른쪽에 모두 [│] 편광판을 놓았다고 하자. 그리고 광자한 쌍을 발사하고 검출한다.

실험을 반복해보면 다음 결과를 얻는다.

---

\* 이 현상을 두 광자의 총 각운동량이 보존된다는 것으로 이해할 수 있다. 사실 우리가 고려하는 이 상태는 총 각운동량이 0은 아니고, 총 각운동량이 $2\hbar$인 상태의 각운동량 0인 성분이다.

그림 110　두 광자를 동시에 쏘는 기계가 있다. 양쪽에 스크린을 대어보면 빛을 관찰할 수 있다. 이 사이에 편광판을 대어 보면 편광을 알 수 있다. 스크린에 닿는 빛의 밝기가 어두워지기 때문이다.

그림 111　양쪽에 편광판을 같은 방향으로 놓고 광자를 검출하자. 양쪽 모두에 검출될 확률이 반, 모두 검출 안 될 확률이 반이다.

- 양쪽 스크린에 모두 광자가 검출될 확률 1/2,
- 왼쪽에서만 광자가 검출될 (그리고 오른쪽에서는 광자가 검출되지 않을) 확률 0,
- 오른쪽에서만 광자가 검출될 확률 0,
- 양쪽 모두 광자가 검출되지 않을 확률도 1/2.[74]

무언가 이상한 점을 발견하였는지?

---

\*　양쪽 모두 검출되지 않았으므로, 이 경우가 따로 존재하는지는 알 수 없다. 다만 만약 광자쌍이 생겼다는 것을 다른 방법으로 알고 있다면 모두 검출되지 않을 확률을 따질 수 있다. 그렇지 않으면 모든 경우의 수가 일어날 확률이 1이라는 것을 이용하여, 생각하지 않은 경우가 있다는 것을 알 수도 있다.

## 두 편광판이 수직인 경우

다음으로 왼쪽에는 [ | ] 편광판을, 오른쪽에는 [ — ] 편광판을 놓고, 똑같은 실험을 해본다. 실험 결과는 다음과 같다.

**그림 112** 양쪽에 편광판이 수직이 되도록 놓고 광자쌍을 검출하자. 각각 한 쪽에서만 검출될 확률이 반씩이다.

- 광자 쌍이 양쪽에서 동시에 검출될 확률이 0,
- 왼쪽에서만 광자가 검출될 확률 1/2,
- 오른쪽에서만 광자가 검출될 확률 1/2
- 광자 쌍이 양쪽에서 동시에 검출되지 않을 확률이 0 (앞서와 같은 가정을 통해)

이 결과는 방금 보았던, 평행한 편광판의 실험 결과와 부합한다고 할 수 있을까.

## 광자쌍의 편광은 무슨 방향이었을까?

장치에서 나온 한 쌍의 광자에 대해, 양쪽 편광판을 나란하게 놓고도 측정해보고 수직하게 놓고도 측정해보았다.[75] 이 두 실험은 서로 일관된 결과를 보여준다.

1. 광자쌍이 양쪽 편광판을 다 통과하는 경우가 반이다. 이때 두 광자의 편광이 평행하다.
2. 광자쌍이 양쪽 편광판을 다 통과하지 못하는 경우가 반이다. 이 때도 두 광자의 편광이 평행하다.

그러나 조심해야 한다.

**빠른이:** 측정 결과를 설명할 방법을 알아냈다. 광자쌍이 통과하든 통과하지 못하든 둘의 편광이 평행이면 된다. 광자쌍이 늘 통과하지는 않으므로 이렇게 생각할 수 있다. 장치에서 만들어진 수많은 광자쌍 가운데, 반쯤은 원래부터 $|\uparrow\rangle_1$ 와 $|\uparrow\rangle_2$ 상태였고 다른 반쯤은 $|\rightarrow\rangle_1$ 와 $|\rightarrow\rangle_2$ 상태였을 것이다. 여기에서 왼쪽으로 간 광자에는 1번, 오른쪽에 간 광자에는 2번 번호를 붙였다. 둘을 한꺼번에 다룰 필요가 있으므로 앞으로는 두 파동함수를 나란히 쓰겠다.

광자쌍 발생 장치를 천천히 작동시켜보면, 한 번에 $|\uparrow\rangle_1$, $|\uparrow\rangle_2$ 한 쌍이 나오거나, $|\rightarrow\rangle_1$, $|\rightarrow\rangle_2$ 한 쌍이 나오게 될 것이다. 만약

광자쌍이 생기는 과정을 지켜볼 수 있다면 이를 확인할 수 있으리라 희망한다.

확실히 이 제안은 지금까지의 실험 결과를 잘 설명한다. 두 편광판이 평행한 경우의 네 결과와 두 편광판의 축이 수직한 경우의 네 결과에 모두 부합한다. 다만 이 제안이 미심쩍은 것은, 이 기계에서 특정한 방향의 광자만 만들어낸다는 가정이다.

**신중이:** 왜 하필이면 여러 방향 가운데 ↑방향이나 →방향의 편광만 만들어냈을까? 다른 가능한 방향도 많은데. 왼쪽 광자가 45도 돌아간 ╱방향일 수도 있을 것이다.
장치가 선호하는 편광 방향은 없어야 한다. 우리가 왼쪽에 [│] 편광판을 놓은 것이지 기계에서 이에 맞추어 ↑방향의 광자를 만들지는 않았을 것이다. 사실은 여러 가지 편광이 많이 만들어지는데 [│] 편광판을 가지고는 그 방향 밖에 못 보는 것이다.
만약 왼쪽으로 간 광자의 편광 상태가 ╱였다면, 앞서 보았던 편행사변형법으로 벡터를 →성분과 ↑성분으로 분해할 수 있다. 이들 가운데 ↑를 관측할 확률이 반이다.

## 얽힌 상태
신중이의 말처럼 아직까지는 편광판을 너무 특정한 방향으로만 놓아서 측정했다. 다른 방향으로 편광판을 놓아보자. 예를 들어 양쪽에 두 편광판이 서로 평행이되도록 유지하되 모두 45도로 돌려, 그림 113처럼 되도록 해본다.

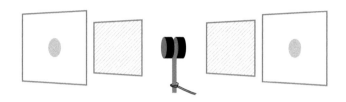

그림 113　기계에서 나온 광자쌍이 얽혀 있다면, 왼쪽 편광판을 45도 돌려 비스듬하게 만들고, 오른쪽 편광판을 이에 평행하게 재배치해도 같은 결과를 준다. 두 편광판이 평행이기만 하다면 어떤 방향으로 돌려놓더라도 똑같은 결과를 얻는다. 이런 광자쌍을 얽힌 상태라고 한다.

실험 결과는, 어떤 방향이라도 두 편광판의 축이 평행하기면 하다면 앞서와 같은 결과를 얻는다. 즉,

어떤 방향이라도 평행하게 놓은 두 편광판을
두 광자 모두 통과할 확률이 1/2, 하나도 통과 못할 확률이 1/2

이다. 이처럼 두 광자가 함께 행동하는 상태를 얽힌 상태 entangled state 라고 한다. 여기에서는 특별히 광자쌍의 편광이 나란한 상태를 예로 들었지만, 다른 방식으로 함께 행동하는 상태도 있다. 가령 광자쌍 편광이 수직인 얽힌 상태도 있다. 여러

다른 얽힌 상태에 대해서는 29장에서 알아본다.

앞의 빠른이는 광자쌍이 두 편광판을 통과하기 전 상태에 대하여 예측하였다. 그러나 이 예측이 틀렸을 수도 있다. 그중 중요한 이유로, 양자역학의 중첩을 고려하지 않았다는 것이다.

겹실틈 실험에서 전자는 스크린에 점을 하나만 남겼음에도 불구하고 스크린에 닿기 전에 어디에 있었는지 알 수 없었다는 것을 기억하자. 간섭 무늬를 설명하려면 각 점에 점을 찍는 파동함수를 더해야 했다. 마찬가지로 여기에서도 전자들의 편광을 측정은 했지만, 편광판을 통과하기 전에 어떤 상태였는지 확실히 말할 수는 없다. 이를 29장에서 살펴볼 것이다.

# 27
# 아인슈타인, 포돌스키, 로젠의 제안

"그런데 그것이 실제로 일어났습니다"

– 이말년씨리즈, 《열공서당 봉투훈장님》

전자의 운동을 정확히 알 수 없는 이유는 위치와 운동량을 동시에 알 수 없기 때문이다. 25장의 표현을 빌리자면 위치와 운동량의 측정은 교환가능하지 않기 때문이다. 그 위치에 그 운동량이 있는데 우리가 측정하지 못하는 것일까? 아니면 위치와 운동량은 함께 존재하지 못하는 양일까?

아인슈타인[Albert Einstein], 포돌스키[Boris Podolsky], 로젠[Nathan Rosen][76] (앞으로 이름의 앞글자들을 따서 EPR이라고 부를 것이다)은 교환가능하지 않은 두 양을 측정할 기발한 방법을 제안한다. 바로 앞 장에서 살펴본 얽힘을 사용하는 것이다. 여기에서는 위치와 운동량 대신 교환가능하지 않은 양으로 광자의 편광을 살펴볼 것이다.

## 아인슈타인, 포돌스키, 로젠의 제안:
## 얽힌 상태를 만들어 한쪽만 측정하면 된다

앞 장에서 얽힌 두 광자를 살펴보았다. 얽힘의 중요한 성질은

1. 어떤 방향으로 편광판을 놓아도 광자가 통과할 확률이
   반이고
2. 한쪽 광자의 편광만 측정하면 다른쪽의 편광을 알 수 있다

는 것이다. 광자 하나에 대하여 편광을 측정했을 때, 다른 쪽의 편광이 평행하다는 것을, 편광판을 여러 방향으로 세워서 확인해보았다.

이는 사실상 편광을 두 번 측정할 기회이다. 광자 하나에서 편광을 얻고 다른 광자에서 교환가능하지 않은 다른 편광을 측정하면 되지 않을까? 이것이 바로, EPR이 제시한, 교환가능하지 않은 두 양을 측정하는 방법이다.

**아인슈타인, 포돌스키, 로젠:** 얽힌 두 상태를 만들어, 교환가능하지 않은 물리량(예를 들면 편광)을 각각 따로 측정하면 된다.

가령 앞 장에서 본, 광자 한 쌍의 얽힌 상태를 만들었다고 하자. 한쪽의 편광만 측정하면 다른쪽의 편광은 언제나 평행이다. 편광에 대해서라면, 똑같은 상태를 사실상 두 개 만든 것이라고 할 수 있다. 따라서 교환가능하지 않은 ↑ 편광과 ╱ 편광을 따로따로 측정할 수 있다.

더 나아가기 위하여 구체적인 예를 살펴본다.

## 상태를 바꾸지 않고 두 번 측정할 수 있다면 얼마나 좋을까

↑ 방향을 기준으로 22.5도 돌아간 편광을 가진 광자가 있다고 하자. 그림 114에 편광을 나타내는 벡터를 그렸다. 이 상태를 벡터의 분해를 통해

$$| \uparrow \rangle + | \nearrow \rangle$$

그림 114　↑ 방향을 기준으로 22.5 도 돌아간 벡터를 분해할 수 있다.

라고 쓸 수 있다. 이 광자가 어떻게 만들어졌는지 모르는 사람이 편광을 알아낼 수 있을까?

고전역학에서 벡터는 한번에 측정할 수도 있지만, 분해된 성분을 따로따로 측정한 뒤에 합하면 원래 벡터를 재구성할 수 있다. 동북쪽으로 가는 자동차의 속도는, 동쪽으로 가는 자동차의 속도 성분과 북쪽으로 가는 속도 성분을 더해서 재구성할 수 있기 때문이다.

고전역학에서는 측정을 해도 대상에 영향을 거의 미치지 않는다. 25장의 용어로, 모든 측정이 교환가능하다. 따라서 원하는 것을 알아낼 때까지 측정을 반복할 수 있다. 그러나 양자역학에서는 ↑편광과 ╱편광의 측정은 교환가능하지 않다. 순서를 바꾸어 측정하면 다른 결과를 얻을 뿐 아니라, 원래 광자에 대한 정보를 얻는 것이 아니다.

**코펜하겐 학파:** [ | | ] 편광판을 통과시키면 통과하는 경우가 있을 것이다. 파동함수가 | ↑ >로 무너질 확률이 있기 때문이다. 통과한 이후의 파동함수는 | ↑ >이라는 것을 안다.

**EPR:** 그 말은 [ | | ] 편광판을 통과한 광자가 ↑ 성분을 갖는다는 뜻이다. 그러나 파동함수가 | ↑ >로 무너진다는 데에는 동의하지 않는다. 마찬가지로 광자가 [ / ] 편광판을 통과한다면, ╱성분을 갖는다고 할 수 있다.

그러나 같은 상태를 두 개 만든다거나, 두 편광을 따로 측정할 수 있다는 것에는 두 가지 큰 가정이 있다.

## 실재성

EPR의 첫 번째 가정은 실재성이다.

**실재성**reality: 우리가 탐구하는 대상과 물리량은 관찰하든 관찰하지 않든 존재한다. 측정을 해서 알아낸 물리량은 측정을 하지 않아도 그 값을 가지고 있다.

광자의 편광이 실재한다면 우리가 보나 보지 않으나 존재한다. 즉 양쪽으로 날아간 광자의 편광이 각각 잘 정의되어 있다. 측정하지 않아도 그 편광을 가지고 있는 것이다.

코펜하겐 해석은 측정하기 전까지는 물리량이 의미가 없다고 본다. 실재성이 없거나, 적어도 우리가 알 수 있는 방법은 없다. 우리가 대상을 관측할 때마다 다른 것을 보게 된다는 것이다. 같은 측정을 반복하면 이런 일이 안 일어나지만, 교환가능하지 않은 두 물리량을 번갈아가며 측정하면 사실상 임의적인 측정 결과를 얻는다. 확률만 알 뿐이다.

## 국소성

한 쌍의 광자가 특별한 관계를 갖는 이유는 무엇일까? 아마도 광자쌍이 생겨날 때부터 평행한 편광으로 생겨나면, 멀리 떨어진 이후에는 서로 영향을 미치지 않아도 평행한 상태를 유지하리라고 짐작할 수 있다. 설마 두 광자가 멀리 떨어진 다음에도 서로 영향을 주고받지는 않을 것이다. 멀리 떨어져 있는 것들끼리는 순간적인 영향을 미칠 수 없어야 한다. 영향을 아예 미칠 수 없다는 뜻은 아니다. 현대인들은 손을 대지 않고도 텔레비전을 켤 수 있다. 리모컨의 전원 단추를 누르기만 하면 된다.

상대성이론을 통하여 알게 된 것은 어떤 신호도 빛보다 빨리 전파될 수 없다는 것이다.

**국소성**locality : 빛보다 빠르게 상호작용하지 못한다.

리모컨도 이에 맞도록 작동한다. 버튼을 누르면 리모컨에서 적외선에 신호를 담아 쏘게 되고 그것이 재빨리 텔레비전에 도달하여 안에 있는 감지기가 신호를 받는 것 뿐이다. 리모컨에서 나온 적외선이 텔레비전의 감지기에 도달하는 과정에서 어떤 원격 작용도 없고 직접 적외선이 부딪힌다. 적외선은 빛이므로 빛의 속력으로 신호가 전달된다.

**국소성(근대판)**: 모든 상호작용은 직접 접촉을 통해서만 이루어진다. 상호작용을 전달하는 매개체는 빛보다 빨리 이동할 수 없다.

적외선처럼 보이지 않는 무엇인가가 직접 접촉해야 하며 그것의 속도는 가장 빨라도 빛 속력이라고 해석하는 것이 적절하다.[77] 신호를 보내는 것도 결국 힘을 전달하는 것이며 상호작용의 특수한 경우이다.

따라서 두 광자를 빛보다 빠르게 신호가 전달되지 못하도록 멀리 떨어지게 만든 뒤 측정하면 된다. 즉, 한쪽의 측정이 다른 쪽에 영향을 미치지 못하는 동안 다른 쪽을 측정하면 된다.

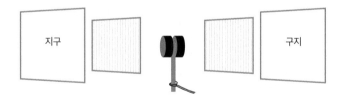

**그림 115** EPR 의 제안. 광자쌍의 편광이 서로 평행이라는 것을 알면 한 광자에 대하여 두 가지 정보를 얻을 수 있다. 여기에 필요한 전제는 실재성, 즉 광자 각각이 잘 정의된 편광을 가지고 있어야 한다는 것과, 국소성, 즉 충분히 멀리 떨어진 광자들끼리는 측정이 영향을 미치지 않아야 한다는 것이다.

## 두 광자의 편광을 확인하는 방법 제안

이제 EPR의 제안에 따라, 편광상태를 모르는 광자의 편광을 측정해보자.

**아인슈타인, 포돌스키, 로젠(1935), 봄(1951):** 얽힌 쌍이 만들어져 둘 가운데 하나가 지구에 도착했고, 다른 광자가 안드로메다 은하에 있는 어떤 행성 '구지'Guzy에 도착했다고 하자.

각운동량이 보존되므로 지구에서 편광에 대한 정보를 알았다면, 구지 쪽의 광자는 측정할 필요도 없이 이에 평행한 편광을 가지고 있다는 것을 알 수 있다.

1. 실재성을 가정하면, 광자쌍은 분명한 편광상태를 가진다. 예를 들어 지구로 간 광자가 $|어떤 편광\rangle_1$ 상태라면, 구지에 간 광자도 똑같이 $|어떤 편광\rangle_2$ 상태일 것이다. 이 둘은 근사적이지 않고 완전히 같은 편광 상태이다.

2. 국소성을 가정한다면, 충분히 멀리 떨어지면 두 광자가 서로 상호작용하지 않을 것이다. 즉, 지구에서 측정을 한다고 하더라도 그 결과가 빛보다 빠른 속도로 구지에 있는 광자에 영향을 미치지 않을 것이다.

3. 얽힌 상태의 광자 가운데, 지구에 도달한 광자에 [ | ] 편광판을 대어 편광을 측정한다. 가령 광자가 검출되었다면 이 광

자의 |어떤 편광〉 상태는 |↑〉 성분을 가진다고 할 수 있다.

4. 이제, 구지에 광자가 도착하자마자 [ / ] 편광판을 대고 편광을 재빨리 측정한다. 지구의 측정 결과가 영향을 미치지 않아야 하기 때문이다.

따라서 우리는 교환가능하지 않은 두 성분을 함께 측정했다.[78]

EPR은 코펜하겐 해석의 파동함수가 무너진다는 것을 받아들이지 않았다. 지구에 도착한 광자의 상태에 |→〉성분은 편광판이 원래 통과시키지 못한다 |↑〉성분이 있다는 것을 확인했을 뿐이다.

마찬가지로 얽힌 상태를 이용하면 위치와 운동량을 동시에 측정할 수 있을 것이라는 것이 EPR의 원래 제안이다. 불확정성 원리에서 동시에 정확하게 측정하는 것이 불가능하다고 한 것을 둘 다 측정한 것이다.[79] 아마도 EPR은 원래 위치와 운동량을 모두 알 수 있으므로 이것으로 되었다고 생각했을 것이다. 그러나 이들의 분포를 아는 것과 파동함수 자체를 재구성하는 것은 다르다. 이에 대한 재미있는 사실을 31장에서 볼 것이다.

## 측정하기 전의 상태에 대하여: 숨은 변수

앞의 예에서 지구로 간 광자가 [ | ] 편광판을 통과하고, 구지

로 간 광자는 [ / ] 편광판을 통과한 경우를 생각했다.

구지로 간 광자가 [ / ] 편광판을 통과했다면, 원래부터 편광이 이 방향이었을까? EPR은 실재성을 가정했으므로, 편광판을 통과하기 전에도 광자가 $|\nearrow>$ 상태였다고 주장한다. 확실히, 광자가 이 상태였다면 구지의 편광판을 반드시 통과할 것이다.

그러나 앞 장에서 본 것처럼, [ / ] 편광판을 통과했다고 해도, 이 광자가 원래 $\nearrow$ 편광이었는지, 아니면 원래 다른 편광 상태였는데 운 좋게도 이번에 [ / ] 편광판을 통과했는지를 알 수 없다. 예를 들어 $|\uparrow>$ 편광 상태는 $|\nwarrow> + |\nearrow>$ 로 분해되므로 [ / ] 편광판을 통과할 가능성이 있다. 반면에 코펜하겐 해석에 따르면, [ / ] 방향의 편광을 측정하기 전에는 편광이 실재하지 않는다.

일단은 EPR이 맞는지 틀리는지를 알 수 없다.

그렇다고 하더라도, EPR의 제안은 구별되는 점이 있다. 숨은 변수가 있다는 것이다.

**숨은 변수**hidden variable : 양자역학의 파동함수에 모든 정보가 들어 있는 것이 아니라 얽힌 상태를 결정하는 물리량이 따로 있다.

이 경우에는 우리가 알지 못하는 광자의 성질이 있는데, 이 때문에 중첩된 상태일지라도 각각이 되는 확률을 알 수 있다.

만약 교환가능하지 않은 두 물리량이 실재한다면, 광자 하나에 대하여 [ | ] 편광과 [ / ] 편광이 함께 존재한다. 우리가 측정을 못할 뿐이지, 편광 성분 두 개가 독립적으로 존재한다. 따라서 편광을 나타내는 숨은 변수가 하나 더 있다. 숨은 변수란 파동함수에는 드러나지 않지만 상태에 영향을 미치는 물리량이다. 얽힌 상태를 설명하는 숨은 변수에 대해서는 다음 장에서 생각해볼 것이다.

우리가 알고 있는 숨은 변수의 예가 있다. 바로 19장에서 다룬 길잡이파에서 전자의 위치이다. 코펜하겐 해석과 같은 파동함수를 쓰지만, 이 파동이 기술하는 길잡이파가 모든 정보를 주는 것이 아니다. 전자의 위치는 따로 존재하여 길잡이파의 영향을 받아 운동하는 것이다. 전자는 분명한 입자이고, 출발하면서 실틈의 어느 자리로 진입했는지를 정확히 알면, 전자가 스크린의 어떤 곳에 점을 찍을지를 분명하게 알 수 있다. 다만 초기조건이 너무 민감하므로 이를 현재 기술로는 측정할 수 없을 뿐이다. 이 경우, 전자가 전자총을 나갈 때의 위치 또는 실틈의 정확한 지나는 곳을 숨은 변수라고 할 수 있다.

# 28
# 벨 부등식

벨의 정리를 통하여 [중략] 논쟁은 더이상
철학적인 입장(실재론과 실증주의)이나
개인적인 취향 문제가 아니게 되었다.
이 질문은 실험을 통하여 해결할 수 있게 되었다.

– 알랭 아스페 (2002)[80]

　누구보다도 솔직하게 물리학을 공부하던 파인만은, 양자역
학을 이해하는 사람은 없을 것이라고 잘라 말했다. 아마도 사
람이 생각하는 방식이 양자역학을 직관적으로 그려보는데 적
합하지 않다는 뜻이리라. 그러나 양자역학이 어떻게 돌아가는
지를 눈으로 볼 수 있는 사람이 있었다. 바로 존 스튜어트 벨
John Stewart Bell 이다. 양자역학 체계가 완성된 후 진전의 큰 줄기
는 바로 EPR의 문제 제기와 여기에 대한 해결책을 일부 제시
한 벨의 부등식일 것이다. 이것을 이 장에서 살펴볼 것이다.

## 후식 부등식

여러 사람들이 모여 저녁식사를 한다. 후식으로 커피, 녹차를 마시거나 아이스크림을 먹을 수 있다고 하자. 세 메뉴에 대한 취향이 다양하여 그만큼 많은 조합이 나올 것이다. 그 결과는 다음 표에 요약되어 있다.

| 기호 | 뜻 | 수 |
|---|---|---|
| ([a] +, [b] +, [c] +) | 아이스크림 좋아, 커피 좋아, 녹차 좋아 | $N_1$ |
| ([a] +, [b] +, [c] -) | 아이스크림 좋아, 커피 좋아, 녹차 싫어 | $N_2$ |
| ([a] +, [b] -, [c] +) | 아이스크림 좋아, 커피 싫어, 녹차 좋아 | $N_3$ |
| ([a] +, [b] -, [c] -) | 아이스크림 좋아, 커피 싫어, 녹차 싫어 | $N_4$ |
| ([a] -, [b] +, [c] +) | 아이스크림 싫어, 커피 좋아, 녹차 좋아 | $N_5$ |
| ([a] -, [b] +, [c] -) | 아이스크림 싫어, 커피 좋아, 녹차 싫어 | $N_6$ |
| ([a] -, [b] -, [c] +) | 아이스크림 싫어, 커피 싫어, 녹차 좋아 | $N_7$ |
| ([a] -, [b] -, [c] -) | 아이스크림 싫어, 커피 싫어, 녹차 싫어 | $N_8$ |

여기에서 [a], [b], [c]는 각각 아이스크림, 커피, 녹차를 나타내는 기호이고, +는 좋아함, -는 싫어함을 나타낸다.

여기에서는 아이스크림을 좋아하고, 커피를 마시는 사람들의 수를 세겠다. 모든 인원수는 0 이거나 자연수이다. 따라서

$$0 \leq N_2 + N_7$$

이 성립한다. 양변에 $N_3 + N_4$를 더하면

$$N_3 + N_4 \leq N_2 + N_4 + N_3 + N_7$$

이다. 그냥 양수들을 더한 것이므로 부등식은 여전히 성립한다. 이를 해석하면 부등식 왼쪽의 $N_3 + N_4$ 은 녹차를 좋아하는 여부와 상관 없이 아이스크림을 좋아하고 커피를 싫어하는 사람 수가ㅊ될 것이다. 마찬가지로 오른쪽의 $N_2 + N_4$ 는 커피를 좋아하는 것과 상관 없이 아이스크림을 좋아하고, 녹차를 싫어하는 사람 수이다. 마지막으로 오른쪽의 $N_3 + N_7$은 아이스크림과 상관 없이 커피를 싫어하고 녹차를 좋아하는 사람들 수를 센다. 이 부등식은 너무 당연해서 성립하지 않을 수가 없다. 그러나 후식을 좋아하는 성질이 아닌 양자 성질에 대해서는 이 부등식이 성립하지 않는 경우가 있다.


## 벨 부등식

EPR은 실재성과 국소성을 가정하고, 교환가능하지 않은 두 물리량을 한꺼번에 측정하는 방법을 제안하였다. 교환가능하지 않은 양으로 [ | | ] 방향과 [ / ] 방향의 편광이 있다. 편광상태가 똑같은 광자를 두 개 만든 뒤에, 이들이 상호작용하지 못하도록 충분히 멀리 떨어뜨린다. 그 다음 각각의 편광을 따로

따로 측정하는 것이다.

앞 장의 마지막에서 이 방법의 문제를 지적했다. 편광을 측정하여 알아냈다고 하더라도, 그 값을 광자가 원래부터 가지고 있는지, 아니면 측정하기 전에는 의미가 없는 양이었는데 우연히 나왔는지를 알 수 없다.

그러나, 측정 여부와 상관 없이 각각의 편광이 실재한다면, 후식 부등식과 똑같은 부등식을 만족시켜야 한다. 이는 원래 벨이 제안했던 부등식을 조금 쉽게 변형한 것이다. 세 가지 후식 대신 세 방향의 광자 편광을 가지고 부등식을 만들어보자.

**벨(1964), 위그너(1970), 데스파냐(1979):** EPR을 받아들여 광자의 편광이 국소성을 가지며 실재한다고 가정하자. 앞서 살펴본 얽힌 상태를 만들어 지구와 구지로 보낸다. 광자의 편광이 실재한다면, 측정을 안 해도 지구 광자와 구지 광자의 편광이 따로 존재한다.[81]

앞서 살펴본 얽힌 상태를 만들어 지구와 구지로 보낸다. 지구와 구지에서, [*a*]방향, 또는 [*b*]방향, [*c*]방향의 편광을 측정할 예정이다. 각 방향으로 놓인 편광판을 통과하면 +, 통과하지 못하면 -라고 하겠다. 가령 | ↑ ↗ 상태는 [ | | 편광판을 통과하고 [─] 편광판을 통과하지 못하므로 [ | | +, [─]- 성질을 갖는다.

편광 방향을 하나 더 선택해서 모든 경우의 수를 생각하면 앞의 표와 같은 결과를 얻을 수 있다.

실제로는 앞 장에서 본 것과 같은 얽힌 상태를 만들어 두 번만 측정한다. 지구에서 [a]방향, 구지에서 [b]방향만 측정한다.

1.    지구에서 측정한 것이 [a] +, 구지에서 측정한 것이 [b] - 인 경우의 수는 $N_3 + N_4$ 이다.

2.    지구에서 측정한 것이 [a] +, 구지에서 측정한 것이 [c] - 인 경우의 수는 $N_2 + N_4$ 이다.

3.    지구에서 측정한 것이 [c] +, 구지에서 측정한 것이 [b] - 인 경우의 수는 $N_3 + N_7$ 이다.

후식 부등식과 마찬가지로 $N_3 + N_4 \leq N_2 + N_4 + N_3 + N_7$ 를 얻을 수 있다. 이를 전체 경우의 수로 나누면 확률을 비교하는 것이다.

(지구에서 [a] 방향 편광 검출 +, 구지에서 [b] 방향 편광 불검출 -일 확률) ≤ (지구에서 [a] 방향 편광 검출 +, 구지에서 [c] 방향 편광 불검출 -일 확률) + (지구에서 [c] 방향 편광 검출 +, 구지에서 [b] 방향 편광 불검출 -일 확률)

이다. 그러면

양자역학의 확률이 언제나 이 부등식을 만족하지는 않는다.

상식적으로는 당연한 부등식을, 양자역학은 일반적으로 만족하지 않는다.

광자쌍은 처음에 같은 편광을 가지고 양쪽으로 날아간다.

너무 단순하게 서로 평행하거나 수직인 편광판으로 측정하면 뻔한 결과가 나오므로, 편광판을 비스듬하게 해서 이를 통과할 확률을 계산한다. 이들이 지구 편광축이 [a]인 편광판, 구지 [b] 편광판에 동시에 검출될 확률은 말루스의 법칙(22장)으로 $\cos^2 \theta_{ab}$ 가 된다. 여기에서 $\theta_{ab}$는 [a]와 [b]의 편광축이 이루는 사잇각이다. 예를 들면 지구에 [ | ] 편광판, 구지에 [—] 편광판을 설치했다고 해보자. 두 편광판의 사잇각은 90°여서 둘 다 검출될 확률은 $\cos^2 90° = 0$ 이다. 양쪽의 편광이 같아야 한다는 결과와 일치한다.

우리 실험에서는 한 쪽에서는 광자가 검출되고 다른 쪽에서는 광자가 검출되지 않을 경우를 생각했다. 말루스의 법칙에 따라 [a], [b] 두 편광축 중 하나에만 광자가 검출될 확률은 $\cos^2 (\theta_{ab}+90°) = \sin^2 \theta_{ab}$이다. 함께 검출될 확률을 말루스의 법칙으로 구했으므로, 편광축의 각도 $\theta_{ab}$에 90°를 더하면 둘 중 하나만 검출될 확률이 된다. 가령, 왼쪽 [ | ]에 통과하여 + 결과를 얻었고 오른쪽에서 [—]에 통과하지 못하여 θ 결과를 얻었다면, 이들을 한꺼번에 검출할 확률은 $\cos^2 (90°+90°) = \sin^2 90° = 1$이다. 양쪽의 편광이 같아야 한다는 결과와 일치한다.

이 확률을 앞의 부등식에 대입하면

$$\sin^2 \theta_{ab} \leq \sin^2 \theta_{ac} + \sin^2 \theta_{cb}$$

이다. 이제 [a]와 [b]의 각도를 45도, [a]와 [c]의 각도를 22.5도, [c]와 [b]의 각도도 22.5도로 놓으면

$$0.5 \leq 0.15 + 0.15 = 0.3$$

가 되어 부등식이 성립하지 않는다!

벨 부등식은 중첩된 광자들이 워낙 밀접한 관계를 가지고 있어서, 광자를 하나씩 따로 생각한 것의 합으로 설명할 수 없는 요소가 있음을 보여준다.

여기에서 숨은 변수는 [c] 방향의 편광이다. 직접 실험을 할 때는 측정하지 않지만, 만약 각각의 편광이 실재한다면, [a] 편광과 [c]편광은 관계를 맺으므로, 상대적인 확률 $\sin^2 \theta_{ac}$ 을 준다.

벨 부등식은 실제 실험을 어떻게 해야 하는지도 알려준다. 입자 한 쌍으로 얽힌 상태를 만든 뒤 충분히 멀리 떨어지도록 해서 둘 사이의 편광을 측정하면 된다.


### 실험

국소성을 검증하기 위해서는 빛보다 빨리 신호가 전달되지 못하도록 얽힌 광자쌍을 충분히 멀리 떨어뜨려야 한다. 그래서 안드로메다에 있을지도 모르는 가상의 행성 구지를 생각

그림 116  델프트 공과대학의 얽힌 광자쌍 실험 장치. C에 있는 장치에서 광자쌍이 발생하여 각각 A, B에 있는 검출기에서 광자의 편광을 측정한다. 이 두 사이의 거리는 충분히 멀리 (1,280m) 떨어져서 한 곳의 측정이 곧바로 다른 곳에 전파되지 않을 것이다. B. Hensen et al. (2015) 에서 가져옴.

했다. 사실은 그렇게 멀리 떨어질 필요가 없다. 빛이 전달되는 시간에 비하여 빨리 작동하는 측정 장비만 있으면 멀리 떨어져 있지 않아도 실험을 할 수 있다. 2015년 네덜란드의 델프트 공과대학에서 이루어진 실험에서는 1.3km 가까이 떨어져 있는 두 실험 장치에 광자를 쏜 뒤 편광을 재빨리 측정하였다. 그림 116을 보면 C라고 표시된 실험실에서 만들어진 광자쌍을 A와 B의 검출기에 보낸다. 그리고 이들 신호를 비교하는 것이다.

실재론에 대한 부분은 얽힌 쌍의 성질에 대한 것이다. 광자쌍이 생길 때 두 편광은 서로 평행이었다. 그러나 이전 장의 얽힌 파동함수(벨 상태)를 보면, 광자쌍의 편광은 처음에는 결정되어 있지 않았다. 코펜하겐 해석에 따르면 측정 당시 결정되는 것이다.

즉, 광자를 멀리 떨어뜨려 실험을 할 때, 한 쪽을 측정하고 나서 다른 쪽 편광판이 평행이라면 광자쌍의 편광이 원래부터 평행이었는지, 원래부터 편광이 없었는지를 구별할 수 없다. 원래부터 광자 두 개의 편광이 평행이었다면 측정 여부와 상관 없이 평행한 편광판을 통과할 수 있기 때문이다. 이를 확인하기 위해서는, 지구의 편광을 측정한 뒤, 구지에서 지구 몰래 측정 직전에 편광 방향을 재빨리 바꾸어 원래 생겼던 방향과 다르게 측정한다. 나중에 이 결과가 일치하는지를 확인할 수 있다.

실험 결과는[82]

한 쪽에서 광자의 편광을 측정하면, 반대쪽 광자의 편광은 언제나 이와 평행이다. 아무리 멀리 떨어져도, 한 쪽의 측정이 다른 쪽에 영향을 주지 못하더라도 평행이다.

EPR 의 제안과는 달리 양자역학과 결과가 부합한다. 어디에 문제가 있을까?

벨(1975): 숨은 변수 이론이 국소적이라면 양자역학과 어긋나며, 양자역학과 부합하려면 국소적이지 않아야 한다.

EPR에는 실재론과 국소성이라는 두 가정이 있었다. 두 성질 가운데 적어도 하나가 문제가 있다는 것을 보인다. 다음 장에서 이 상황을 자세히 생각해본다.

# 29
# 양자역학의 성공

전체 각운동량은 파동의 상대적인 관계가 만든다.

*- 데이빗 봄, 《양자론》 (1951)*

두 광자가 얽힌 상태를 26장에서 보았다. 양쪽으로 날아가는 광자의 편광이 특별한 관계를 가지고 있었다. 양쪽에 편광판을 놓아본 결과, 두 광자의 편광은 언제나 평행했으며, 어떤 방향으로 편광축을 놓아도 통과할 확률이 반이었다.

두 광자의 편광이 서로 나란하다는 것은 쉽게 이해할 수 있다. 그러나 양쪽에 놓인 편광판을 둘 다 통과하거나, 둘 다 통과하지 못하거나 확률이 반반이었다. 편광판을 어느 방향으로 돌려놓아도 확률은 변하지 않는다. 이 장에서는 이러한 결과가 나오는 이유를 생각해볼 것이다. 얽힘은 양자 효과인 파동의 중첩 때문에 생긴다. 그래서 말로 쉽게 표현하 수 없고,

예상하지 못했던 결과를 준다. 이를 명쾌하게 나타내주는 것은 파동함수이다. 파동함수를 사용하여 얽힘의 문제를 정리해보겠다.

### 첫 번째 가능성: 고전적으로 섞인 상태

앞 장의 실험을 다시 생각해보자. 얽힌 한 쌍의 광자의 편광을 알아내기 위하여 지구와 구지(안드로메다의 한 행성)에서 각각 [ | | ] 편광판을 놓고 측정했다. 결과는 두 가지 밖에 없는데, 지구와 구지로 간 광자 모두 [ | | ] 편광판을 통과하는 경우가 반, 두 광자가 모두 [ | | ] 편광판을 통과하지 못하는 경우가 반이었다. 이에 대하여 다음 가능성을 생각해볼 수 있다.

**첫 번째 가능성:** 장치에서 광자 쌍들을 만들되, 이들 광자 가운데 반은 원래부터 $|\uparrow\rangle_1 |\uparrow\rangle_2$ 상태였고 다른 반은 원래부터 $|\rightarrow\rangle_1 |\rightarrow\rangle_2$ 상태였다.

이는 양자역학의 상태이기는 하지만 고전적인 확률을 가정한 생각이다. 반반의 확률로 각 상태가 생기지만 이것은 우리가 광자쌍이 만들어지는 과정을 몰라서 그런 것이다. 그와 상관 없이 처음에 생긴 상태는 분명히 $|\uparrow\rangle_1 |\uparrow\rangle_2$ 상태이거나 분명히 $|\rightarrow\rangle_1 |\rightarrow\rangle_2$인 상태이다. 만약 광자쌍이 생기는 과정을 하나 하

나 따라가볼 수 있다면 100%의 확률로 어떤 상태가 생길지 알
수 있으리라 희망한다.

이는 우리가 흔히 이야기하는 확률과 같다. 주머니에 검은
돌과 흰 돌을 넣었다면 이 속성은 실재하며 변하지 않는다. 둘
중 하나를 꺼내어 그 공이 흰 돌이라는 것을 확인한다면 그 돌
은 우리가 건드리기 전부터 흰 돌이었다. 우리가 주머니 속을
안 보아서 그렇지 원래부터 흰 돌에 손이 닿아 쥔 것이며, 원
래 색이 없는데 꺼내는 순간 색깔이 결정되는 것은 아니다.

## 두 번째 가능성: 양자 얽힌 상태

다른 가능성도 있다. 겹실틈 실험에서 알게 된 것은 상태가
중첩될 수 있다는 것이다. 전자 하나의 파동함수를 두개 더한
것처럼, 일반적인 상태도 더할 수 있다.

**두 번째 가능성:** 장치에서 언제나 파동함수가
$| \uparrow \rangle_1 | \uparrow \rangle_2 + | \rightarrow \rangle_1 | \rightarrow \rangle_2$인 광자쌍을 만든다.

다시 말해, 양쪽 다 $\uparrow$ 편광인 상태와, 양쪽 다 $\rightarrow$편광인 상

태가 중첩되어있는 상태이다.* 이렇게 해도 편광판 실험을 해보면 똑같은 결과를 준다. 한쪽에서 [ | ] 편광판으로 측정하면 $|\uparrow\rangle_1 |\uparrow\rangle_2$가 될 확률이 반, $|\rightarrow\rangle_1 |\rightarrow\rangle_2$가 될 확률도 반이기 때문이다.

여기에서 얽힌 상태<sup>entangled state</sup>의 엄밀한 정의를 할 수 있다. 어떤 기준으로 이 상태를 기술하더라도, 두 상태의 곱으로 나타낼 수 없는 상태이다.** 가령 $(|\nearrow\rangle_1 - |\nwarrow\rangle_1)(|\nearrow\rangle_2 + |\nwarrow\rangle_2)$는 복잡해 보이지만 그 자체로 얽힌 상태는 아니다. 벡터의 합을 이용하면 동일한 상태를 $|\rightarrow\rangle_1 |\uparrow\rangle_2$로 쓸 수 있기 때문이다. 우리가 앞서 보았던 슈뢰딩거의 고양이 상태도 일일이 나누어 쓰면 얽힌 상태이다.

|한 시간 뒤의 상태⟩ = |붕괴한 원자⟩ |살아있는 고양이⟩ +|안 붕괴한 원자⟩ |죽은 고양이⟩

중간 과정에 등장하는 방사능 측정기나 독약을 깨뜨리는 장

---

\* 양자역학을 배우게 되면 이 둘 사이의 부호가 어떻게 주어져야 하는지를 알 수 있다. 전체 각운동량이 0으로 보존된다면 이 둘은 빼기로 연결된다. 더하기로 연결된다면 각운동량이 더해진다.

\*\* 따라서 얽힌 상태를 나타내는 식 $|\uparrow\rangle_1 |\uparrow\rangle_2 + |\rightarrow\rangle_1 |\rightarrow\rangle_2$ 속의 상대적인 부호가 +가 아니라 -이어도 중첩은 풀어지지 않으므로 $|\rightarrow\rangle_1 |\uparrow\rangle_2 - |\uparrow\rangle_1 |\rightarrow\rangle_2$ 또한 얽힌 상태이다.

치에 대한 상태는 생략했다. 이들도 똑같이 붙여 쓸 수 있으므로 상태가 세 개 이상 얽힐 수도 있다. 편의상 광자의 편광이 위와 같이 얽힌 상태를 벨$^{Bell}$ 상태 또는 EPR 상태라고 부르고, 슈뢰딩거의 고양이가 얽힌 상태를 고양이 상태라고 부른다.

## 코펜하겐 해석

두 번째 가능성을 따져보기 위하여 코펜하겐 해석(6장, 16장)을 적용해보자. 두 벡터가 더해진 것은 상태의 중첩으로 이해하고, 측정을 하는 순간 측정장치에 해당하는 상태로 무너진다는 것이다.

가령 지구에는 [ | | ] 방향의 편광판을 놓는다고 하자. 스크린에 이 편광판을 통과하는 광자 하나가 점을 찍었다. 측정이 일어난 것이다. 코펜하겐 해석에 따르면 이 순간 광자의 파동함수가 $|\uparrow>_1 |\uparrow>_2$으로 무너진다. 왜냐하면 지구의 편광판이 [ | | ] 방향으로 맞추어져 있으므로, 이를 통과한 것은 $|\uparrow>_1$ 것이다.

이때, 무너진 상태 $|\uparrow>_1 |\uparrow>_2$는 지구 뿐 아니라 구지로 간 광자도 $|\uparrow>_2$ 편광상태로 무너졌다는 것을 나타내는 데에 주의하자. 그 붕괴 확률은 원래 파동함수의 계수의 절댓값 제곱에 비례하므로 확률이 1/2이다.

광자쌍이 만들어진 것이 사실인데도, 지구쪽 스크린에 광자

가 점을 남기지 못했다면 구지쪽 스크린에도 광자가 점을 남기지 못한다. 이 때는 파동함수가 $|\rightarrow\rangle_1$ $|\rightarrow\rangle_2$로 무너진 것이고, 지구의 [ | ] 편광판에 흡수되면서 측정이 일어난 것이다. 이 경우의 확률도 1/2이다. 그러나 이 경우, 정말 측정이 일어났는지 광자쌍이 만들어지지 않았는지 확신할 수는 없다.

## 편광판을 돌려보면

같은 종류의 얽힌 광자쌍에 대하여, 편광판을 비스듬하게 돌려서 똑같은 실험을 할 수 있다(그림 113). 그 결과, 어떤 방향이라도 두 편광판이 평행이라면 똑같은 결과를 얻었다. 왼쪽과 오른쪽에서 모두 검출되거나, 아무데서도 검출되지 않거나였다. 이것이 바로 얽힌 상태의 가장 대표적인 성질이다.

앞서 만들었던 두 가지 경우 가운데 어떤 것이 더 실험과 부합하는지 알아보자.

편광 상태는 벡터(화살표)로 나타낼 수 있고, 다른 두 상태의 합으로 나타낼 수 있다고 하였다. 예를 들면 $|\rightarrow\rangle_1$ 상태는 $|\nearrow\rangle_1 + |\searrow\rangle_1$ 또는 $|\nearrow\rangle_1 - |\searrow\rangle_1$ 등으로 분해할 수 있다.

첫 번째 가능성인, 고전적으로 섞인 상태에 대해서 생각해보자.

$|\uparrow\rangle_1 |\uparrow\rangle_2$

$= (|\nearrow\rangle_1 + |\searrow\rangle_1) (|\nearrow\rangle_2 + |\searrow\rangle_2)$

$$= |\nearrow\rangle_1 |\nearrow\rangle_2 + |\nearrow\rangle_1 |\nwarrow\rangle_2 + |\nwarrow\rangle_1 |\nearrow\rangle_2 + |\nwarrow\rangle_1 |\nwarrow\rangle_2$$

이므로, 지구와 구지에서 각각 $|\nearrow|$ 편광판으로 측정을 하면

- 둘 다 검출되는 경우는 첫 번째 항, 확률은 1/4
- 둘 다 검출되지 않는 경우는 네 번째 항, 확률은 1/4
- 지구만 검출되고 구지는 검출되지 않을 경우는
  두 번째 항, 확률은 1/4
- 구지만 검출되고 지구는 검출되지 않을 경우는
  세 번째 항, 확률은 1/4

이어야 한다. 이는 앞 장의 관찰 결과와 부합하지 않는다. 어떤 편광 방향으로도 편광판을 나란히 놓기만 하면, 양 쪽 다 검출 되거나 검출되지 않거나였다.

두 번째 가능성인, 벨 상태 경우에는

$$|\uparrow\rangle_1 |\uparrow\rangle_2 + |\rightarrow\rangle_1 |\rightarrow\rangle_2$$
$$= (|\nearrow\rangle_1 + |\nwarrow\rangle_1)(|\nearrow\rangle_2 + |\nwarrow\rangle_2) + (|\nearrow\rangle_1 - |\nwarrow\rangle_1)(|\nearrow\rangle_2 - |\nwarrow\rangle_2)$$
$$= |\nearrow\rangle_1 |\nearrow\rangle_2 + |\nwarrow\rangle_1 |\nwarrow\rangle_2$$

이 되었다. [*84]

맨 아랫줄의 새 식을 살펴보자. 지구(1번)과 구지(2번)의 편광은 여전히 평행을 이루고 있지만 좌우-상하가 아니라 대각선으로 돌아가 있다. 즉

지구와 구지 모두 ↗ 편광이거나, 지구와 구지 모두 ↘ 편광

이 벨 상태는 방향이 바뀌어도 모양은 그대로이다! 어떤 편광축에 나란한 두 상태와 수직한 두 상태가 중첩되어 있다.

이를 일반화하면, 광자의 방향을 어떤 방향으로 분해해도 각각의 편광이 평행이 되도록 수식이 똑같은 모양을 유지한다는 것을 보일 수 있다. 특정한 방향을 빌어 썼지만 이 상태는 아무런 방향성도 가지지 않는 상태인 것이다. 양자역학에서만 가능한 상태이다. [**]

코펜하겐 해석이 얽힘의 실험 결과를 가장 간단히 설명하

----

* 괄호가 많이 등장해서 알아보기 쉽지 않지만, 기본적으로는 $(a+b)(c+d)+(a-b)(c-d) = 2ac+2bd$ 와 같은 식이다.

** 많은 책에서 광자의 편광 대신 스핀 1/2 입자의 얽힌 상태를 사용한다. 전체 각운동량은 다르지만, 이 책에의 논의는 완전히 같다. 이들을 서로 변환하기 위해서는 한 축을 기준으로 스핀 $\hbar/2$ 인 상태를 이러한 상태를 $|\uparrow\rangle$ 로 표시하고 스핀 $-\hbar/2$ 인 상태를 $|\downarrow\rangle$로 표시하여 $|\uparrow\rangle\,|\downarrow\rangle - |\downarrow\rangle\,|\uparrow\rangle$ 스핀 0 또는 스칼라 상태라고 한다. 돌려놓고 보아도 모양이 같다는 뜻이다. 이 식이 이런 꼴을 가지기 위해서는 두 상태가 빼기로 연결되었다는 것이 중요하다. 만약 더하기로 이루어졌다면 다른 방향의 편광으로 나타냈을 때 모양이 달라진다.

는 듯 하다. 그러나 몇 가지 개념적인 문제가 있다. 다음 장에서 살펴볼 것이다.

**질문:** 두 파동함수가 같다는 것을 어떻게 아나?

**답변:** 파동함수가 우리가 아는 모든 정보를 담는다면, 위치와 편광이 우리가 가진 모든 정보이다. 다른 말로 숨겨진 변수가 없다고 가정한다.

# 30
# 실재에 대한 도전

크레모나 박사: "전혀 없습니다. 물리법칙에 따르면 불가능합니다.
무엇보다도 빛의 속력보다 빨리 전달할 수 없습니다." [중략]
크레모나 여사: "그냥 하고 싶은 말을 다 해.
그러다 보면 저쪽에서 궁금한 것도 이 쪽에서 미리미리
다 대답해 놓았을 것이야."

*- 아이작 아시모프, 《내 아들은 물리학자》 (1962)*

마지막으로 양자역학의 해석에 대해서 생각해본다. 실재성과 국소성을 가정했는데, 벨 부등식에 바탕을 둔 실제 실험은 이 둘이 충돌한다는 것을 보였다. 따라서 이 두 가정 가운데 하나를 포기해야 할지도 모른다. 이들 중 어떤 개념에 문제가 있는지 생각해본다.

## 코펜하겐 해석은 실재성에 문제가 있다

양자 상태는 고전 상태와 근본적으로 다른 점이 있다. 측정해보기 전까지는 어떤 상태인지 말하는 것이 의미가 없다는 것

이다. 앞 장의 벨 상태의 파동함수

$$| \uparrow \rangle_1 | \uparrow \rangle_2 + | \rightarrow \rangle_1 | \rightarrow \rangle_2 = | \nearrow \rangle_1 | \nearrow \rangle_2 + | \nwarrow \rangle_1 | \nwarrow \rangle_2 \ (*)$$

에 대해 이야기해보자. 이의 가장 큰 특징은, 다른 편광 방향을 기준으로 파동함수를 써도 똑같은 모양이 된다는 것이다.

**실재론에 대한 질문:** 그렇다면 광자의 편광은 측정 이전에 어떤 방향인가? ↑와 →의 얽힘일까, 아니면 ╱와 ╲의 얽힘일까? 꼭 둘 중 하나가 아니라고 하더라도, 측정 이전의 광자의 편광은 측정과 상관 없이 존재하는가?

실재론자는 답이 하나만 있다고 대답할 수 있어야 한다. 그러나 앞 장의 실험에 따르면 둘 중 하나로 대답할 수 없으며, 측정하기 전까지는 알 수 없다. 실재론을 부정하는 듯 하다. 다음 두 말은 미묘한 차이가 있다.[85]

1. **임의적인 비편광**unpolarized, 편광이 안된 **상태:** 기기에서 나오는 빛의 편광은 완전히 임의적이다. 어떤 광자는 →방향이고, 어떤 광자는 ╱방향이고, 수만 가지 방향의 광자들이 마구 섞여서 나온다. 편광은 있는데 너무 복잡해서 하나 하나를 모를 뿐이다.

2. **진정한 비편광 상태:** 기기에서 나오는 광자는 편광되지 않은 상태이다. 어떤 특별한 방향으로도 향해 있지 않은 상태이다.

1번은 나온 빛이 특정한 편광으로 나오는데 다만 그것을 모를 것이라는 것이고, 2번은 측정하기 전까지는 그것이 의미가 없다는 것이다. 아래에서는 편광판을 돌려봄으로써 이를 확인하게 될 것이다.

앞서 살펴본 얽힌 상태는 코펜하겐 해석을 받아들이면 진정한 비편광 상태(2번)이다. 물론 양자역학에서도 1번 경우가 나올 수 있다. 광자 여러개가 여러 다른 방향의 편광판을 통과했는데, 그 사실을 모르고 받으면 우리는 광자의 편광을 알 수 있는 방법이 전혀 없다. 이는 임의적인 비편광상태이다.

**질문:** 얽힌 상태에서는 편광이 존재하지 않고, 편광판을 통과한 상태에서는 편광이 존재한다니. 같은 편광 아닌가. 어떤 때만 존재하고 어떤 때만 실재하지 않는가?

**답변:** 그렇다고 할 수밖에 없다. 똑같은 광자를 가지고 있어도, 어떤 편광판을 통과했는지 아는 지식이 편광에 대한 정보를 준다.

**질문:** 그렇다면 실재는 우리가 알고 있는 사실에 의존하는가.

**EPR:** 양자역학이라고 하더라도 모든 편광 상태는 첫 번째 경우이다. 편광은 있으나 임의적인 비편광 상태여야 한다. 나중 경우, 즉 진정한 비편광 상태는 없다.

측정해서 백 퍼센트 같은 결과를 얻는다고 하더라도 측정하기 전까지는 그에 대해 이야기하는 것이 아무런 소용이 없다.

**질문:** 그렇다면 무엇이 있다는 말일까. 달을 보는 사람이 없다면 그 자리에 달이 없다는 말일까.

**답변:** 고전적인 물체에 대해서는 문제가 없다. 그러나 양자역학으로 설명해야 되는 대상, 즉 전자의 위치는 존재하지 않는다.

특히 중첩은 실재성과 아주 배치된다. 파동함수 두 개의 합 |존재한다〉 +|존재하지 않는다〉라고만 써놓아도 어떤 이야기를 해야 할지 전혀 감을 잡을 수가 없어진다.


## 코펜하겐 해석은 국소성에도 문제가 있다

얽힌 상태의 파동함수(*)는 광자 하나의 파동함수를 두 개 곱한 것이 아니라,

두 광자의 분리할 수 없는 파동함수

이다.

코펜하겐 해석을 따라서 지구로 간 광자를 $[\,|\,]$ 편광판으로 측정하는 순간 파동함수가 $|\uparrow\rangle_1$로 무너졌다면, 구지로 간 광자도 $|\uparrow\rangle_2$로 함께 무너진다고 했다. 왜냐하면 파동함수의 무너짐은 덧셈으로 이루어진 항들 가운데 하나를 선택하는 것이다. 정확히 말하면 파동함수가 $|\uparrow\rangle_1\,|\uparrow\rangle_2$로 무너진 것이지만, 지구에서 했던 측정이 구지에 있는 광자를 순간적으로 변화시킨 것처럼 보인다.

구지로 간 광자가 애초에 $|\uparrow\rangle_2$ 상태이었던 것은 아니다. 파동함수(*)를 $[\,/\,]$ 방향의 식으로 다시 전개할 수 있다. 지구로 간 광자를 $[\,/\,]$ 편광판으로 측정했을 때 50%의 확률로 파동함수가 $|\nearrow\rangle_1\,|\nearrow\rangle_2$가 된다. 이번에는 구지로 간 광자의 편광이 $|\nearrow\rangle_2$인 것이다. 즉, 지구에서 측정하는 순간 곧바로 구지쪽 광자의 편광이 바뀌는 것이다.

이는 결과를 잘 설명하기는 하지만, 많이 불편한 결과이다. 국소성을 가정하면 빛보다 빨리 무언가가 전달되면 안된다. 사실 국소성에 대해 이야기하고 있지만, 국소성은 상대성이론에 바탕을 두고 있고 양자역학은 상대성이론을 반영하지 않은 이론이다. 얽혀 있는 두 상태가 멀리 떨어져 서로 영향을 미친다고 하지만 양자역학에서는 파동함수만 그렇게 썼을 뿐 그런 일이 일어나야 한다는 보장은 없었다.

사실, 코펜하겐 해석은 측정을 할 때 무슨 일이 일어나는지는 모른다는 입장이다. 유일한 것은, 측정을 통해 상태함수가 측정장치의 고유상태로 무너진다는 것이다. 어떤 과정을 거쳐 무너지는지는 아무도 모르고 다만 확률이 존재할 뿐이다. 확률은 우리의 근본적인 무지를 나타낸다.

그러나 양자역학과 상대성이론의 관계를 무시하고 실험해 보면, 한 광자를 측정할 때 다른 광자가 정말 곧바로 영향을 미친다는 결과를 얻는다! 실험 결과는 어떤 해석을 택하더라도 맞아야 하는 부분이다.

그림 117  구슬이 어느 컵에 들어 있을지 알아내는 도박. 컵을 여는 순간 구슬을 재빠르게 이동시키는 트릭을 쓰기도 한다. 히에로니모스 보스의 그림.

## 측정은 야바위인가

야바위를 찾아보면 중국어 단어 야바오에서 나온 말이라고 한다. 영어로는 Three Shell Game이라고 한다. 작은 컵 세 개를 준비하고 구슬을 그중 하나에 담고 마구 바꾼다. 손이 빠르게 움직여서 구슬이 든 컵을 따라가기가 힘들다. 이 게임을 하면 눈보다 손이 빠르다는 것을 깨닫게 된다. 분명히 내가 따라가며 보았던 컵에 구슬이 들어 있었는데 컵을 열면 구슬이 없다.

야바위꾼의 속임수 가운데 하나는, 컵을 여는 순간 구슬을 컵으로 퉁겨서 다른 쪽 컵으로 집어넣는 것이다. 정말 잘 훈련된 야바위꾼은 주의를 빼앗든 손기술을 쓰든 감쪽같이 이 구슬을 보낸다. 컵을 여는 순간 우리가 얻는 결과는 야바위꾼 마음대로 결정하는 것이다.

양자역학에서 얽힌 쌍에 대한 편광도 이와 비슷한 것 같다. 파동함수를 보나 여러 실험으로 보나 측정하기 전까지는 편광이 정의되어 있지 않았다. 그러나 측정하는 순간 양쪽 광자의 편광이 똑같은 편광으로 결정되는 것이다.


## 국소성을 포기하는 경우,
## 빛보다 빠른 신호 전달이 가능할까

코펜하겐 해석을 받아들이면, 측정을 하는 순간 얽힌 상태

가 서로 평행한 편광 상태로 무너진다. 지구에서 측정하는 순
간 파동함수가 곧바로 무너져 구지의 상태가 바뀐다면, 빛보
다 빨리 전달되는 무언가가 있는 것이다. 따라서 인과율에 문
제가 생길 것 같다. 이를 통해 지구에서 곧바로 '구지 행성'에
있는 텔레비전을 켤 수도 있고, 메세지를 전달할 수 있다면 신
기한 일이 많이 일어날 것이다.

사실은 지구에서 편광을 아는 광자를 보내도, 구지에 있는
친구들은 광자의 편광을 알 수가 없다(이를 25장에서 보았다).
구지에 있는 친구들이 받은 광자를 자신들의 편광판에  통과
시키면, 통과할지 여부를 알 수 없다. 편광에 대한 정보가 없기
때문이다. 편광판을  통과했다고 하더라도 원래 어떤 편광이
었는지를 모른다. 측정을 하고 나서도 자신이 없기 때문에 옳
게 전달되었는지를 확인하려면 직접 비교해보아야 한다.

**질문:** 구지의 친구들에게 전화를 걸어, 우리가 보낼 때 ↑ 편광으
로 보냈다고 알려주면 되지 않나.

**답변:** 구지의 친구들이 전화를 받는 것은, 지구에서 온 광자를 받

**그림 118**   얽힌 입자쌍을 이용하여 빛보다 빠르게 신호를 전달할 수 있을까?

고 나서 한참 뒤의 일이다. 어떤 통신수단도 빛보다 빠르지 못하기 때문이다. 그러려면 상태를 힘들게 보내는 것보다 전화로 이야기를 주고받는 것이 더 낫다.

이를 해결하기 위하여 지구인과 구지 행성의 친구가 모두 같은, 가령 [ | | ] 편광판을 사용하기로 약속했다고 하자.

**만약에:** 얽힌 상태를 지구의 [ | | ] 편광판으로 측정하는 순간 두 광자 모두 $| \uparrow \rangle_1, | \uparrow \rangle_2$ 상태로 무너진다고 하자. 구지의 관찰자는 [ | | ] 편광판을 대어 봤는데 광자가 감지됐다. 편광판을 통과한 것이 분명하다. 구지에서는 $| \uparrow \rangle_2$ 의 파동함수가 남게 되니, 이것으로 빛보다 빠르게 신호를 전달할 수 있지 않을까?

신호를 전달하려면 한쪽에서 의도한대로 다른 쪽에 무슨 일이 일어나야 한다. 내가 이번에 $| \uparrow \rangle_1, | \uparrow \rangle_2$ 를 얻어야 신호 전달에 성공한다. 그런데 지구에서 마음대로 편광을 선택할 수 없다. 얽힌 광자가 지구의 [ | | ] 편광판을 통과할 확률은 반이기 때문이다. 측정하는 순간 광자가 편광판에 흡수되어 사라질 수도 있다. 이때는 구지에 $| \uparrow \rangle_2$ 가 남게 되어 오히려 잘못된 신호를 전달한다.

멀리 떨어진 곳에 곧바로 파동이 전달되어도 그것으로는 정보를 전달할 수가 없는 것이다. 따라서 고전적인 신호가 빛이 갈 수 있는 거리보다 먼 곳에 곧바로 전달되는 모순은 생기지 않는다.

**질문:** 그러면 편광을 확실히 알면 되지 않나. $|\uparrow\rangle_1 |\uparrow\rangle_2$ 을 보내어 왼쪽에서 광자를 검출하면 오른쪽에서도 광자를 검출할 것이다.

역시 25장에서 광자 하나에 대해서는 원하는 편광을 만들 수 없다는 것을 보았다. 그래도 이 상태를 만들 수 있다고 가정하자. 앞서 얽힘을 이용한 것은 두 광자를 지구와 구지에 미리 보내 놓은 것을 순간적으로 변화시키려고 했던 것이다. 빛보다 빠르게 전달되는 것은 측정하면서 파동함수가 무너지는 것이므로, 이를 통해 멀리 떨어져 있는 것에도 변화를 일으키고자 한 것이었다. 순수한 상태 $|\uparrow\rangle_1 |\uparrow\rangle_2$ 를 보내는 것은 우리가 아는 정보가 담긴 빛을 양쪽으로 보내는 것일 뿐이다. 이 경우에도 빛의 속력으로 신호가 전달되고, 먼 곳에 곧바로 신호를 보낼 수 없다. 이 장에서 살펴본 것은 다음의 정리로 요약할 수 있다.

**통신 금지 정리**No-communication theorem**:** 얽힌 쌍을 통하여 빛보다 빠른 신호를 보낼 수 없다.

고전적인 신호를 함께 보내면 되지만 그러면 통신을 할 필요가 없다.

**질문:** 측정을 통하여 빛보다 빠른 신호를 전달할 수는 없지만 뒤늦게라도 알려주면 도움이 되지 않을까?

**답변:** 도움이 된다. 처음부터 아는 것과 사실상 같은 것을 재구성할 수 있기 때문이다. 이를 이용하면 빛보다 빠른 신호를 전달할 수 없지만 암호의 열쇠 신호$^{key}$를 전달할 수 있다.

어떤 방법을 써도 고전적인 정보는 곧바로 전달되지 않는다. 상대성이론에서 예견한 정보 전달의 의미에서 국소성을 위배하지 않는다.

**국소성(현대판):** 얽힌 상태의 측정과 같이 양자역학의 국소성이 보장되지 않는 일이 일어난다고 하더라도, 이를 통해 고전적인 정보를 빛보다 빨리 전달할 수 없다(인과율을 위배하지는 않는다).

## 광자의 존재 자체가 불확실하다

광자의 편광이 실재하는가의 문제는 사실 광자가 존재하느냐에 대한 문제라고 할 수도 있다. 광자를 한 개씩 방출할 수

있는 충분히 어두운 발생장치를 켰다. [ | ] 편광판을 통과시켰는데 광자가 스크린에 점을 남기지 않았다고 하자. 다음 해석이 가능하다.

- 광자를 아예 안 쏘았다면 당연히 검출되지 않았을 것이고,
- →편광되어 있었는데 편광판을 통과할수 없었거나
- ↘ 편광되어 있었는데 우연히 50%의 확률로 통과하지 못했거나,
- 어떤 방향으로 편광되었는데, 벡터 계산법으로 계산한 확률로 통과하지 못했거나

하는 것을 구별할 수가 없다. 측정하기 전에는 편광판에 다다른 광자의 편광은 물론, 그 존재 자체를 알 수가 없다.

무엇이 있다 없다라고 말할 수 없는 경우가 있다. 있는데 모르는 것과 다르다. 실제 실험에서는 광자를 잃어버렸는지 아니면 원래 안 만들어졌는지를 구별하는 것이 어려우므로 이것이 큰 논점이 된다.[87]


## 실재가 불분명한 고전 개념[88]

교통사고 보험은 이렇게 작동한다. 가입자는 매달 일정액의 보험료를 내게 되고, 가입자가 교통사고로 다치거나 죽게 되면

적당한 보험금을 받기로 약속한다.

한달에 내는 보험금은 얼마이면 적당할까? 가입자가 교통사고가 날 확률을 조사하여 여기에 보험금을 곱하고 운영비를 더하여 기댓값을 계산해야 한다. 여러 가지 환경이 바뀌면 확률이 달라지지만, 실제로 꽤 오랜 기간 동안 사고가 날 확률을 조사해보면 사고 별로 확률이 어느정도 일정하다. 따라서 어느 시점에서는 교통사고라는 현상이 일어날 확률은 정해진 것이다. 교통사고율은 실재하는가?

동전을 던질 때 한 면이 나올 확률이 반인 것처럼, 어떤 사람이 교통사고가 날 확률도 이런 식으로 정해져 있을까? 어떤 식으로 확률을 이루고 있을까?

횡단보도가 더 늘어나면 교통사고가 줄어들게 되리라 예상할 수 있다. 확률은 이러한 요소를 하나 하나 다 따지지 않고 눈을 감는 것이라고 하였다.

편광판을 지나가는 광자의 스핀은 실재하는가? 이들을 파동함수를 써서 확률을 계산할 수는 있었지만 이는 교통사고가 나는 확률을 현장 조사한 것과 같다. 횡단보도가 더 많아져 사고날 확률을 설명하는 것처럼, 더 근본적인 물리 현상에서 광자가 편광판을 통과할 확률을 주는지는 아직 이해되지 않고 있다.

# 31
# 양자 정보

It from bit. 그것은 비트로부터.

- 존 아치볼트 휠러

읽고 나서 저는 그가 말하던 것이 비트가 아닌
큐비트라는 생각이 들었습니다.
따라서 현대적으로 번역하면
"it from qubit 그것은 큐비트로부터" 가 될 것입니다.

- 에드워드 위튼[89]

Bitte ein Bit

- 비트부르거 맥주 광고 문구

    EPR 역설은 과학자들에게 국소성과 실재성이라는 골치아
픈 문제를 가져다주었다. 이 문제는 아직도 해결되지 않았지
만, 그 과정에서 도입한 얽힘이라는 개념은 요긴하게 쓰여 21
세기 양자역학의 발전을 주도하게 된다. 여기에서 뻗어 나온
양자 정보론의 발전을 통해, 고전적인 원리로 작동되는 컴퓨
터가 쉽게 할 수 없던, 빠른 정보 검색과 전달, 암호화가 가능

하게 되었을 뿐 아니라, 블랙홀<sup>black hole</sup>을 더 잘 이해게 되었다.


## 편광을 이용한 정보 처리

광자가 하나 날아오는데, ↑방향 또는 →방향으로만 편광되었다는 것을 미리 알고 있다고 가정하자. 가령, 광자를 보내는 사람이 [ | ] 편광판을 통과시켜 상태를 준비한 뒤 이를 보내면 된다. 받는 사람이 이 둘을 구별할 수 있을까?

광자를 받는 사람이 이 정보를 알고 있다고 하자. 가령 광자를 받는 사람이 편광판을 [ | ] 방향으로 놓았는데, 광자가 이를 통과해서 검출기에 검출되면, 그 광자는 ↑편광이었다는 것을 알 수 있다. 또 광자를 쏜 것을 알고 있는데 검출되지 않았다면 →방향으로 편광되었다는 것을 알 수 있다. 가령, 1초에 하나씩 광자를 쏘기로 했는데 검출되지 않는다면, 그 때는 → 편광된 광자가 도착했음을 알 수 있다.

다만 광자의 ↑편광과 ↓편광은 구별할 수 없다. 편광판이 [ | ] 방향이라면 둘 다 통과시킬 것이기 때문이다.

따라서 광자의 편광은 한 축에 대하여 두 가지밖에 없다. 편광판을 통과하는 나란한 방향과, 편광판을 통과하지 못하는 수직한 방향밖에 없다. 컴퓨터가 0과 1 두 숫자만을 가지고 정보를 처리하는 것과 같다. 이 두 숫자는 이진수<sup>binary digit</sup>인데 줄여서 비트<sup>bit</sup>라고 부른다. 양자역학 상태로 만든 기본 단위를 양자 비트<sup>quantum bit</sup> 또는 줄여서 큐빗<sup>qubit</sup>이라고 한다.

이 장에서는 가끔 $|\uparrow\rangle$를 $|1\rangle$, $|\rightarrow\rangle$를 $|0\rangle$으로 바꾸어 쓰겠다. 이를 이용하면 광자의 편광에 신호를 담을 수 있다. 이를 이용해 통신을 할 수도 있고, 연산을 할 수 있다면 컴퓨터를 만들 수 있다.


## 컴퓨터가 하는 일

고전 컴퓨터는 덧셈 기계이다. 곱셈을 하는 것은 덧셈을 반복하는 일이고, 뺄셈을 하는 일은 보수를 찾아 덧셈을 하는 일이다. 복잡한 정보를 처리하고 계산하는 일도 결국 덧셈을 여러 번 하는 일이다.

고전 컴퓨터에서는 한 번에 하나의 숫자만 다룰 수 있다. 그러나 양자역학의 큐빗은

$$a\,|1\rangle + b\,|0\rangle$$

처럼 중첩시킬 수 있기 때문에 0과 1을 동시에 다룰 수 있다.

또 여러 큐빗을 얽히도록 해서 파동함수 하나가 여러 개의 숫자를

$$a\,|0101000\rangle + b\,|1101001\rangle$$

처럼 한꺼번에 다루게 할 수 있다. 그러면 고전 컴퓨터에서 여러 번 해야 하는 연산을 한 번에 할 수 있다<sup>양자 병렬성quantum parallelism</sup>. 계산이 다 끝난 뒤 결과로 얻은 파동을 잘 간섭시켜서 원하는 것만 남도록 한다면 몇 번 연산을 하지 않고 자료나 답을 찾을 수도 있다.

0과 1의 곱셈은

$$0 \times 0 = 0,\ 0 \times 1 = 0,\ 1 \times 0 = 0,\ 1 \times 1 = 1$$

이다. 이를 신호를 처리하는 입장에서 보면, 곱셈 기호 양쪽에 있는 비트를 입력 신호, 등호 우변에 있는 비트를 출력 신호로 생각할 수 있다. 즉, 두 신호가 모두 들어있으면 1을, 그렇지 않으면 0을 출력하면 되는데 이는 AND 회로로 잘 알려져 있다. 고전 컴퓨터에서 AND 회로는 스위치 두 개를 직렬 연결하여 만들 수 있다.

마찬가지로 0과 1의 덧셈은

$$0 + 0 = 0,\ 1 + 0 = 1,\ 0 + 1 = 1,\ 1 + 1 = 2$$

이다. 이는 둘 중에 하나만 신호가 들어오면 출력 신호를 내는 것과 같다.

0 OR 0 = 0, 0 OR 1 = 1, 1 OR 0 = 1, 1 OR 1 = 1.

물론 1+1=2는 예외이지만 이것만 따로 처리해주면 된다. 마침 AND 연산은 두 입력 신호가 들어 있을 때에만 작동하므로, OR과 결합하여 이진수의 합을 만들 수 있다.

양자 정보에서 중요하게 쓰이는 연산으로 CNOT이 있다. NOT는 0과 1을 바꾸는 연산이다. CNOT는 NOT이 작동할지를 결정하는 신호가 더 있어서, 신호가 1일때만 NOT이 작동한다. 신호를 CNOT 왼쪽에, 연산하고자 하는 수를 CNOT 오른쪽에 쓰면 다음과 같다.

0 CNOT 0 = 0,  0 CNOT 1 = 1,  1 CNOT 0 = 1,  1 CNOT 1 = 0

이를, 두 개의 큐빗을 변환하는 것으로 생각할 수 있다. CNOT 양쪽의 큐빗을 모아 써서,

$|0\rangle|0\rangle \cdots |0\rangle|0\rangle$, $|0\rangle|1\rangle \cdots |0\rangle|1\rangle$, $|1\rangle|0\rangle \cdots |1\rangle|1\rangle$, $|1\rangle|1\rangle \cdots |1\rangle|0\rangle$

이라고 할 수 있다.

재미있게도 이는 양자역학의 측정장치처럼 작동한다. 첫 번째 큐빗을 광자의 편광이라고 하고, 두 번째 큐빗을 측정장

치의 결과값이라고 하고 측정 준비가 된 상태를 $|0\rangle$, 광자의 $|\uparrow\rangle$ 편광이 측정되면 $|1\rangle$이 된다고 하자. 그러면

$$|\rightarrow\rangle|0\rangle \cdots\to |\rightarrow\rangle|0\rangle$$
$$|\uparrow\rangle|0\rangle \cdots\to |\uparrow\rangle|1\rangle$$

이 되어, 측정장치가 켜지는 것도 표현할 수 있다.

## 복사 금지 정리

변환을 통하여 큐빗을 연산하는 것처럼, 어떤 변환은 파동함수를 복사할 수 있으리라 생각할 수 있다.

**우터스**Wootters, **주렉**Zurek, **디크스**Dieks **(1982, 복사 금지 정리**No-cloning theorem, Quantum Xerox theorem**)**: 양자역학의 상태함수는 복사할 수 없다. 즉, 파동함수 하나 $|\psi\rangle$를 다른 틀 $|e\rangle$ 파동함수에 복사해서 얽히지 않은 $|\psi\rangle\,|\psi\rangle$로 만들 수 없다.

간단한 증명은 파동함수의 선형성을 이용하는 것이다. 일반적으로 파동함수가 중첩 상태

$$|\psi\rangle = a\,|\mathrm{A}\rangle + b\,|\mathrm{B}\rangle$$

일 수 있다. 이 파동함수를 복사한다면 $|\psi\rangle|e\rangle$ 를 $|\psi\rangle|\psi\rangle$ 로 만들 수 있어야 한다. 이 말은 $(a\,|A\rangle + b\,|B\rangle)|e\rangle$를 $(a\,|A\rangle + b\,|B\rangle)(a\,|A\rangle + b\,|B\rangle)$로 만든다는 말과 같은 말이다.

한편, 중첩에 들어간 각각의 파동함수를 복사할 수 있다면 $|A\rangle|e\rangle$를 $|A\rangle|A\rangle$로, $|B\rangle|e\rangle$를 $|B\rangle|B\rangle$로 만들 수 있다. 이를 합하면 $a|A\rangle|e\rangle + b|B\rangle|e\rangle$ 에서 $a|A\rangle|A\rangle+b|B\rangle|B\rangle$ 를 만든다. 이것으로는 실패이다. $|A\rangle|B\rangle + |B\rangle|A\rangle$항이 없기 때문이다.

파동함수를 복사할 수 있다면 원래 상태를 건드리지 않고 교환가능하지 않은 양을 측정해서 상태함수에 대한 모든 정보를 온전히 알 수 있다. 이는 측정에서 일어나는 일과 배치된다. 이는 EPR이 왜 작동하지 않는지에 대한 실마리를 준다.


## 양자 전송

그러나 파동함수의 전달은 가능하다. 즉, 원본을 파괴하는 복사만 가능하다. 양자역학을 정보 이론에 멋지게 응용하는 예이다.


**양자 전송**quantum teleportation : 양자 비트로 만든 파동함수 $(a|\uparrow\rangle+b|\rightarrow\rangle)$ 를 얽힌 상태를 가지고 다른 곳으로 공간이동을 시킬 수 있다.

이는 파동함수로 기술되는 광자를 직접 들고 가는 것이 아니다. 이 파동함수를 적절히 변형하여 얽힌 상태를 만들고, 멀리 있는 곳에 보낸 뒤, 파동함수를 받는 쪽에서 특정한 방법으로 파동함수를 측정하게 된다. 그러면 원래 파동함수를 가지고 간 것과 같은 효과가 있다. 양자 전송은 그 개념도 워낙 매력적이지만, 직접 이를 구현해보면 양자정보가 어떻게 작동하는지 배우는 것이 많다. 그래서 차근차근 식을 통해 알아볼 가치가 있다. 먼저 파동함수와 얽힌 상태를 함께 준비한다.

$$(a|\uparrow>_1 + b|\rightarrow>_1)\,(|\uparrow>_1|\uparrow>_2 + |\rightarrow>_1|\rightarrow>_2)$$
$$= a|\uparrow>_1\,(|\uparrow>_1|\uparrow>_2 + |\rightarrow>_1|\rightarrow>_2) + b|\rightarrow>_1$$
$$(|\uparrow>_1|\uparrow>_2 + |\rightarrow>_1|\rightarrow>_2)$$

가 된다. 앞서 본 CNOT 변환을 첫 두 상태에 적용하면

$$a|\uparrow>_1\,(|\uparrow>_1|\uparrow>_2 + |\rightarrow>_1|\rightarrow>_2) + b|\rightarrow>_1$$
$$(|\rightarrow>_1|\uparrow>_2 + |\uparrow>_1|\rightarrow>_2)$$

이 된다. 한편 첫번째 상태를 45도 돌리는 편광 변환을 할 수 있다.[*]

---

[*] 이를 아다마르$^{Hadamard}$ 게이트라고 한다.

$$a(|\uparrow>_1 + |\rightarrow>_1)(|\uparrow>_1|\uparrow>_2 + |\rightarrow>_1|\rightarrow>_2) +$$
$$b(|\uparrow>_1 - |\rightarrow>_1)(|\rightarrow>_1|\uparrow>_2 + |\uparrow>_1|\rightarrow>_2)$$
$$= |\uparrow>_1|\uparrow>_1(a|\uparrow>_2 + b|\rightarrow>_2) + |\uparrow>_1|\rightarrow>_1(a|\uparrow>_2 + b|\rightarrow>_2)$$
$$+ |\rightarrow>_1|\uparrow>_1(a|\uparrow>_2 - b|\rightarrow>_2) + |\rightarrow>_1|\rightarrow>_1(a|\uparrow>_2 - b|\rightarrow>_2)$$

이 된다. 이 파동의 1번 부분을 지구로, 2번 부분을 구지로 보 낸다.

이제 지구에 도착한 두 광자의 편광을 측정한다. 예를 들어 지구에서 [ | ] 편광판을 두 개 준비하여 이를 알아낼 수 있다. 그 결과를 구지에 알려줄 수 있다. 만약 $|\uparrow>_1|\uparrow>_1$이 나왔다 면 얽힌 네 항 중 첫 번째 함수가 되었을 것이다. 즉 구지에서 받은 파동함수는 $a|\uparrow>_2 + b|\rightarrow>_2$ 이다. 구지와 지구에서 전체 파동함수를 알기에, 지구에서 구지에 $|\uparrow>_1|\uparrow>_1$를 측정했다 는 것을 알려주면, 구지에서는 자신이 받은 파동함수가 원래 파동함수라는 것을 알 수 있다.

만약 $|\rightarrow>_1|\uparrow>_1$나 $|\rightarrow>_1|\rightarrow>_1$이 나왔다면, 이 사실을 구지 에 알려준다. 구지에서는 전체 파동함수를 알고 있으므로, 파 동함수 $|\rightarrow>_2$를 돌려 $-|\rightarrow>_2$를 얻을 수 있으면 자신이 받은 파 동함수가 원래 파동함수라는 것을 알고 있다. 파동함수의 위 상을 돌리는 것도 실험가들은 쉽게 구현할 수 있다.

이는 파동함수를 갖는 입자를 직접 보내는 것이 아니라 얽 힌 상태에 실어 보내는 것이다. 지구에서 원래 파동함수를 파 괴시키는 순간 구지에 있는 수신자는 파동함수를 복원하게 된다! 더욱이, 고전적으로 전달할 수 없는 중첩된 파동함수를 그대로 보내게 된다.

이는 《스타 트랙Star Trek》이나 《더 플라이The fly》의 철학적인 문제를 해결해준다. 복사 과정에서 사본을 만들 수 없기 때문에 공간 이동은 가능해도 복사는 불가능하다. 또, 측정 결과를 알려주어야 하므로 빛보다 빠르게 신호를 전달할 수 없다는 통신 금지 정리를 위배하지 않는다.

**질문:** 우리가 여기에서 저기로 가는 것은 양자 전송과 본질적으로 어떻게 다른가?

측정하고 고전 정보를 보내는 주체가 없다는 점에서 다를지도 모르겠다. 그러나 움직임이 어떻게 일어나는지에 대한 근본적인 이해가 없는 상황에서 이런 방식으로 파동함수가 이동할 수 있다는 것은 큰 실마리가 된다.

양자 전송을 응용하면 암호를 만들 수도 있다. 지구에서 구지에 측정 결과를 알려주는 것은 한 번 쓰는 암호one-time password, OTP를 보내는 것과 같다. 중간에 이를 가로채는 사람이 있어도, 지구의 측정결과를 모르면 파동함수를 보내줄 수 없다.

### 맺으며

양자역학 덕분에 운동을 새로이 생각해보게 되었다. 이를 통하여 우리가 그동안 운동에 대하여 무엇을 잘못 생각하고 있었는지를 알게 되었다. 우리(뇌?)는 고전역학의 방법으로 세상을 이해할 수밖에 없는 숙명을 지닌 것 같다. 이 세상은 그렇게 작동하지 않는다. 제논의 문제 제기는 여전히 옳으며 아직도 해결해야 할 문제가 많이 남아있다.

영국의 물리학자 존 엘리스가 여왕을 만나 했던 말로 맺는다.

**엘리스**<sup>John Ellis</sup> : 자연이 우리가 알고 있는 대로 행동하면 배울 것이 없을 것입니다.

부록

자세한 이야기

# 32
# 우리는 전자를 보았을까

오늘날은 전자가⋯ 존재하는 것으로 본다.
전자 하나를 실험으로 조작할 수 있기 때문이다.

- 이언 해킹, 《표상하기와 개입하기》 (2005)

전자는 회전하는 작은 노랑색 공일 필요가 없다.

- 존 스튜어트 벨 (1971)

사실은 아무도 전자를 본 적이 없다.

주변을 보면 전자를 이용한 물건이 가득하다. '전자제품', '가전 제품'이라는 이름에 '전자'라는 말이 들어 있는 것은 모두다 전자를 이용하기 때문이다. 그만큼 인류는 전자에 대해 잘 알고 있지 않는가. 그러나 지금까지 배운 것은, 전자가 어디로 어떻게 지나가는지는 잘 모른다는 것이다(17장). 사실은 전자의 성질을 자세히 모르고도 우리에게 필요한 것만을 이용할 수 있다. 이 장에서는 우리가 얼마나 모르는가에 대해서 다시 한번 생각해볼 것이다.

## 우리는 무엇을 보았을까

전자는 스스로 빛을 내거나 반사하지 않기에 눈으로 볼 수 없다.

**질문:** 전자를 본 적이 없다니. 그러면 무엇을 본 것일까? 겹실틈 실험에서 우리는 스크린에 찍힌 점을 보았다.

스크린에 찍힌 점이 전자 자체는 아니다. 전자가 남긴 흔적이었다. 전자가 스크린에 어떤 작용을 가했고, 스크린도 이에 반응해서 그 가운데 한 부분이 밝아졌다고 해석하는 것이다. 스크린에 있는 형광 물질에 전자가 부딪혀, 형광 물질에 에너지를 전달해서 빛이 나오게 된 것이다

스크린에는 형광<sup>phosphorescent</sup>(정확히는 인광)물질이 발라져 있다. 형광 물질은 빛을 받으면 담아 두었다가 빛을 천천히 낸다. 결국에는 꺼지지만 물질에 따라 충분히 긴 시간동안 충분히 밝게 관찰할 수 있다. 이를 지속시간<sup>persistence</sup>이라고 하는데, 천 분의 일 초만 깜빡이는 것부터 수 분까지 빛을 유지하는 것이 있다. 우리가 앞에서 본 겹실틈 실험 사진은 빛이 꺼지지 않는 것처럼 여러 사진을 겹쳐놓은 것이다.

다른 말로 하면, 형광 성질을 가진 분자들을 스크린 전체에 걸쳐 골고루 발라 놓은 것이다. 전자가 특정한 분자를 때리게 되면 그 에너지가 분자에 전달된다. 이 분자들은 전자에 비해서 엄청나게 크다. 전자가 이 형광 물질에 충돌하며 에너지를 전달하고 어딘가로 튕겨나간다.

형광 물질이 빛난 것만이 유일한 증거라면, 이를 빛나게 했던 것이 전자가 아닐 수도 있다. 전자가 아닌 수소 원자가 형광 물질에 부딪혔다고 하더라도 점이 찍힌다. 물론 점이 찍히는 크기가 다를 수 있다. 그러나 다른 물질이 전자와 같은 크기의 점을 찍을 가능성도 있는 것이다. 극단적인 경우 전자가 그곳을 건드리지 않았

음에도 불구하고 다른 곳에서 흐른 전류 때문에 약간의 오작동이 생겨, 그곳에 빛이 났을 수도 있다.

**질문:** 전자가 '바로 그 자리'로 날아가 형광 물질을 때렸기 때문에 그것이 빛을 내게 된 것일까? 아니면, 그 자리의 형광 물질이 전체에 걸쳐 있는 전자의 파동을 '빨아들여서' 그 자리에 모이게 한 것일까?

일단 형광 물질에서 나온 빛은 바로 그 자리에 있던 형광 물질에서 나왔을 것이다.

스크린에 찍힌 불빛의 크기가 비슷했지만 이 크기가 분자의 크기는 아니다. 이 분자도 눈에 보이지 않을만큼 작다. 다만 이렇게 작은 불빛이 굉장히 밝기 때문에 꽤 큰 크기의 점으로 보인다. 초점이 맞지 않는 카메라로 보면 작은 불빛도 크고 뿌옇지만 여전히 밝게 빛나는 것을 알 수 있다. 우리 눈은 그 정도로 초점을 맞출 수 없다.

밤하늘의 별을 보면 어떤 것은 크고 어떤 것은 작게 보인다. 놀라운 것은 별의 크기가 다르게 보이는 것이 사실 착각이며, 크기는 눈으로 구별할 수 없다는 것이다. 별을 망원경으로 보면 이를 확인할 수 있다. 망원경으로 보면 별이 더 크게 보이는 것이 아니라 눈으로 보는 것과 같이 작게 보인다. 별 것 아닌 것 같지만 글쓴이는 많이 놀랐다. 수십 배 수백 배 확대하는 망원경으로 보아도 별의 크기는 그만큼 커지지 않는 것이다! 달을 먼저 보고 별을 다음에 보면 정말 이상하다는 것을 깨닫게 된다.

중요한 것은 전자를 받아 그에 대한 흔적(정보)을 남길 수 있는 도구가 있다고 하더라도, 전자 자체를 볼 수는 없다는 것이다.

입자들을 검출하는 실험 장치 가운데 안개 상자bubble chamber가 있다. 과포화된 기체를 집어넣어놓고 전자가 지나가면, 그것 때문에 기체가 순간적으로 안개를 만든다. 전자가 지나가면서 안개로 만든 곡선을 남기는 것이다.

전자는 자기장을 걸어주면 특정한 방향으로 휜다. 시간에 따라 자취를 어떻게 남기는지를 알면 전자의 위치와 속도를 동시에 잴 수 있는 것처럼 보인다. 불확정성 원리(17장)가 여기에서는 맞지 않는 것일까? 이 문제가 양자역학이 탄생할 당시 많은 과학자들을 고민에 빠져들게 했다. 안개 상자에서 전자를 직접 본 것 같은데, 불확정성 원리는 전자의 위치와 속도를 동시에 측정할 수 없다는 것이다.

그러나 안개 상자가 만든 자취가 전자 자체는 아니다. 또 이 자취의 구름은 불확정성 원리에서 제한하는 것보다 부정확한 위치를 주므로 양자역학에서 요구하는 정밀도보다 훨씬 성근 모양이다.

**재반론:** 그것은 고전적인 물체의 경우에도 마찬가지이다. 고양이를 본다는 것은 고양이 자체를 본 것이 아니라, 고양이에 반사된 빛을 보는 것이다. 마찬가지로 우리는 고양이 자체를 본 적이 없다.

그런 뜻에서는 마찬가지로 고양이를 볼 수 없다. 우리가 눈을 통해서 얻는 고양이에 대한 정보는 불빛이 없는 어두운 방에서 얻을 수 없는 것이다. 그것이 무엇인지를 이야기하는 것은 어려운 문제이고 다른 종류의 깊은 논의가 필요하다. 그래도 우리는 실용적인 문제에 관심이 있다.

고전 대상으로서 고양이의 차이점이 있다면, 햇빛을 통해 건드

**그림 119** 안개 상자에 찍힌 전자와 양전자positron의 흔적. 그림의 입자의 궤적을 포함하는 평면에 수직으로 나오는 자기장이 걸려 있다면, 전기를 띤 입자는 그림처럼 휘돌아 날아간다. 어떤 극을 가졌나에 따라 돌아가는 방향이 다르다. 실험자들은 음전하를 가진 입자가 날아가는 방향에 대해 반시계방향으로 돌아가도록 실험 장치를 해 놓았다. 가벼운 물체가 빨리 돌아간다. 따라서 양전자를 알아낼 수 있다. 양전자쪽에 '+' 기호는 손으로 이를 그려넣은 것이다.

려도 별로 변하지 않는다는 것이다. 고양이의 속성을 다시 확인하기 위해서 고양이를 다시 보더라도 고양이는 그 자리에 있다. 움직인다고 하더라도 찬찬히 그 위치의 변화를 확인할 수 있다.

**질문:** 갈릴레오 비판자들의 이야기를 듣는 것 같다. 눈으로 보아야만 사물을 직접 본 것이고 망원경과 같은 도구를 써서 본 것은 믿을 수 없다는 이야기 말이다. 나는 안경을 쓰고 본 것은 눈으로 본 것과 사실상 차이가 없다고 본다. 너무 작아서 안 보이는 개미도 돋보기로 보면 보인다. 보이지 않는다고 해서 그것이 없는 것은 아니다.

아무런 도구도 사용하지 않고 맨눈으로 보는 것만이 의미 있다고 하는 것은 아니다. 오히려 눈으로 본 것이 객관적이지 못하고, 도구를 사용하는 것이 더 정확할 수도 있다. 오히려 눈으로 본 것이 가장 객관적이지 못할 때도 있다. 맹점이 있어 보지 못하는 위치도 있고, 착시 현상도 있기 때문이다. 때로는 도구를 사용하여 더 정확한 관찰을 할 수 있다.

그러나 도구를 사용하면 간접적인 영향이 더 많아지는 것은 사실이다. 안경을 쓰면 왜곡이 별로 없을 것 같지만, 안경에 미세하게 색이 있다든지 불투명 하다든지 하여, 일그러진 상을 볼 가능성이 있다. 이러한 간접성에서 오는 영향은 현미경을 쓰면 조금 심해지고, 전자 현미경을 쓰면 더욱 심하다. 하나하나 다 볼 수 있는 것이 아니라 일부 정보만 볼 수 있다면 상황은 아주 심각해진다. 결정적으로 그 그림을 주는 것이 잡음일 수도 있기 때문이다.

**돈 아이디(1998):** 도구를 통하여 감각을 확장할 수도 있지만 더 제한되기도 한다.

**재질문:** 빛을 이용한다는 것이 문제라면 직접 손으로 만져볼 수 있다. 이것이 더 직접적인 관찰이 아닐까.

그림 120　주사 꿰뚫기 현미경으로 본 금속의 표면. 여기에 원자를 가지고 글씨를 써놓았다.

손으로 더듬는다고 해도 마찬가지다. 거의 비슷한 정보를 얻을 수 있다. 눈으로 보았을 때 고양이의 크기는 손으로 더듬어도 같은 크기이다. 그러나 손이 없다면, 심지어는 손은 있어도 감각이 없다면 우리는 이 정보를 얻을 수 없다. 손으로 더듬을 때에도 고양이는 영향을 받는다.

건드려서 보는 가장 극명한 예는 주사 꿰뚫기 현미경Scanning Tunneling Microscope, STM이다. 이는 그림 120처럼 고체 표면에 있는 원자들을 보여준다. 이 현미경은 검사 바늘탐침, probe needle이 시료 위를 훑고 지나가면서 원자를 더듬는다. 원자가 가까이 있을수록 바늘에 전류가 많이 흐르도록 되어 있다.

그러나 이 사진들이 둥근 덩어리들을 보여준다고 해서, 이것이 원자의 색깔이나 모양이라고 말할 수는 없다. 색은 편의상 입힌 것이고 빨간색으로 나타낼 수도 있다. 검사 바늘이 표면 위를 긁고 지나가면서 전류가 많이 흐를 때는 표면이 올라온 것으로 그리고 전류가 흐르지 않을 때는 바닥 높이로 그린 것뿐이다. 이는 원자의 모양이라고 말하기는 어렵고 얼마나 전류가 많이 흘렀느냐를 그래프로 나타낸 것이라고 할 수도 있다.

## 전자라는 것은 도대체 무엇일까

**반론:** 전자가 무엇인지 모르는데 우리가 그것을 다룰 수 있을까? 다룰 수 있으면 그것이 무엇인지 아는 것과 같다. 우리는 전자를 어떻게 만들었는지를 안다. 도선을 노출시키고 열을 가해서 무언가가 나오도록 했다. 또 어떻게 이동하도록 하는지 알고 있다. 자석을 대어 보면 전자가 날아가면서 휜다.

그러고 보면 무언가가 건드려서 '쏘고' 지나가게 하고 스크린에 닿게 해서 빛이 나오게 했는데, 정작 '전자'라 부르는 그것 자체를 보지는 못했다. 여기에서는 우리가 전자에 대해 알고 있는 것을 최대한 이야기해본다.

이제는 거의 모든 텔레비전이 얇고 평평한 액정화면LCD, Liquid Crystal Display을 쓰고 있지만, 불과 십년 전만 해도 대부분 불룩한 음극선관CRT, Cathode Ray Tube 화면을 썼다.

이 음극선관 뒤쪽의 전자총에서 나오는 물질을 전자라고 부른다. 전자들은 앞면에 발라져 있는 형광 물질들을 때린다. 형광 물

그림 121  옛날 텔레비전의 불룩한 화면은 음극선관(또는 브라운관)으로 되어 있었다. 전자가 음극선관 표면에 칠해진 형광 물질에 점을 남기도록 해서 영상을 만든다.

그림 122 전자는 전자총에서 나오는 무언가이다.

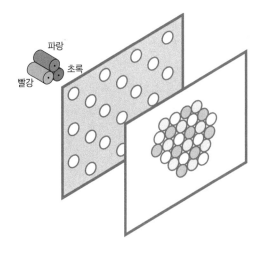

그림 123 음극선관 안쪽에는 빛의 삼원색에 해당하는 형광 물질이 발라져있다. 중간에는 원하는 곳으로만 전자가 지나가도록 막는 마스크가 있다. 전자가 어느 형광 물질을 때리냐에 따라 색의 병치 혼합이 이루어져 컬러 영상이 된다.

질은 날아온 전자의 에너지를 받아 그 위치에 빛을 낸다. 음극선관 바깥쪽에는 이 물질이 날아가는 방향을 조절하여 원하는 점에 맞추도록 하는 장치들(전자석)이 있다. 이 점들이 모여서 화면에 영상이 만들어진다.

어렵게 이야기했지만 전자는 가장 평범한 물질이다. 우리 몸을

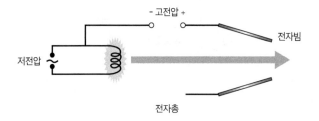

**그림 124** 전자총의 작동 원리를 간단하게 그린 그림. 전자는, 전기가 흐르는 전선이 뜨거워지면서 전선 밖으로 튀어나오는 무엇이다.

이루는 그런 평범한 물질의 기본 단위일 뿐이다. 특별한 위치를 차지하고 있는 빛과는 다른 너무 평범한 물질이다. 톰슨이 전자를 발견하고 나서 몇 가지 실험을 통해 전자의 성질을 알아내었다.

- 전기적인 성질을 가지고 있다. 음전하를 띠고 있어 건전지의 양 극으로 끌려간다. 전기와 자기는 알고보면 같은 현상인데, 날아 가는 전자 주변에 자석을 놓으면 날아가는 방향이 바뀐다. 전자 총에서 나온 전자를 브라운관의 원하는 점에 찍기 위하여 위치 를 이렇게 조절할 수 있다.
- 종이 따위로 막으면 통과하지 못한다. 바람개비를 돌린다.

이들 성질을 가진 큰 물체들이 주변에 많이 있다. 가령 머리카 락을 잘라 작은 가루를 만든 뒤, 플라스틱으로 문질러 전기를 띄 게 할 수 있다. 머리카락 가루도 전기적인 성질을 가지고 있고, 다 른 물체에 부딪치면 힘을 전달한다. 따라서 우리는 전자를 큰 무 리 없이 머리카락 가루와 다르지 않은 알갱이로 생각했다. 그러나 고전적인 머리카락 가루와 달리, 전자는 직접 볼 수 없다. 전자총에서 나오는 무엇이 비슷한 행동을 할 뿐이지, 그것이 무엇인지 우리는 아직도 모른다.

## 전자의 색깔은, 전자의 모양은

물리를 공부하면서 글쓴이도 전자를 입자처럼 상상했다. 아마도 대부분의 책에 그런 그림이 그려져 있었기 때문일 것이다. 전선에 전기를 연결하면, 작고 희미한 알갱이가 도선 안을 헤쳐나가는 것으로 전류 흐름을 그려볼 수 있었다. 글쓴이는 존 벨의 책을 읽다가 그도 우리와 똑같이 전자를 상상했다는 것을 알았다. 다만 그에게는 흰 알갱이가 아니라 노란 알갱이라는 것만 달랐다. 전자는 무슨 색일까?

색을 보는 것은 빛의 파장을 감지하는 것이다.[92] 보라색의 파장은 400나노미터, 빨강색의 파장은 600나노미터 정도 된다. 우리 눈은, 파장이 이 사이에 있는 빛만 볼 수 있다. 이들 빛보다 짧은 파장이나 긴 파장의 빛은 볼 수 없다.

전자의 물질파 파장은 11장에서 계산한 것처럼 0.1나노미터이다. 전자를 감지할 수 있는 기관이 눈에 없을 뿐 아니라, 그 파장이 우리 몸에 작용할 수 있는 작은 기관이 없다. 따라서 전자의 색깔은 의미가 없다. 존재하지 않는다.

전자는 무슨 모양일까? 우리가 모양을 보기 위해서는 모양 때문에 다르게 반사되는 빛을 눈으로 보아야 한다. 전자는 빛을 쏘아서 위치를 알 수 없다. 원자 힘 현미경처럼 더듬어서 모양을 보기에도 너무 약하다. 따라서 전자의 모양은 존재하지 않는다.

# 33
# 파동의 간섭, 푸리에 정리, 불확정성 원리

파동의 가장 신기한 성질은 9장에서 살펴본 중첩이다. 파동은 더해지면서 더 커질 수도 있지만 더 작아질 수도 있다. 마루와 마루처럼 위상이 같으면 더 커지지만, 마루와 골처럼 위상이 반대이면 상쇄되기 때문이다.

푸리에는 간단한 모양의 파를 더하여 복잡한 모양의 파를 만들 수 있다는 것을 보였다. 심지어는 평면파를 계속 합쳐 뾰족한 파를 만들 수 있고, 뾰족한 파를 계속 합쳐 평면파를 만들 수 있다.

**하이젠베르크 (불확정성 원리, 푸리에 전개 버전):** 여러 파동이 모여 공간의 한 점에만 존재하는 뾰족한 파가 되면, 이 파동 꾸러미의 위치는 잘 정의된다. 그러나 평면파의 성질을 잃게 되어 파장이 잘 정의되지 않는다. 반대로 파동이 평면파와 가까와질수록 파장을 잘 정의할 수 있지만, 공간의 특정한 점에서 모여있지 않게 되어 위치가 잘 정의되지 않는다.

파장은 평면파에만 잘 정의된다. 드브로이의 식에 따라, 파장을 잘 알면 입자의 운동량을 정확하게 알고 있는 것이다. 그러나 완벽한 평면파가 되려면 공간 상으로 무한히 펼쳐져 있어야 한다. 입자의 위치에 대한 정보가 아예 없는 것이다. 평면파를 합쳐 공간

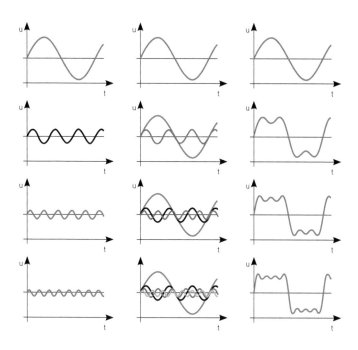

그림 125　사각파도 평면파를 많이 합쳐 만들 수 있다. 네 개의 파를 합치면 이미 사각파와 많이 가깝다. 첫 번째 열에 있는 파들을 위에서부터 더하는 과정이 두 번째 열에 나와 있다. 두 번째 열은 어떤 것을 더하는지만 표시했고 아직 더하지는 않았는데, 실제 더한 결과는 세 번째 열의 파가 된다.

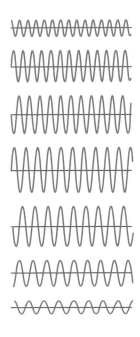 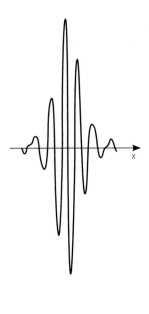

**그림 126**  온전한 평면파는 파장과 진동수가 하나의 값으로 정해진다. 속도나 운동량의 불확정도가 0 이다. 그러나 평면파는 공간적으로 어디에 있는지가 무의미하며, 굳이 이야기하자면 무한한 공간을 채우고 있다. 평면파를 합쳐 공간적으로 한군데 몰려 있는 파를 만들 수 있다. 그러나 공간적으로 단 한 점에 몰려 있는 파를 만들려면, 진동수가 다른 평면파를 무한히 많이 더해야 한다.

적으로 한군데 몰려 있는 파를 만들 수 있다. 그러나 공간적으로 단 한 점에 몰려 있는 파를 만들려면, 진동수가 다른 평면파를 무한히 많이 더해야 한다.

 이 두 긴장상태를 절충한 것이 그림 126에 나온 파이다. 복소 파동함수의 실수부만 나타내었지만, 복소함수 전체 크기의 절댓값 제곱을 가지고 그래프를 그려보면 앞의 그림 53과 같은 종형 곡선이 된다.

종형 곡선이 확률분포함수를 나타낼 때 평균과 표준편차를 구하는 법은 잘 알려져 있다. 종형 곡선의 마루가 있는 곳이 위치의 평균이며, 넓게 벌어질수록 표준편차가 크다. 이 표준편차를 위치의 불확정도라고 할 수 있다. 종형 곡선에 평면파 성분이 얼마나 들어있는지를 분석할 수 있다. 이를 펼쳐보면 운동량의 평균과 표준편차를 구할 수 있으며, 이 표준편차를 운동량의 불확정도라고 할 수 있다. 실제로 이들의 관계를 구해보면 이전과 같은 식

$$(\text{위치의 표준편차}) \times (\text{운동량의 표준편차}) \geq \frac{h}{4\pi}$$

에서 등호를 만족한다. 만약 이 종형 곡선이 더 좁아지면, 위치의 표준편차는 줄어들지만 운동량의 표준편차는 늘어나, 그 곱은 여전히 우변보다 크다.

이 계산은 파동함수의 모양을 가지고 했다. 그러나 측정해보지 않고 파동함수를 알 수는 없다. 그리고 실제 세계에서 일어나는 일은 파동함수가 알려주는 것과는 조금 다르다. 위치를 측정하면 점이 하나만 찍히기 때문이다. 따라서 실제로는 똑같은 파동을 여러 개 만들어 스크린에 어떤 위치에 점을 찍는지를 조사한 후, 이 위치들의 평균과 표준편차를 가지고 불확정도를 얻을 수밖에 없다.

# 34

# 입자와 파동을 한꺼번에 다루는
# 해밀톤 역학[93]

양자역학은 파동과 입자의 구별을 없애버렸다(7장).[94]

그러면 어떻게 양자역학을 기술해야 할까? 재미있게도, 고전역학에 파동과 입자를 동시에 기술하는 방법이 있다. 바로 해밀톤이 만든 역학이다. 이를 통해 뉴턴의 운동 법칙을 새로운 방식으로 이해할 수 있을 뿐 아니라, 양자역학에서도 똑같은 형태로 사용할 수 있다. 따라서 고전역학에 나오는 양을 직접 비교할 수 있다. 슈뢰딩거 방정식은 이러한 해밀톤 역학의 방정식을 변형하여 만들었다.

이 장은 방정식을 설명하는 장이기에 수식을 사용하지 않을 수가 없다. 그래도 수식 대신 그림을 보고 직관적으로 이해하기를 바란다.

## 살과 페르마의 원리

파동이 퍼져나가는 것은 보편적이다. 수조에 물을 가득 채우고 한군데를 툭 친다고 해보자. 그 점에서 물이 흐트러지다가<sup>disturb</sup> 그것이 점점 퍼져나간다.

물결이 퍼져나가는 동안 한 점을 따라갈 수 있다. 입자가 공간을 퍼져나가는 것처럼 생각해도 된다. 예를 들기 위해 그림 127에 퍼져나가는 구면파를 그렸다. 이들 가운데 한 점을 택해서 따라가보면, 반지름 방향으로 뻗어나가는 것을 알 수 있다.

빛의 경우 이렇게 빛이 날아가는 선을 빛살<sup>light ray, 광선</sup>이라고 한다. 해 주변의 먼지에 산란되기(20장) 때문에 빛이 기다란 살처럼 보이는데, 이를 햇살이라고 한다. 우리는 빛뿐만 아니라 물결이나 전자의 물질파도 생각하므로 이를 그냥 살<sup>ray</sup>이라고 하자. 살이 퍼져나가는 것에 대한 가장 근본적인 설명은 페르마의 원리이다.

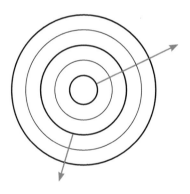

**그림 127**　퍼져나가는 파동의 한 점을 따라가보면, 파동이 퍼지면서 선을 만든다. 이를 살<sup>ray</sup>이라고 한다. 한 점에서 시작되는 살이 어떻게 움직일지를 이해하면 파동의 운동을 이해할 수 있다. 살이 날아가는 방향이 결정되면 페르마의 원리에 따라 움직인다. 그 정보는 지시곡선에 들어있다. 지시곡선은 날아가는 방향이 결정되면 그 점에서의 속도를 준다.

**그림 128**  페르마의 원리. 그림의 윗쪽은 모래사장이고 아랫쪽은 바다이다. 세상에서 제일 빠른 수영 선수도 그림에 표시된 두 점 사이를 이동하라고 한다면 최대한 모래사장에서 달려간 다음 물에서는 짧은 거리만을 수영할 것이다. 수영 선수를 빛살이라고 생각하고, 모래사장을 공기라고 생각하면 빛이 두 지점 사이를 지날 때 경계면에서 굴절하는 것을 설명할 수 있다. 매질이 일정하면 빛은 직선을 가지만 균일하지 않으면 최대한 시간이 적게 걸리는 경로로 간다.

**페르마의 원리(1662):** (빛)살이 출발해서 도착하는 두 점을 생각하자. 살은 시간이 가장 적게 걸리는 경로로 간다.

매질이 균일하면 빛은 직선으로 이동한다. 균일하다는 것은 중간에 장애물도 없고, 농도도 같아서 어느 지점을 보든지 물의 상태가 같다는 것이다.

이를 통해 빛의 굴절을 설명할 수 있다. 그림 128을 보자. 윗쪽은 모래사장이고 아랫쪽은 바다이다. 그림에 표시된 두 점 사이를 이동해야 한다고 하자. 세상에서 제일 빠른 수영 선수라고 해도 최대한 모래사장에서 달려간 다음, 물에서는 간단히 수영할 것이다. 수영 선수를 빛살이라고 생각하고, 모래사장을 공기라고 생각하면 빛이 두 지점 사이를 지날 때 경계면에서 굴절하는 것을 설명할 수 있다.

마찬가지로 중간에 유리나 물처럼 속도가 느려지게 되면 직선 경로를 유지하지 않고 꺾인다. 일반적으로 균일하지 않으면 휘어지면서 이동하는데, 이 모두를 페르마의 원리로 설명할 수 있다.

## 파면과 하위헌스의 원리

파동을 일으키면 시간이 흐름에 따라 퍼져나간다. 파동이 퍼지기 시작해서 일정한 시간에 다다른 점들의 모임을 파면<sup>wavefront</sup>이라고 한다. 파동이 퍼져 나가는 모양은 파면의 모양으로 이해할 수 있는데, 하위헌스의 원리로 설명할 수 있다.

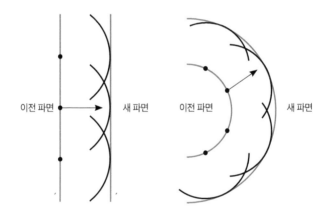

**그림 129**　하위헌스의 원리. 모든 파동은 파면의 모든 점에서 새로이 구면파가 퍼져 나가는 것으로 설명할 수 있다. 왼쪽 그림의 모든 점에서 구면파가 퍼져나간다면 이들의 합은 평면파가 될 것이다. 평면 위의 점이 아니라 구면 위의 점이라면 이들은 구면파를 만든다.

**하위헌스**Huygens**(1678):** 파면의 움직임은 파면의 모든 점에서 파가 다시 시작되는 것과 같다. 각 점에서 파동은 모든 방향으로 고르게 퍼져나간다.

파동의 부분부분은 그 점에서 모든 방향으로 고르게 퍼져나가려는 구면파이다. 만약 수조에 자와 같이 길쭉한 도구로 물결을 만들었다면 파동의 시작은 한 줄로 이어진 점들의 모임에서 퍼져나간다. 이들이 합쳐져서 평면파를 만든다. 한 점에서 시작된 파동도 계속 구면파로 퍼져나가는 것을 설명할 수 있다. 일정한 시간이 되면 파면이 더 큰 원이 되는데, 다 더해보면 구면파를 만든다. 이들뿐만 아니라 복잡하게 생긴 파동도 똑같은 원리로 만들 수 있다.

실틈을 지나가는 파동도 하위헌스의 원리를 적용하면 에돌이가 생기는 것을 증명할 수 있다. 따라서 틈을 지나는 순간 파면을 다시 한 번 파도가 일어나는 점들로 생각할 수 있다. 좁은 실틈을 지나는 파는 좁은 데에 있는 몇 개 안되는 구면파를 더하는 것이다. 그러면 틈에서 구면파가 시작한 것과 거의 비슷하다. 모든 방향으로 퍼져나간다.

하위헌스의 원리는 페르마의 원리와 동등하다. 하나를 받아들이면 이를 통하여 다른 하나를 증명할 수 있다.


## 해밀톤의 설명

이제 파면과 살의 관계에 대하여 알아볼 차례이다. 원점에서 퍼져나가는 물결을 생각해보자. 물결이 생겨난 뒤 일정한 시간 t가 지나면 물결이 퍼져 있을 것이다. 이 퍼진 점 **q**들의 모임을 파면이

라고 한다. 시작점으로부터 **q**까지의 거리를 나타내는 함수

$$S\,(\mathbf{q}) = t$$

로 파면을 기술할 수 있다. 이 함수 $S(\mathbf{q})$를 작용[action]이라고 부르자. 시간이 흐를수록 $t$가 커지므로 작용도 커지며, 원점에서 그 작용이 나타내는 점 **q** 들까지 거리가 커진다. 그림 130에 시간이 흐르면서 퍼져나가는 파면 세 개를 겹쳐 그렸다.

가운데서 시작한 파동은 점점 퍼져나가는데, 북서쪽으로는 많이 퍼졌고 북동쪽으로는 별로 많이 안 퍼졌다. 이 그림을 등고선

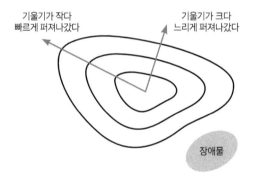

**그림 130**   시간이 흐르면서 퍼지는 파동. 사진을 세 번 찍은 것처럼 파동을 겹쳐 그린 것이다. 같은 시각에 퍼져있는 점들을 이은 것을 파면이라고 하며, 파면의 정보를 담고 있는 물리량이 '작용'이다. 북서쪽으로는 많이 퍼졌고, 북동쪽 방향으로는 별로 많이 안 퍼졌다. 이 그림을 등고선처럼 보면, 가운데 있는 곡선이 제일 높고 바깥쪽으로 갈수록 낮아진다. 화살표를 참조하면 북서쪽으로는 기울기가 완만하고, 북동쪽은 가파르다. 그러나 등고선과 다른 점은, 가파른 방향으로 느리게 퍼져나간다는 것이다. 같은 시간 동안 별로 많이 못 퍼졌기 때문이다. 따라서 방향을 생각한 기울기 **p**를 느리기라고 부른다.

처럼 보면, 가운데 있는 타원이 제일 높고 바깥쪽으로 갈수록 낮아진다. 북서쪽으로 완만하고, 위아래 방향으로는 가파르다. 그러나 등고선과 다른 점은, 가파른 방향으로 느리게 퍼져나간다는 것이다. 같은 시간이 흘렀지만 별로 많이 퍼지지 않았기 때문이다. 따라서 파면(등고선)의 기울기gradient

$$\mathbf{p} = \nabla S$$

를 해밀톤은 '수선의 느리기'라고 불렀다. 느리기slowness는 빠르기의 반대말인데, 빠르기가 클수록 빨리 가는 것처럼, 느리기 $\mathbf{p}$가 클수록 파면은 느리게 퍼져나간다. 기울기가 큰 방향으로 느리기가 크다. 느리기가 큰 곳에 파면들의 간격이 좁으므로, 파면은 느리게 퍼져나가는 것이다. 반대로, 느리기를 알면 파면이 어떻게 퍼져나가는지 알 수 있다. 파동이 지나가면서 속도가 변하는 정보는 이제 살펴볼 지시곡선indicatrix이라고 하는 것 안에 들어 있다.

## 지시곡선

계속해서 호수에서 퍼져나가는 물결을 생각하자. 물이 퍼져나가는 데 걸림돌이 없다면 파동은 균일하게 퍼져 나갈 것이다. 점으로 파동을 일으키면 완전한 동심원이 되어 퍼져 나갈 것이다.

물의 깊이가 다르거나 그물이 놓여 있다면 물살이 더 빨라지거나 느려질 수 있다. 물체가 가로막고 있다면 그 부분은 통과하지 못할 것이다. 이때는 점으로 파동을 일으켜도 장애물이 곳곳에 놓여 있기 파동이 일그러지면서 퍼져나갈 것이다. 파면을 보면 각 점들의 속력이 달라진다.

마찬가지로 빛이 빈 공간(진공)을 지나간다면, 속도나 방향을 바꾸지 않고 곧장 나간다. 그러나 공간 중간중간에 유리나 다른 투명한 물체가 있다면 이를 통과하면서 느려진다.

다른 위치에서 퍼져나가는 속력이 다를 수도 있다. 이를 공간이 균일homogeneous하지 않다고 한다. 같은 위치에서도 어떤 방향으로 퍼져나가냐에 따라 속력이 다를 수도 있다. 이를 등방isotropic(방향에 상관 없이 같다)하지 않다고 한다.

이에 대한 정보는 지시곡선에 들어있다.

그 점에서, 살이 날아가는 방향을 주면 지시곡선은 빛의 속력을 알려준다. 지시곡선의 중심에서 곡선 경계를 향하는 벡터의 크기가 바로 속력이다.

살이 어느 방향으로 날아가든지 속력이 같으면 지시곡선은 원이 된다(연못이 아닌 3차원 공간에서 지시곡선은 구면이 되므로 지시곡면이라고 불러야 할 것이다). 날아가고자 하는 방향에 장애물이 있으면 지시곡선은 일그러져서 그 방향의 속력은 줄어든다. 따라서

지시곡선은 장애물이나 균일하지 않은 매질의 분포를 반영해준다.

평평하지 않은 지구에 그림 131처럼 지시곡선을 그릴 수 있다. 구를 입체적으로 그리고 지시곡선도 입체적으로 나타냈다고 볼 수도 있다. 아니면, 구를 평면에 억지로 펼쳐놓고 공간이 휜 것을 지시곡선으로 나타냈다고 볼 수도 있다.

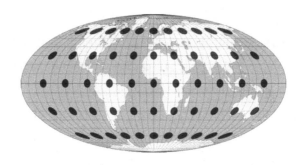

그림 131  지구 위를 움직일 때 어디로 날아가는지를 알려주는 지시곡선. 지구 표면은 2차원 표면이므로 이렇게 그렸다. 3차원 공간 안에서는 타원체로 그릴 수 있다.

지구를 다른 방식으로 평면에 펼쳐놓을 수 있다. 다음은 지시곡선이 최대한 원형이 되도록 한 것이다.

## 지시곡선에서 느리기를 얻을 수 있다

지시곡선은 파동이 지나가는 지점에서 광선이 어떤 속도로 퍼

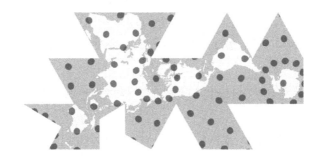

그림 132  지구를 최대한 평면에 펼쳐서 그렸다(Fuller 펼침). 지시곡선이 거의 원형인 것을 알 수 있다. 종종 찌그러진 부분이 있는 것은 완벽하게 평면으로 펼칠 수는 없기 때문이다.

져나갈지를 알려준다고 했다. 따라서 곳곳의 지시곡선 분포를 알면 파동이 어떻게 퍼져나가는지를 알 수 있다. 파동이 퍼져나가는 것은 느리기를 구하면 된다. 지시곡선에 대한 정보를 담은 함수를 라그랑쥬 함수 $L$이라고 한다. 이는 위치의 함수일 뿐 아니라 속도의 함수이다. 속도의 함수로 보아 속도의 기울기를 구할 수 있는데, 이것이 느리기 **p**를 준다

$$\mathbf{p} = \blacktriangledown L$$

로 쓸 수 있다.[*]

느리기 **p**의 크기는 앞서 보았든 파면이 퍼져나가는 정도이고, 방향은 수선방향이다. 하위헌스의 원리에 의하면 현재 파면은 이전에 퍼진 파면들에 외접한다(그림 129를 참조). 이전 파면의 속도곡선은 바로 지금 파면을 가리킨다. 직전의 파면과 지금 파면의 차이가 속도에 대한 등고선 기울기이고, 이것이 바로 느리기 p이다.

### 지시곡선과 작용과의 관계

지시곡선이 공간에 어떻게 분포하는가를 알면 빛이 이동하는 방향과 크기를 알 수 있다. 여기에 접하는 평면의 수선 방향으로 파면이 퍼져나가는 것이다.

---

[*]　속이 빈 삼각형은 위치 공간의 기울기를 나타낸다. 편미분을 써 나타내면 $\nabla L = \frac{\partial L}{\partial \mathbf{q}}$ 이다. 속이 찬 삼각형은 속도 공간의 기울기를 나타낸다.

$$S(\mathbf{q}, t) = \int_{\gamma} L \, dt$$

지시곡선 $L$은, 위치 $\mathbf{q}$와 이의 시간에 대한 변화인 $\mathbf{v}$의 함수였다. 이를 위치 $\mathbf{q}$와 느리기 $\mathbf{p}$의 함수로 바꿀 수 있다.

$$H = \mathbf{p} \cdot \mathbf{v} - L$$

이를 해밀톤 함수 또는 해밀토니안이라고 부른다. 마지막으로 작용 $S$를 시간에 대하여 미분하면, 지시곡선에 대한 관계식이 해밀토니안에 대한 관계식으로 바뀐다.

$$\frac{\partial S}{\partial t} + H(\mathbf{p}, \mathbf{q}, t) = 0$$

작용이 시간에 대하여 변하는 것은, 즉 파면이 퍼져나가는 정도는 해밀토니안이 알려준다. 지시곡선에 대한 정보가 해밀토니안에 들어 있기 때문이다.

위의 방정식을 작용에 대한 미분방정식으로 쓰면

$$\frac{\partial S}{\partial t} + H(\nabla S, \mathbf{q}, t) = 0$$

라고 쓸 수 있다. 이를 해밀톤-야코비 방정식이라고 한다. 이 방정식을 풀면 작용 $S$을 얻을 수 있다.

## 슈뢰딩거 방정식

슈뢰딩거 방정식은 시간이 흘러가면서 파동함수 ψ가 어떻게 변하는지를 기술하는 방정식이다. 슈뢰딩거가 방정식을 발견할 당시 가지고 있던 몇 가지 실마리를 나열해보자.

1. 실험을 통하여 얻은 수소 원자 스펙트럼과 이에 대한 보어의 설명(14장)
2. 플랑크, 아인슈타인, 특히 드브로이의 관계식(11장)
3. 수소 원자는 고전역학이 적용되지 않을지라도 이들이 모여 큰 물체가 되면 고전역학이 적용되어야 한다.

이 책에서는 겹실틈 실험을 통하여 전자의 파동성을 보았지만, 양자 역학이 탄생하던 시절의 유일한 단서는 수소 원자의 스펙트럼이었다.

파동함수는 복소함수이다. 이를 크기와 위상으로 나누어 쓸 수 있다(12장). 파동함수의 위상을 보면 언제나 어떤 함수를 플랑크 상수 $\hbar$로 나눈 것이다.

$$\psi = Ae^{i(px - Et)/\hbar}$$

답을 알고 있는 경우에 슈뢰딩거 방정식이 어떤 정보를 주나를 생각해보면, 슈뢰딩거가 방정식을 알아냈는지를 추측할 수 있다. 우리는 방금 평면파를 나타내는 파동함수를 보았다. 여기에서 $E$는 상수이고 파동이 얼마나 빠르게 출렁이는지(시간에 따른 위상 변화)를 나타내준다고 했다. 이 함수를 시간 $t$에 대해 미분하면

$$\frac{d}{dt}\psi = \frac{-iE}{\hbar}\psi$$

가 된다. 사실은 평면파가 아니더라도 잘 정의된 에너지를 갖는 파동함수는 위의 식을 만족한다. 다시 말해 파동함수가

$$\psi = f(x)e^{-iEt/\hbar}$$

꼴이다.

파동함수의 위상을 살펴보자. 플랑크 상수의 단위는 에너지(J)와 시간(s)을 곱한 단위와 같으므로 $E \cdot t$가 들어있다. 이는 또 위치(m)와 운동량(kg·m/s)을 곱한 것과 같다. 이 단위를 가진 물리량이 있다. 작용(action)이라고 부르는 것이다. 그래서 파동함수를 이렇게 쓰기도 한다.

$$\psi = \rho e^{iS/\hbar}$$

파동함수의 위상은 작용에 허수단위를 곱하여 플랑크 상수로 나눈 것이다. 이를 시간에 대하여 미분해보면 이는 바로 앞에서 본 알려진 해밀톤-야코비 방정식과 거의 같다. 완전히 같지는 않지만 슈뢰딩거는 이 관계를 거꾸로 이용하여, 고전역학에서 정당화될 수 있는 방정식을 찾아냈다

파동함수는 슈뢰딩거 방정식을 만족한다.

**슈뢰딩거(1925)**: $i\hbar\dfrac{d\psi}{dt} = \hat{H}\psi$

이다. 여기에서 $\psi$는 파동함수, $\hbar$는 플랑크 상수, $i$는 앞 장에서 본 허수단위이다. $\hat{H}$는 앞서 나왔던 해밀토니안인데, 위치와 느리기가 양자역학의 연산자로 대체되기 때문에 모자 기호를 씌웠다. 해밀토니안의 고윳값이 에너지가 되어 방정식 $\hat{H}\psi = E\psi$을 만족한다. 이 방정식도 슈뢰딩거 방정식이라고 한다.

이러한 사고 과정을 거쳐 슈뢰딩거 방정식을 어느 정도 정당화할 수는 있지만 유도할 수는 없다. 슈뢰딩거는 이 방정식으로 수소 원자의 스펙트럼을 계산하여, 지금까지 얻었던 모든 실험결과를 설명한다는 것을 알고 이를 발표하였다.

앞서 기술한 것처럼 파동함수는 위치에 따른 총 에너지의 구성이 다른데 이에 대한 정보는 $\hat{H}$에 들어있다. 왼쪽에 $d/dt$라고 쓰여 있는 것은 시간에 대한 미분으로, 파동함수 $\psi$의 시간에 대한 변화를 서술한다.

자연을 기술하는 방정식은 일반적으로 보존되는 양을 기술하는 식이다. 이곳에서 없어지는 것이 있으면 어디에선가는 생겨나고, 줄어드는 것이 있으면 다른 곳에서 늘어난다는 것이다. 슈뢰딩거 방정식은 기체가 퍼져나가는 것이나 열 전달을 기술하는 방정식과 아주 비슷하게 생겼다.

그러나 근본적으로 다른 것이 있다면 슈뢰딩거 방정식의 파동함수가 복소수이고 방정식에도 허수 $i$가 들어간다. 이 방정식의 다른 부분이 모두 실수라면, 파동함수는 복소함수여야 한다.

## 길잡이파 해석

읽는이가 고전역학을 공부해보았다면, 해밀턴이 도입했던 느리기 **p**가 운동량이라는 것을 알아챘을 것이다. 만약 지시곡선이 그 점에서 원형이라면, 느리기는 속도에 질량을 곱한 m·v가 일치한다. 즉 $\mathbf{v} = \dfrac{\nabla S}{m}$가 된다.

해밀턴 역학을 사용하면 입자 하나의 위치와 운동량을 순간순간 추적해서 입자의 운동을 알아낼 수 있다. 드브로이와 봄은 이 느리기를 전자 하나의 운동량으로 해석했다. 따라서 앞의 방식으로 슈뢰딩거 방정식을 풀면 파동함수의 실수부는 확률을 주지만, 위상인 작용의 기울기 $\mathbf{p} = \nabla S$ 는 전자의 운동량이 된다.

거꾸로, 슈뢰딩거 방정식이 근본적인 방정식이라고 생각하자. 파동함수를 똑같이 $\psi = \rho e^{iS/\hbar}$ 이라고 놓고 슈뢰딩거 방정식에 넣어보면, 두 개의 방정식을 얻는다.

1. $\dfrac{\partial \rho^2}{\partial t} = -\nabla \cdot (\rho^2 \mathbf{v})$

여기에서 **v**는 앞서 보았던 전자의 속도이다. 보른 규칙에 따라 $\rho^2$이 파동함수의 절댓값 제곱으로 입자가 그 자리에 있을 확률을 나타낸다. 이 방정식은 확률이 시간이 지나면서 모든 방향으로 v속도로 골고루 퍼져나간다는 내용을 담고 있다.

2. $-\dfrac{\partial S}{\partial t} = \dfrac{(\nabla S)^2}{2m} + V + Q$

여기에서

$$Q = -\dfrac{\hbar^2}{2m} \dfrac{\nabla^2 \rho}{\rho}$$

를 제외한 부분은 고전역학의 해밀턴-야코비 방정식이다. 이 $Q$ 에만 플랑크 상수가 들어 있는데, 고전역학만 생각하면 이를 무시해도 된다. 마찬가지로 $\rho^2$이 확률을 나타내므로, 양자역학의 확률이 나오도록 전자를 인도하는 양자 퍼텐셜의 방정식으로 해석할 수 있다.

따라서 해밀톤-야코비 방정식을 풀어 작용을 알면, 그 자리에서 전자의 속도를 알게 되고 전자의 경로를 알게 된다. 살이 이동하는 것이 전자 하나가 이동하는 것이다. 전자의 운동은 고전역학에서 기술하는 것과 크게 다르지 않다.

# 35
# 전자는 모든 곳으로 간다

그러니 여러분은 이 기회에 빛보다 빠른 빛이 있다는 것도
알아두기 바랍니다.

*- 리처드 파인만, QED*

왜 전자들을 구별할 수 없는지 알아냈네.
그 이유는 전자가 단 하나밖에 없기 때문이야.

*- 존 아치볼트 휠러*

나는 어디에나 있다

*- 다크맨*


　슈뢰딩거 방정식을 통해서 측정 전에 물체가 어떻게 이동하고
퍼져나가는지를 완전히 알고 있고, 확률까지도 완전히 계산할 수
있다. 파동함수와 이를 확률로 연결시키는 보른 규칙에 대해서는
거의 모든 해석이 동의하며 다만 각 해석은 보른 규칙이 어떻게 나
오는지를 더 자세히 그러나 다른 그림으로 설명할 뿐이다.
　파동함수와 슈뢰딩거 방정식을 다르게 이해할 수 있는 방법이
있다. 디랙과 파인만은 양자 효과가 어떻게 일어나는지를 슈뢰딩
거방정식을 쓰지 않고 재해석했다. 파동에 대한 그림은 다르게 그
리지만, 결과적인 파동함수는 슈뢰딩거의 해석과 같다.

## 더 많은 겹실틈

겹실틈 실험으로 되돌아가 보자. 전자 하나를 쏘더라도 간섭을 일으키므로, 두 실틈을 다 이용한다는 결론을 내렸다.

**그림 133**　겹실틈 실험을 확장할 것이다.

실틈을 하나 더 만들면 어떨까? 똑같은 방식으로 생각하면 되는데, 세 실틈에서 파동이 시작되는 것처럼 파동함수를 쓰고 이들을 모두 더하면 된다.

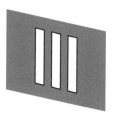

**그림 134**　실틈의 갯수를 늘려도 겹실틈 문제와 크게 다르지 않다. 두 개의 파동 대신 세 개의 파동을 중첩하면 된다.

달라지는 것은 간섭이 더 복잡하게 일어난다는 것이다. 그래도 원칙적으로 일어나는 일은 같다. 실틈 세 개를 지나가는 파동은, 실틈 세 개에서 다시 시작하는 것처럼 생각할 수 있고, 물결 더하듯이 파동을 더하면 된다.

실틈 뒤에 실틈을 더 놓으면 어떻게 될까?

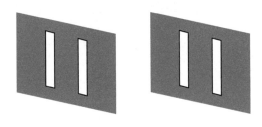

그림 135　실틈을 두 겹으로 덧대어도 겹실틈 문제와 크게 다르지 않다. 실틈이 있는 곳만 따라가면 된다. 다만 두 번째 실틈을 통과할 때 파동의 위상은 첫 번째 실틈에서 시작한 파동의 중첩으로 구해야 한다.

첫 번째 겹실틈을 통과한 전자의 파동이 어떻게 퍼지는지는 9장에서 계산했다. 이 파동이 두 번째 겹실틈을 만난다. 있는 곳은 통과하겠지만 그렇지 못하면 막힐 것이다. 기억할 것은, 두 번째 실틈에서 파동이 다시 시작하는 것처럼 계산하는 것은 같으나, 어떤 위상(마루, 골)에서 시작하는지는 평면파가 아니라, 첫 번째 겹실틈을 통과했던 파동으로 주어진다.

또 이런 백 개, 천 개, 일억 개의 실틈들을 만들어도 똑같이 생각할 수 있다. 역시 각각의 실틈에서 새로운 파동이 시작되는 것처럼 해서 파동함수를 더해서 계산하면 된다. 실틈을 백 개, 천 개, 일억 개 앞뒤로 겹쳐 놓아도 상황은 같다.

실틈 실틈의 사이를 줄이면? 실틈 사이를 넓히는 것은 간섭의 효과를 막았던 것을 그림 20에서 보았다. 어떤 실틈으로 지나가는 지를 알아내는, 입자의 성질을 강조한 거르기였기 때문이다. 그러나 실틈 사이를 좁히는 것은 간섭이 더 잘 일어날 조건을 만든다.

실틈과 실틈의 사이를 아예 없애면? 겹쳐진 실틈을 더 조밀하게 가져다 놓으면? 그림 136에 나타낸 이 상황은 사실은 지금까지 생각해본 모든 요소를 합친 것이다.

그런데 이렇게 만든 것은 빈 공간과 같다.

빈 공간은 무수히 가는 실틈이 옆으로 펼쳐져 있고, 이런 것이 촘촘히 겹겹이 펴져있는 것 같다. 따라서 빈 공간을 지나가는 전자가 어떻게 진행하는지를 알려면 공간을 그림 137처럼 가상의 구역으로 쪼갠 다음, 한 칸에서 다음 칸으로 뛰어넘을 때 무슨 일이 생기는지만 알면 된다. 이 구역이 촘촘할수록 실제의 조밀한 공간을 더 정확하게 반영할 것이다.

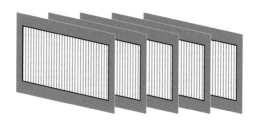

그림 136　실틈을 무수히 많이 만들고 간격을 무한히 줄이면, 실틈이 아예 없이 구멍이 뚫린 것과 같다. 또 실틈을 여러 장 가까이 겹쳐 놓으면 진행 방향으로 아무 것도 없는 것과 같다. 빈 공간은 실틈의 모임이다.

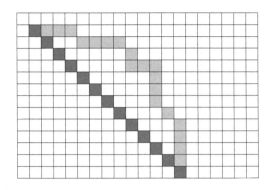

**그림 137** 실틈을 무수히 많이 만들고 간격을 무한히 줄이면, 실틈이 아예 없이 구멍이 뚫린 것과 같다. 또 실틈을 여러 장 가까이 겹쳐 놓으면 진행 방향으로 아무 것도 없는 것과 같다. 빈 공간은 실틈의 모임이다.

　한 격자에서 다음 격자로 도달할 때 파동이 어떻게 변할까? 파동이 퍼져나가면서 바뀌게 되는 것은 위상이므로 파동함수에 위치들의 함수 $e^{iS/\hbar}$ 를 곱하면 된다. 아직 $S$가 어떤 함수인지는 이야기하지는 않았지만 이는 지금 칸의 위상을 다음 칸의 위상으로 반영하고 있어야 하므로, $S$는 모든 칸의 위치의 함수여야 한다. $\hbar$는 플랑크 상수이고, 이것이 들어간 파동함수가 양자 현상이라는 것을 반영한다.

　$S$를 모르지만, 일단 이를 유한한 거리를 이동하는 문제로 확장하여 생각해보겠다. 사실은 이 과정에서 $S$가 어떤 함수인지 알게 된다. 이 위상의 변화를 원점에서 $x$까지 이동하면서 계산하면, 그 결과는 원점에서 퍼져나간 파동의 $x$에서의 '물결 높이'(진폭)와 같은 것이다. 이는 다름 아닌 파동함수이다. 왜냐하면 이의 제곱이 $x$

에서 입자가 관찰될 확률을 주기 때문이다.

요약하자면, 파동함수를 얻기 위해서는 0과 x를 잇는 모든 경로를 모두 다 찾아야 하고, 각 경로는 작은 격자로 나누어서 함수 $e^{iS/\hbar}$를 곱해야 한다.

(파동함수) = (원점과 $x$를 잇는 모든 경로를 고려한 합) (각 경로를 작은 구간으로 쪼갠 합) $e^{iS/\hbar}$

구간이 작으면 합이 적분이 되므로, 이를 경로 적분<sup>path integral</sup>이라고 부른다.[95]

만약 '이상한' 경로를 택하면, $\hbar$로 나눈 것 때문에 위상이 너무 빨리 바뀌어서 이들을 다 곱한 것이 상쇄되어 버린다. 위상이 천천히 바뀌어서 상쇄되지 않는 곳은 함수 $S$가 최소가 되는 경로이다. 이를 만족하는 함수 $S$는 앞 장에서 구한 작용이고, 이 성질은 다름 아닌 라그랑주가 뉴턴 역학을 재해석한 방식이다.

작용 $S$에는 파동함수가 잘 나가지 못할 방해물들(앞 장에서 본 지시곡선)에 대한 정보가 들어 있다. 이 방해물들은 퍼텐셜로 주어지고 $S$를 결정한다. 이것을 알면 경로 적분을 통하여 파동함수를 구할 수 있다. 슈뢰딩거 방정식을 사용하지 않고 (그러나 대등한 방법이다) 파동함수를 구할 수 있다.

용어
설명

**가이거 계수기**<sup>Geiger counter, 또는 가이거-뮐러 계수기, Muller -</sup> 방사선을 감지하는 장치.

**각운동량**<sup>angular momentum</sup> 물리 법칙이 공간의 회전에 대하여 불변한다는 대칭에 대한 보존량이다. 회전의 양자역학에서는 각운동량이 양자화되어 있어 특정한 값만 가질 수 있다.

**간섭**<sup>interference</sup> 파동이 중첩되어 더 커지거나 상쇄되는 현상. 더 커지면 보강 간섭(음의 방향으로 더 커져도 보강 간섭이다), 더 작아지면 상쇄 간섭이라고 한다. 에돌이도 간섭으로 설명할 수 있다.

**거르기**<sup>filteration</sup> 이 책에 쓰이는 용어로, 파동함수를 측정하는데 실패했으나, 측정하기 위하여 준비된 장치(실틈이나 편광판 등)를 통과시켜 원하는 상태를 얻는 것.

**거시**<sup>macroscopic</sup>, **미시**<sup>microscopic</sup> 육안으로 볼 수 있는 큰 크기를 거시적인 크기, 현미경으로 보아야만 볼 수 있을 정도의 작은 크기를 미시적인 크기라고 한다. 대개는 거시적인 대상이 고전역학, 미시적인 대상이 양자역학을 따르기도 하지만 꼭 일치하지는 않는다.

**결맞음**<sup>coherence</sup>, **결깨짐**<sup>decoherence</sup> 파동의 중첩이 유지되는 상태를 결맞음, 중첩이 유지되지 않는 상태를 결깨짐이라고 한다. 주의할 것은 한 대상만 보면 결깨짐이 생기는 것이지만, 배경으로 간주하던 다른 입자들과 결맞음 상태가 되어 그 정보를 무시한 것일 수 있다.

**결정론**<sup>determinism</sup> 우리가 충분히 많이 알고 있으면 어떤 일이 일어날지 충분히 정확하게 예측할 수 있다는 믿음. 경우에 따라 '충분히'를 '무한히' 또는 '완벽히'로 생각할 수 있다.

**겹실틈**double slit   두 개의 실틈이 가까이 있어 들어오는 파가 간섭을 일으키도록 만든 장치. 이때 두 실틈의 간격은 파장에 비해 너무 넓게 떨어져 있으면 안 된다.

**고유상태**eigenstate 측정은 특정한 물리량을 알아내는 것인데, 그 물리량을 측정해도 파동함수가 바뀌지 않는 상태. 수학적으로, 관측 가능한 물리량에 대해서는 연산자가 존재하는데, 이 연산자를 가해도 변하지 않는 상태이다. 선형대수학에서 연산자는 벡터를 변환시키는 행렬인데, 고유벡터가 행렬의 대칭을 반영하고 있다면 벡터는 변환되지 않는다(힐베르트 공간의 벡터는 확대되어도 같은 벡터로 취급하므로, 변환되지 않는다는 말에 확대를 포함시키기도 한다).

**고유 벡터 → 고유상태**

**고전역학**classical mechanics   물체의 운동, 즉 위치와 속도를 가지고 세계를 이해하려는 역학. 양자역학에 반하는 개념으로, 현대에 발전한 상대성이론도 포함시킨다.

**고전적**classical   고전역학이 성립하는 세상의 원리.

**골 → 마루와 골**

**광선 → 살**

**광자**photon　입자로서의 빛(전자기파)의 기본 단위. 에너지는 진동수에 비례하고, 파장에 반비례한다. 전자기력을 매개하는 입자이기도 하다. 횡편광을 갖는다.

**광전 효과**photoelectric effect　금속에 특정한 진동수 이상의 빛을 쪼이면 전류가 흐르는 효과. 입자로서의 빛의 기본 단위인 광자의 존재를 확인하게 된 실험 가운데 하나이다.

**교환가능성**commutativity, commutable　두 물리량을 측정할 때, 순서를 바꾸어 측정해도 같은 결과가 확실히 나오면 두 물리량은 교환가능하다고 한다. 위치와 운동량은 교환가능하지 않다.

**구면파**spherical wave　점에서 퍼져나가 파면이 구면을 이루는 파동.

**구지**Guzy　이 책에만 나오는, 안드로메다 은하 어딘가에 있을 것으로 추정되는 행성. 지구와 얽힌 상태를 교환하면서 실험을 한다.

**국소성**locality　모든 상호작용(또는 신호)은 빛 속도보다 빨리 전달될 수 없다는 원리. 상대성이론에서 빛의 속력은 관찰자에 무관하게 같다는 원리에 바탕을 두고, 빛보다 빠른 것은 없다는 것에 바탕을 두고 있다.

**길잡이파**pilot wave　양자역학의 파동함수는 그것이 기술하는 입자의 경로를 결정해준다는 뜻에서 파동함수를 길잡이파라고 부른다. 역시 슈뢰딩거 방정식을 만족하지만, 잘 전개하면 전자를 길잡이해주는 퍼텐셜의 영향을 읽을 수 있다.

**꿰뚫기**<sup>tunneling</sup> 고전적으로는 에너지가 부족해서 지나갈 수 없는 곳을 지나가는 양자 현상.

**느리기**<sup>slowness, - of wavefront</sup> 해밀톤 역학에서 파면이 퍼져나가는 것을, 파면의 한 점에서 기울기<sup>gradient</sup>로 계산할 수 있는데, 이를 느리기라고 한다. 기울기가 크면 같은 시간동안 파면이 조금밖에 퍼지지 못한다는 것이다. 이 파면의 한 점을 따라가면서 살<sup>ray</sup>의 이동을 입자의 운동으로 생각할 수 있는데, 이때 느리기는 입자의 운동량이 된다.

**대응 원리**<sup>Correspondence Principle</sup> 양자역학의 이상한 법칙들도 모아서 평균을 내면 고전역학이 되어야 한다는 원리. 이 세상은 양자역학의 이상한 현상을 관찰할 수 없지만, 이 세상을 이루고 있는 기본 입자들은 양자역학을 따른다. 따라서 기본 입자들의 모임으로 고전 물체를 만들면 고전역학을 따라야 한다는 원리.

**라그랑지안**<sup>Lagrangian</sup>, **라그랑쥬 함수**<sup>Lagrange function</sup> 라그랑쥬가 제안한, 물체의 위치와 속도, 시간에 대한 함수이다. 라그랑지안을 시간에 대하여 적분한, 작용이 최소가 될 조건이 뉴턴의 운동방정식을 일반화한 방정식(오일러-라그랑쥬 방정식)을 준다. 파동이 퍼져나갈 때 지시곡선의 역할을 한다.

**마루와 골**<sup>peak and valley</sup> 평면파에서 파동이 최대인 지점을 마루<sup>꼭대기</sup>라고 하고 파동이 최소(음으로 최대)인 지점을 골<sup>골짜기</sup>이라고 한다. 산의 마루는 산 꼭대기를 이야기하고 산의 골(골짜기)은 푹 패인곳을 이야기한다.

**많은 세계 해석 → 여러 세계 해석**

**말루스의 법칙**Malus's law   편광판을 두 개 통과한 빛은, 두 편광판의 각도의 코사인 제곱만큼 밝기가 변한다는 법칙. 편광 벡터를 두 편광의 축을 기준으로 분해하면, 두 번째 편광판 방향 성분의 크기 제곱으로 이해할 수 있다. 고전적으로는 파동의 진폭 제곱이 밝기에 비례한다는 것으로 이해했으나, 양자역학에서 빛의 밝기는 광자의 개수에 비례한다.

**매질**medium, media   고전적으로 파동을 움직이도록 하는 실제적인 물질들. 용수철처럼 복원력이 있어 한 부분이 움직이면 원래 자리로 돌아오려는 성질이 있다.

**무너짐 → 파동함수의 무너짐**

**물질파**matter wave   전자와 같은 물질도 파동의 성질을 갖게 되어 간섭 등을 일으킨다. 파장은 드브로이의 식으로 주어지며, 플랑크 상수를 운동량으로 나눈 것이다.

**방사선**radiation   원자가 붕괴하면서 나오는 입자. 기본입자인 전자나 광자가 나오기도 하고, 헬륨 원자의 원자핵인 알파 입자가 나오기도 한다.

**방사능**radioactivity   반감기가 상대적으로 짧아 원자의 붕괴가 빨리 일어나는 성질.

**반감기**lifetime   모든 원자는 방사선을 내며 붕괴하여 다른 원자가 된다. 오래 기다리면 붕괴하게 되는데, 반감기가 지나면 원자 하나가 붕괴할 확률이 반이 된다. 따라서 반감기가 한 번 지나면 원자 가운데 반이 붕괴한다.

**벡터**^vector  크기와 방향을 가지며, 평행사변형법으로 더할 수 있는 대상. 대수적으로 수들의 모임으로 생각한다면 함수도 벡터로 생각할 수 있다. 복소함수 벡터의 공간을 힐베르트 공간이라고 한다.

**벨 부등식**^Bell inequality  EPR이 제안한 것처럼 실재성과 국소성을 가정하면 고전역학에서 예측하는 물리량과 양자역학에서 예측하는 물리량이 차이가 나고 부등식을 만족한다. 양자역학의 얽힘과 간섭 효과 때문에 물리량이 상쇄되기 때문이다. 이는 특정한 상황에 국한되지 않은 충분히 일반적인 부등식이므로, EPR 역설을 실험으로 확인하는 방법을 제시한다.

**보른 규칙**^Born rule  파동함수를 실제 관찰과 연관짓는 규칙으로, 파동함수의 절댓값 제곱이 그 대상을 그 위치에서 발견할 확률밀도를 준다는 해석. 이를 통하여 운동량이나 에너지 등 물리량의 기댓값도 구할 수 있다.

**복사**^radiation  에너지를 전자기파로 방출하는 현상.

**복굴절**^birefringence  빛이 편광 상태에 따라 다르게 굴절되는 현상. 편광되지 않은 빛은 복굴절되면 두 개의 상을 맺게 된다.

**붕괴**^collapse → **파동함수의 무너짐**

**붕괴**decay  원자가 일정 확률로 방사선을 내고 다른 원자로 변하는 물리과정. 약한 상호작용 때문에 일어난다.

**사고실험 → 생각실험**

**상보성**complimentarity  이중성을 가진 전자나 광자의 어떤 측면은 입자로, 다른 측면은 파동으로 상호보완적으로 이해할 수 있다는 생각.

**살**ray  '햇살'에서와 같이 빛이 퍼져나갈 때, 한 점만 따라가면 입자가 선을 그리면서 퍼져나가는 자취.

**생각실험**thought experiment, Gedankenexperiment  알고 싶은 것을 머릿속에서 그림을 그려가며 우리가 알고 있는 물리 지식을 적용시키는 것. 암산을 시각화한 것.

**선형성**linearity  각각 입력해서 얻은 결과를 합하면, 합해서 입력해서 얻은 결과와 같은 성질. 이의 특별한 경우로, 두 배의 입력을 하면 두 배의 결과가 나오는 성질이다. 가령, 3을 곱하는 연산은 선형이다. $3 \times ( 4 + 5 ) = 3 \times 4 + 3 \times 5$

**속도**velocity  물체의 빠르기와 방향을 함께 말하는 벡터량으로, 위치를 시간으로 나눈 것이다.

**속력**speed  물체의 빠르기만을 말하고 방향은 이야기하지 않는 스칼라량으로, 이동거리를 시간으로 나눈 것이다.

**숨은 변수**hidden variable  파동함수에는 드러나지 않지만 상태에 영향을 미치는 물리량이다. 벨 부등식은 숨은 변수와 국소성은 양립할 수 없다는 것을 보였다.

**슈뢰딩거 방정식**Schrödinger equation  파동이 시간에 따라 어떻게 진행하는지를 기술하는 양자역학의 근본 방정식.

**슈테른 게를라흐 실험**Stern-Gerlach experiment  스핀 1/2인 입자를 특별한 형태의 자석에 통과시켜 분리시키는 실험. 스핀 1/2인 입자는 총 스핀이 1/2이며, 한 방향에 대하여 스핀이 ℏ/2일수도 -ℏ/2일수도 있다. 여기에서 ℏ는 플랑크 상수이다

**스핀**spin  기본입자의 근본 성질중의 하나로 각운동량의 단위를 가진다. 입자가 자전하는 것으로 상상할 수 있으나 점입자는 돌려보아도 같으므로 회전할 수 없다.

**슬릿**slit→ **실틈**

**실재성**reality, physical –  우리가 관찰하지 않아도 어떤 것이 객관적으로 존재한다는 원리.

**실증주의**positivism, logical –  직접 관찰할 수 있는 것만을 다루어야한다는 생각. 관찰하지 못하는 것에 대하여 말하는 것은 의미가 없다.

**실틈**  면도날을 그어 만든 가는 틈.

**아인슈타인–포돌스키–로젠 역설**Einstein-Podolsky-Rosen paradox, EPR-파동함수로 기술되는 입자들의 국소성과 실재성을 가정하면 교

환가능하지 않은 두 물리량을 측정할 수 있다는 제안과 그에 따른 문제점.

**앙상블**ensemble, statistical - 똑같은 계를 아주 많이 모아놓은 가상의 집합. 똑같다는 것은 우리가 아는 한에서 같다는 것으로, 온도와 부피와 압력이 같아도 분자들의 위치들은 다를 수 있다. 계의 통계적인 기댓값이나 평균을 생각하기 위하여 도입하는 가상의 모임이다.

**양자**quantum, quanta, **양자화**quantization '빛이 양자화되었다'는 말에서는 빛이 기본 단위인 광자의 모임이라는 뜻으로 쓰인다. 수소 원자의 에너지 준위가 띄엄띄엄 존재하는 것도 에너지 준위가 양자화되었다고 한다. '이론을 양자화'한다는 것은 고전역학의 물리량에 교환가능하지 않은 성질을 도입하여 양자역학의 파동함수를 구축한다는 뜻이다.

**얽힘**entanglement 둘 이상의 입자가 멀리 떨어짐과 상관없이 서로 상호작용을 주고받는 상태. 얽힌 상태의 파동함수는 순수한 파동함수의 곱으로 표현할 수 없다. 즉 여러 입자를 개개 입자들의 모임으로 볼 수 없는 상태이다.

**여러 세계 해석**Many-world Interpretation 측정을 포함한 모든 물리의 상호작용은 슈뢰딩거 방정식으로 기술되며, 측정하는 관찰자도 파동함수에 포함되어 기술된다는 해석. 파동이 중첩되었다면, 측정 장치도 각 항에 포함되게 되므로, 각각의 측정장치는 중첩되지 않은 상태를 관찰한다.

**연산자**operator　선형 대수학에서 벡터를 다른 벡터로 변환시키는 행렬, 그리고 이를 함수공간(힐베르트 공간)으로 확장한 것. 관측 가능한 물리량에 대응하는 연산자가 있고, 이를 파동함수에 적용하면 물리량의 기댓값을 구할 수 있다.

**에너지**energy　$kg \cdot m^2/s^2$의 단위를 갖는 자연의 근본적인 보존량. 언제 물리 실험을 해도 같은 결과를 얻는다는 대칭에 대한 보존량이다.

**에돌이**diffraction, 회절　파동이 장애물을 돌아다가는 현상이다. 파장이 길수록, 장애물이 작을수록 잘 에돌아나간다. 에돌이는 파동의 간섭때문에 생기므로 하위헌스의 원리로 설명할 수 있다.

**운동량**momentum　고전적인 운동량은 입자가 얼마나 무겁고 빠르게 움직이느냐를 나타내며, 질량과 속도를 곱한 양이다. 물리법칙이 병진 대칭translational symmetry를 가질 때 보존량이다. 물체의 운동을 매질을 퍼져나가는 살로 생각하면, 파면이 퍼져나가는 느리기가 운동량이고, 매질이 균일하지 않으면 운동량은 질량 속도를 곱한 것과 다르다.

**유니터리 변환**unitary transformation　확률의 합이 1(unit)이라는 사실을 바꾸지 않고 상태를 변환시키는 것. 가령, 파동함수가 시간에 따라 변하는 것은 슈뢰딩거 방정식으로 기술되는데, 이는 확률 합을 유지시키면서 변화시킨다.

**원리**Principle　법칙들을 설명할 수 있는 가장 근본이 되는 명제. 가장 근본이 되므로 증명할 수는 없다.

**원자**^atom   분자를 이루고 있는 구성요소로, 주기율표에 나와있는 입자. 이는 원자핵과 주변을 도는 전자로 이해할 수 있다.

**원자핵** ^nucleus, atomic -   원자 질량(무게)의 대부분을 차지하는 중심 부분의 구성성분. 양성자와 중성자가 강한 상호작용으로 결합하여 있다.

**위상**^phase   평면파가 진동할 때, 원래 위치로부터 얼마나 벗어났는가의 크기. 예를 들면 물결파의 높이. 복소함수로 파동을 극좌표 꼴 $re^{i\theta}$ 로 나타냈을 때, 지수의 허수부 $\theta$. 또는 파동을 사인함수 등으로 표현했을 때 각도에 해당하는 부분.

**유니터리 변환**^unitary transformation   1을 더 크게도, 작게도 하지 않는 변환이라는 뜻으로, 파동함수의 전체 확률을 1로 보존하는 변환. 물리 법칙을 통하여 파동함수를 바꾸는 것은 궁극적으로 유니터리 변환이어야 한다.

**이중성**^duality   광자나 전자 등이 입자와 파동의 성질을 모두 갖는 통합된 존재라는 뜻. 넓은 의미에서는 하나의 대상을 두 가지 다른 측면에서 이해할 수 있다는 생각.

**인도파 → 길잡이파**

**입자**^particle, corpuscle   공간을 점유하지 않는 점이며, 하나 둘 셀 수 있고 위치와 속도 등으로 성질을 매길 수 있는 물리대상.

**자기마당**magnetic field　자성을 띤 물체를 가져다놓으면 주변에 있는 물체가 자기력을 받는다. 이 힘의 분포를 자기마당이라고 한다. 힘의 분포는 각 점에서 받는 힘의 세기와 방향을 말한다.

**전자**electron　전자총에서 나오는 기본입자. 표준모형의 기본입자 가운데 하나로 약한 상호작용과 전자기력의 영향을 받는다.

**종파**longitudinal wave**와 횡파**transversal -　파동의 흔들림이 퍼져나가는 방향과 같으면 종파, 수직이면 횡파이다. 횡파만 편광을 통하여 거를 수 있다. 소리는 공기를 압축시키며 지나가므로 종파, 빛은 전기-자기장이 진행 방향에 수직으로 생기므로 횡파이다.

**주기**period　파동이나 반복되는 운동이 한 번 일어나는 데 걸리는 시간. 단위는 초s, second를 쓴다. 진동수의 역수이다.

**주파수**main frequency　라디오는 전파에 소리나 음악 신호를 담아 modulation 보내는 장치이다. 바탕이 되는 사인파에, 사인파의 크기 AM, Amplitude Modulation를 바꾸거나 진동수FM, Frequency Modulation를 바꾸는 방식으로 신호를 담는다. FM방식에서는 주된 파의 진동수를 바꾸면서 신호를 싣지만, AM방식에서는 주된 파의 진동수가 바뀌지 않고 크기(진폭)을 바꾸면서 신호를 싣는다. 이 주된 파의 진동수는 주파수main frequency라고 한다. → 진동수.

**중첩**superposition　여러 개의 파동이 합쳐지는 것. 중첩을 통하여 간섭을 이해할 수 있다. 하위헌스의 원리도 중첩을 이용한 것이다.

**지시곡선**indicatrix　주어진 점에서 살의 방향을 알면 속도를 얻을 수 있는 곡선. 매질의 불균일성을 반영한다.

**진동수**frequency　　주기적으로 운동하는 물체가 단위 시간당 반복하는 횟수. 보통 1초에 몇 번 회전하는지 또는 진동하는지를 생각하며 단위는 Hz(헤르츠)를 쓴다. 주기의 역수이다.

**진폭**amplitude　　파동이 흔들리는 최대 폭. 횡파의 경우 최대 높이. 빛의 세기는 진폭의 제곱에 비례한다.

**찍기 → 측정**

**측정**measurement　　양자 대상을 고전적인 측정장치로 관찰하는 상호작용. 일상생활에서 사용하는 것과 다른 양자역학의 용어이다. 측정 후에 고전적인 상태는 안정되어야 하므로, 파동함수를 파괴한다. 측정을 못해도 (거르기) 알 수 있는 것이 있다.

**불확정성 원리**Uncertainty Principle, 하이젠베르크의 불확정성 원리, Heisenberg's　교환가능하지 않은 두 물리량을 동시에 정확히 측정할 수 없다는 원리와 동시에 이 두 물리량은 서로 측정을 견제한다는 조건을 주는 원리.

**쿨롱 힘**Coulomb force　　전하를 띤 두 물체가 주고받는 힘. 이 힘은 두 물체 거리 제곱에 반비례하는 거꿀제곱 법칙으로, 뉴턴의 중력과 같은 꼴이다.

**코펜하겐 해석**Copenhagen interpretation　　닐스 보어를 비롯한 코펜하겐 학파에서 제안한 해석. 파동함수를 측정하면 그에 대한 고유상태로 무너진다.

**터널링 → 꿰뚫기**

**통계적 앙상블 → 앙상블**

**파동**wave　매질이 전체적으로 움직일 수 없어, 움직임만 퍼져나가는 현상. 그러나 양자역학의 파동은 매질 없이 퍼져나가는 근본적인 파동이다.

**파동함수**wavefunction　양자역학의 대상을 파동으로 나타낼 때 정보가 담겨져 있는 함수. 시간이 흐름에 따라 슈뢰딩거 방정식에 따라 진행한다.

**파동함수의 무너짐**wavefunction collapse　측정할 때 파동함수가 측정에 대한 고유상태 가운데 하나만 남는 현상. 실제로 확인된 현상은 아니며, 코펜하겐 해석에서 취하는 입장이다. 이 입장을 취하고 보른 규칙을 설명하자면, 파동함수를 측정에 대한 고유상태로 전개하면, 각 계수의 절댓값 제곱이 각 고유상태로 무너질 확률이 된다.

**파동함수의 환원**wavefunction reduction **→ 파동함수의 무너짐**

**파면**wavefront　어떤 순간 파동의 경계를 모두 이은 것.

**파장**wavelength　파동 하나가 어디까지 뻗어나갔나를 말할 때의 길이.

**퍼텐셜**potential　중력이 있는 곳에서 높은 곳으로 가면 높아지는 양, 그리고 이를 일반적인 보존력에 확장한 개념. 에너지의 단위를 갖는다.

**편광**polarization    횡파가 특정한 물질을 지나가면서 걸러지는 현상.

**평면파**plane wave    파면이 평면을 이루는 균일한 파동. 1차원 평면파는 사인sine 함수로 기술되므로 사인파라고도 한다. 양자역학에서 이야기하는 평면파는 사인함수를 복소화한, 진폭의 절댓값 제곱이 일정한 함수로 기술된다.

**페르마의 원리**[Fermat's Principle    빛살과 같은 살ray은 최단 시간이 걸리는 경로로 이동한다는 원리.

**플랑크 상수**Planck constant    양자 효과를 특징짓는 물리상수. 보통 기호 $h$로 나타내며 크기는 $6.626 \times 10^{-34}$ J·s 이다. 이를 $2\pi$로 나눈 상수($\hbar$로 표기)를 플랑크 상수라고 부르기도 하고, 디랙 상수라고 부르기도 한다.

**하이젠베르크의 불확정성원리** → 불확정성 원리

**하휘헌스의 원리**Huygens' Principle    파동의 진행을 설명하는 원리로, 파면의 각 점에서 새로운 구면파가 발생하고 이를 모두 중첩시킨 것이 이후의 파면이 된다는 설명.

**해밀토니안**Hamiltonian    위치와 운동량에 대한 함수로, 입자와 파동이 운동하는 것은 해밀토니안을 최소화 하는 경로를 따른다.

**해석**interpretation    양자역학의 측정 과정에서 어떤 일이 일어나는가에 대한 설명. 아직 어떤 해석이 옳은 해석인지는 결정되지 않았다. 파동함수를 어떻게 보는가에 대한 것이다. 파동함수는 같은 슈뢰딩거 방정식으로 기술된다.

**홑실틈**<sup>single slit</sup> 슬릿 하나. 여기에서도 에돌이가 일어난다.

**확률을 보존시키는 변환 → 유니터리 변환**

**회절 → 에돌이**

**횡파 → 종파와 횡파**

**흑체 복사**<sup>blackbody radiation</sup> 반사에 의한 영향을 없애기 위하여 복사만 하는 물체에서 복사량을 구한 실험. 온도와 복사되는 전자기파의 파장의 상관관계를 측정하여, 에너지의 양자화를 처음으로 발견하게 된 실험이다.

참고
자료

이 책은 역사적인 맥락과 수식을 통한 설명을 의도적으로 피했다. 양자역학을 실제로 응용하는 작업의 대부분은 슈뢰딩거 방정식을 적용하여 에너지 준위를 구하고 원자의 스펙트럼을 확인하는 것이다. 이에 대해서는 많은 표준 교과서에서 자세한 설명을 찾을 수 있다.

### • 백과사전 •

이제 어떤 질문도 영문 위키피디아(Wikipedia)에서 최고의 대답을 찾을 수 있다. 이 책을 읽다가 모르는 것이 있거나 자세한 설명이 필요하면 위키백과에 들어가서 해당 항목을 검색하면 된다. 네이버와 한국물리학회가 제휴를 맺고 사전 항목을 제공하기 시작했으며, 한국물리학회 회원들이 만들어 전문성을 보장한다. 스탠포드 철학백과도 전문가들이 항목을 기고하였고, 양자역학의 해석에 대한 자세한 정보를 담고 있다.

영문 Wikipedia
  http://en.wikipedia.org
한국어 위키백과
  http://ko.wikipedia.org
네이버-한국물리학회 물리백과
  http://terms.naver.com/list.nhn?cid=58577&categoryId=58577
스탠포드 철학백과 Standard Encyclopedia of Philosophy
  https://plato.stanford.edu

### • 실험 영상 •

우리말로 된 자료로는 EBS 과학실험 수능 원리에서 여러 가지 실험을 Youtube에서 찾을 수 있다.
  https://youtube.com/playlist?list=PLraYM6paW-C12YVLvEDiQ_5pn-hsHCd0KT

### • 링크 •

본문에 등장하는 링크는 아래의 QR코드에서 찾아볼 수 있다.

· **양자역학 책** ·

다음은 양자역학 책을 생각나는 대로 나열한 것이다. 교과서보다는 교양서 위주로 실었다. 교과서에 대한 것은 김찬주. 양자역학 참고 서적 소개 http://home. ewha.ac.kr/~cjkim/lectures/textbook/quantum_mech_text.html를 참조하라.

- 곽영직. (2016). 양자역학으로 이해하는 원자의 세계. 지브레인.

- 김찬주. 현대물리학과 인간사고의 변혁. KMOOC 강의. http://www.kmooc.kr

- 봄, 데이비드. (1982, 2002). 이정민 옮김. (2010). 전체와 접힌 질서. 시스테마. 드브로이와 봄의 길잡이파를 설명한 책. 일반인과 전문가의 중간 수준.

- 엘렌버그, 조던 (지은이). 김명남 (옮긴이). (2016). 틀리지 않는 방법. 열린책들. 딱히 확률에 대한 설명이 아니라 현대 수학의 개념을 소개하고 삶에 적용시키는 법을 알려주는 책인데, 그래도 대부분의 내용을 확률에 할애하고 있다.

- 원종우, 김상욱. (2015). 과학하고 앉아있네. 3: 김상욱의 양자역학 콕 찔러보기. 동아시아. 공개 강연을 https://www.youtube.com/watch?v=NVgeV9ACexY 에서 볼 수 있다.

- 원종우, 김상욱. (2016). 과학하고 앉아있네. 4: 김상욱의 양자역학 더 찔러보기. 동아시아.

- 이종필. (2015). 신의 입자를 찾아서 - 양자역학과 상대성이론을 넘어. 개정판. 마티.

- 지생, 니콜라스 (지은이). 이해웅, 이순칠 (옮긴이). (2015) 양자 우연성. 승산. 일반인을 대상으로 가장 온전하게 얽힘에 대하여 설명한 책. 그러나 얽힘에 대한 기초적인 설명은 조금 부족하다. 이 책을 읽고 얽힘에 대하여 본격적으로 공부하고자 하는 읽는 이들이 있다면 도전해볼 만한 책.

- 최강신. (2016). 빛보다 느린 세상. MID. 국소성은 상대성이론에서 나온다. 빛보다 빠르게 움직이는 물체를 관찰하면 시간이 거꾸로 가는 것처럼 보인다는 설명이 있다. 왠지 좋은 책인 것 같다.

- 최제호. (2012). 통계의 미학. 동아시아. 확률과 통계에 대한 책.

- 테그마크, 맥스. (지은이), 김낙우 (옮긴이). (2017) 테그마크의 유니버스 - 우주

의 궁극적 실체를 찾아가는 수학적 여정. 동아시아. 여러 세계 해석을 배울 수 있는 책.

- 파인만, 리처드 (지은이). 박병철 (옮긴이). (2001). 일반인을 위한 파인만의 QED 강의. 승산.

- 파인만, 리처드, 레이턴, 로버트, & 샌즈, 매슈 (지은이). 김충구, 정무광, 정재승 (옮긴이). (2009). 파인만의 물리학 강의 Volume 3. 승산.

- 펜로즈, 로저 (지은이). 노태복 (옮긴이). (2014). 마음의 그림자. 승산. 마음과 의식을 물리학 법칙으로 설명하려는 시도. 양자역학과 실재론에 대한 자세한 논의가 이루어진다. 얽힘, GRW 환원에 대한 설명이 들어 있다.

- 하이젠베르크, 베르너 (지은이). 유영미 (옮긴이). (2016). 부분과 전체. 서커스(출판상회). 양자역학의 탄생 과정과 물리 개념에 대한 이야기.

- 핸드, 데이비드 (지은이). 전대호 (옮긴이). (2016). 신은 주사위놀이를 하지 않는다. 더퀘스트. 확률에 대한 설명.

- 헨슨, 노우드 러셀 (지은이). 송진웅, 조숙경 (옮긴이). (2007). 과학적 발견의 패턴. 사이언스북스

- Bacciagaluppi, G., & Valentini, A. (2009). Quantum Theory at the Crossroads: Reconsidering the 1927 Solvay Conference. Cambridge University Press. 양자역학의 완성에 기여했던 1927년 솔베이 학회를 둘러싼 양자역학의 발전과정을 역사적으로 설명한 책. 전문적이지만 상세하다. 드브로이의 길잡이파에 대하여 자세히 설명했다.

- Ballentine, Leslie E. (1998). Quantum Mechanics: A Modern Development. 2nd Edition. World Scientific. 양자역학의 대안을 충실하게 제시한 교과서이다. 이 책은 앙상블 해석을 지지한다.

- Bell, John Stewart. (1987). Speakable and Unspeakable in Quantum Mechanics. Cambridge: Cambridge University Press. '제 2의 양자 혁명' (알랭 아스페의 말)을 일으킨 벨 부등식과 여러 가지 현대적인 입장에서 측정 문제에 대해 다룬 논문과 강연들을 모은 책이다. 개인적으로는 세상에서 양자역학을 가장 직관적으로 이해한 사람이 아닐까 한다.

- Dirac, P. A. M. (1958). The Principles of Quantum Mechanics. 4판. Oxford University Press. 양자역학 탄생 이후로 아직까지 낡지 않은 책. 군더더기 없는 깔끔한 논리를 자랑한다. 다만 너무 답이 분명하여 생각할 여지를 주지 않는다.

- Gisin, N., & Go, A. (2001). EPR test with Photons and Kaons: Analogies. American Journal of Physics. 69(3). 264-270. EPR역설은 원래 위치와 운동량을 함께 측정하도록 고안된 실험이나, 이를 스핀 1/2입자의 성분을 측정하도록 하면 더 쉽게 이해할 수 있다(이 방법은 Bohm의 양자역학 교과서에 처음 나왔다). 실제로는 이 책에 나온 것처럼 광자의 편광을 측정한다. 이를 변환하는 방법에 대한 논문.

- Gottfried & Yan. Quantum Mechanics: Foundation. Springer. 양자역학의 측정을 심도있게 다룬 책. 그러나 수학적으로 꼼꼼함을 추구한 책이기에 읽기 어렵다.

- Laloë, F. (2012). Do We Really Understand Quantum Mechanics?. Cambridge University Press.

- Mermin, M. David. (2007). Quantum Computer Science. Cambridge University Press. 양자 컴퓨터에 대하여 물리학자가 잘 쓴 책.

- Nielsen, M. A., & Chuang, I. L. (2011). Quantum Computation and Quantum Information: 10th Anniversary Edition. Cambridge University. 양자 정보와 양자 컴퓨터에 대한 표준적인 교과서.

- Peres, Asher. (1995). Quantum Theory: Concepts and Methods. 측정 문제를 주의깊게 다룬 양자역학 교과서.

- Sakurai, J.J. (1994). Modern Quantum Mechanics. Addison-Wesley. 대학원 양자역학 표준 교과서.

- Wheeler, Zurek. (1983). Quantum Theory and Measurement. Princeton University Press. 양자역학에 대한 가장 중요한 원 논문과 자료들을 모아놓은 책.

### ·근거로 인용한 것들·

여기에 소개하는 논문은 본문에서 근거로 인용한 것들이다. 대부분 너무 전문적이거나 현대적인 재해석이 필요하므로, 특별히 읽을 필요는 없다. 지은이 이름의 알파벳 순으로 배열했다.

- 무어, 월터 (지은이). 전대호 (옮긴이). (1997). 슈뢰딩거의 삶. 사이언스북스

- 펜로즈, 로저. 호킹 스티븐. 시모니, 에브너. & 카트라이트, 낸시. (지은이) 최경희, 김성원 (옮긴이). (2002). 우주, 양자, 마음. 사이언스북스.

- 하일브론, 존. L. (지은이). 김영식 (옮긴이). (1992). 막스 플랑크. 이데아총서 47. 민음사.

- 플라톤 (지은이). 박종현, 김영균 (옮긴이). (2000). 티마이오스. 서광사. 자연의 원소를 정다면체를 상징으로 하는 논의가 들어있다.

- Arnol'd, V.I. (지은이). Vogtmann, K., Weinstein, A. (옮긴이). (1989). Mathematical Methods of Classical Mechanics. 2판. Springer-Verlag. (New York).

- Aspect, A., Dalibard, J., & Roger, G. (1982). Experimental Test of Bell's Inequalities using Time-varying Analyzers. Physical Review Letters, 49(25), 1804.

- Bell, J. S. (1964). On the Einstein Podolsky Rosen Paradox. Physics 1, 195.

- Beltrametti, Enrico G., and Gianni Cassinelli. (1981, 2010). The Logic of Quantum Mechanics. Vol. 15. Cambridge University Press.

- Bertlmann, R. A., & Zeilinger, A. (Eds.). (2013). Quantum (un)speakables: from Bell to Quantum Information. Springer Science & Business Media.

- Bloch, Felix. (1976). Heisenberg and the Early Days of Quantum Mechanics, Physics Today. 29(12). 블로흐의 회고. 데비가 슈뢰딩거에게 파동 방정식이 있느냐고 물어보는 장면이 나온다.

- Bohm, D. (1951, 1979). Quantum Theory. Prentice-Hall. Dover Publication. 데이빗 봄은 이 양자역학 양자역학 교과서를 쓴 다음 측정의 문제를 더 깊이

생각하게 되었다. 그 다음 해에 아래 논문을 발표한다. 더불어, 이 책에는 EPR실험을 더 쉽게 스핀 1/2입자로 구현하는 방법에 대해 나온다.

- Bohm, David. (1952). "A suggested Interpretation of the Quantum Theory in Terms of Hidden Variables, I". Physical Review. 85 (2):166-179. 이 논문과 다음 논문이 길잡이파 이론을 처음 소개한 논문이다.

- Born, Max. (1926). Zur Quantenmechanik der Stoßvorgänge. Z. Phys., 37(12), 863–867.

- Clauser, J. F., Horne, M. A., Shimony, A., & Holt, R. A. (1969). Proposed experiment to test local hidden-variable theories. Physical Review Letters, 23(15), 880. 광자를 이용하여, 벨 부등식을 더 검증하기 좋도록 변형한 실험.

- De Broglie, L. (1924). Recherches sur la théorie des quanta 박사학위논문. 불어판 https://tel.archives-ouvertes.fr/tel-00006807/document 영문판

- http://aflb.ensmp.fr/LDB-oeuvres/De_Broglie_Kracklauer.pdf

- d'Espagnat, B. Scientific American, p158, November 1979

- DeWitt, B. S. (1967). "Quantum Theory of Gravity. I. The Canonical Theory". Physical Review 160 (5): 1113-1148. 우주의 파동함수.

- Einstein, A., Podolsky, B., & Rosen, N. (1935). Can quantum-mechanical description of physical reality be considered complete?. Physical review, 47(10), 777. EPR 역설의 원 논문.

- Englert, B., Scully, M., Süssmann, G., et al. (2014). Surrealistic Bohm Trajectories. Zeitschrift für Naturforschung A, 47(12), pp. 1175-1186. http://www.degruyter.com/view/j/zna.1992.47.issue-12/zna-1992-1201/zna-1992-1201.xml

- Everett III, H. (1957). The Many-Worlds Interpretation of Quantum Mechanics. 박사학위논문. https://www-tc.pbs.org/wgbh/nova/manyworlds/pdf/dissertation.pdf

- Everett III, H. (1957). "Relative state" formulation of quantum mechanics.

Reviews of Modern Physics, 29(3), 454. 여러 세계 해석에 대한 논문. 이에 앞서 박사학위 논문이 먼저 출판되었다.

- Gerlich, S. et al. (2011). Quantum interference of large organic molecules. Nature Communications 2. 263.

- http://www.nature.com/ncomms/journal/v2/n4/full/ncomms1263.html

- Gheorghiu, Vlad. Consistent Histories Home Page - CMU Quantum Theory Group. http://quantum.phys.cmu.edu/CHS/histories.html 일관된 역사 해석에 대한 참고문헌과 질문답변이 있는 페이지.

- Ghirardi, G.C., Rimini, A., and Weber, T. (1985). "A Model for a Unified Quantum Description of Macroscopic and Microscopic Systems". Quantum Probability and Applications, L. Accardi et al. (eds), Springer, Berlin.

- Ghirardi, G.C., Rimini, A., and Weber, T. (1986). "Unified dynamics for microscopic and macroscopic systems". Physical Review D. 34: 470.

- Ghirardi, G.C. et al. Experiments of the EPR Type Involving CP-Violation Do not Allow Faster-than-Light Communication between Distant Observers, Europhys. Lett. 6 (1988) 95-100.

- Gondran, Michel., & Gondran, Alexandre. Phys. Res. Int. 2014 (2014) 605908, https://arxiv.org/abs/1309.4757. 광자의 경로를 '약한 측정'하여 추정하여, 길잡이파 해석을 조금 더 직접적으로 지지해주는 실험. 전자의 경로를 직접 본 것은 아니다.

- Greenberger, D. M., Horne, M. A., & Zeilinger, A. (1989). Going beyond Bell's Theorem. In Bell's theorem, quantum theory and conceptions of the universe (pp. 69-72). Springer Netherlands.

- Greenberger, D. M., Horne, M. A., Shimony, A., & Zeilinger, A. (1990). Bell's Theorem without Inequalities. American Journal of Physics, 58(12), 1131-1143. 벨 부등식을 등식으로 만들었다.

- Griffiths, Robert B., The Consistent Histories Approach to Quantum Mechanics, The Stanford Encyclopedia of Philosophy (Spring 2017 Edition), Edward N. Zalta (ed.), URL = ⟨https://plato.stanford.edu/archives/spr2017/entries/qm-consistent-histories/⟩. 일관성 있는 역사 해석에 대한 해설.

- Hensen, B. et al. (2015). Loophole-free Bell inequality violation using electron spins separated by 1.3 kilometres. Nature 526, 682-686. https://bernien.weebly.com

- Hughes, R. I. (1992). The Structure and Interpretation of Quantum Mechanics. Harvard university press.

- Jauch, Joseph M., and Richard A. Morrow. "Foundations of quantum mechanics." American Journal of Physics 36.8 (1968): 771-771.

- Kopparapu, Ravi Kumar (2013). A revised estimate of the occurrence rate of terrestrial planets in the habitable zones around kepler m-dwarfs. The Astrophysical Journal Letters. 767 (1): L8.

- Laplace, Pierre Siomon. (1814). Essai philosophique sur les probabilités. Paris.

- Maudlin, T. (2011). Quantum non-locality and relativity: Metaphysical intimations of modern physics. 3판. John Wiley & Sons. 양자역학의 실재성과 비국소성에 대하여 집중적으로 다룬 책.

- Mermin, N. David. (1990). Boojums All The Way Through: Communicating Science In a Prosaic Age. Cambridge Universtiy Press. Pp.186-187.

- Mermin, N. David. (2004). Could Feynman have said this. Physics Today, 57(5), 10. http://www.gnm.cl/emenendez/uploads/Cursos/callate-y-calcula.pdf.

- Pais, Abraham. (1979). Einstein and Quantum Theory, Review of Modern Physics. 51, 863. 아인슈타인이 양자역학을 어떻게 바라보았는지 정리한 논문. 달을 볼 때만 달이 존재한다는 인용이 들어있다.

- Sakurai, J. J., & Commins, E. D. (1995). Modern Quantum Mechanics, revised edition. Pearson.

- Schrödinger, Erwin. (1935) Naturwissenschaften, 48, 807; 49, 823; 50, 844. 슈뢰딩거의 고양이 생각실험이 처음으로 실린 논문.

- Tegmark, Max. (1998). The Interpretation of Quantum Mechanics: Many Worlds or Many Words? Fortschritte der Physik. 46 6-8, 855-862.

- Tonomura, A. J. Endo, T. Matsuda, T. Kawasaki and H. Ezawa, "Demonstration of Single-Electron Buildup of an Interference Pattern,"Amer. J. Phys. 57 (1989) pp.117-120. 전자의 겹실틈 실험

- Von Neumann, John. (1932, 1955). Mathematical foundations of quantum theory. Princeton, NJ. 측정시 파동함수의 붕괴에 대한 설명이 처음 등장한다.

- Wan, K. K. (1980). Superselection rules, quantum measurement, and the Schrödinger's cat. Canadian Journal of Physics, 58(7), 976-982.

- Wheeler, J. A. (1989). Information, physics, quantum: the search for links. Proceedings of 3rd International Symposium on Foundation of Quantum Mechanics, Tokyo. pp. 354-368. "It from bit" 논문.

- Weinberg, S. (2003). Four Golden Lessons. Nature. 426. p. 389. 문제가 틀렸을수도 있고 거기에 시간을 낭비할 수도 있다는 논의가 나온다.

- Wigner, E. P. (1970). Americal Journal of Physics 38, 1005.벨 부등식의 쉬운 형태.

- Wolchover, Natalie. (2017). A Physicist's Physicist Ponders the Nature of Reality. Quanta Magazine. https://www.quantamagazine.org/edward-witten-ponders-the-nature-of-reality-20171128/

- Zee, A. (2010). Quantum Field Theory in a Nutshell. Princeton University Press.

- Zeh, H. Dieter. (1970). On the interpretation of measurement in quantum theory. Foundations of Physics, 1(1), 69-76. 결깨짐으로 측정을 설명한 처음 논문.

주석

1  닐스 보어가 했던 말로 전해지지만 출처가 분명하지 않다. N. 데이 빗 머민은 보어의 저작집을 찾아보았지만 그런 인용을 찾을 수가 없 다고 했다. Mermin (1990)에 나오는 이야기.

2  아리스토텔레스, 자연학(또는 물리학 physics), VI:9, 239b15. http://ko.wikipedia.org/wiki/제논의_역설

3  아리스토텔레스, 자연학, VI:9, 239b5.

4  "If everything when it occupies an equal space is at rest, and if that which is in locomotion is always occupying such a space at any moment, the flying arrow is therefore motionless."직역하 면 계속해서 그 자리를 점유하는 것이 가만히 있는 것이라면, 그리 고 그것이 운동하는 어떤 순간을 생각해도 그 공간을 점유한다면, 따라서 날아가는 화살은 운동하지 않는 것이다.

이에 대한 답은 갈릴레오Galileo가 내렸다. 운동의 본질은 위치가 변 하는 것이 아니다. 얼음판과 같이 마찰이 전혀 없는 곳에서는 일정 한 속도로 미끄러지는 데는 힘이 들지 않는다. 에어 테이블에 떠있 는 공을 주고받는 놀이를 해보았다면 한번 친 공이 영원히 떠다니 리라는 것이 실감날 것이다. 저항이 거의 없는 우주 공간에서 우주 쓰레기는 별이나 행성의 인력에 끌려 떨어지지 않는 한 영원히 떠 다닐 것이다.

따라서 우리에게 필요한 두 정보는 사진 두 장이 아니라 속도가 변했 냐 하는 것이다. 만약 두 번에 걸쳐 잰 속도가 다르다면 정말 그동안 무언가가 있었을 것이다. 누가 밀었던지 아니면 자동차 안에서 엔진 이 바퀴를 더 빨리 돌렸든지 중 하나다. 후자는 자동차 내부에서 일 어난 일이기 때문에 차에서 멀리 떨어진 관찰자가 눈으로 판단하기 힘들다. 이와 같이 속도가 변하도록 하는 것을 힘이라고 하고, 힘이 속도를 변화시킨다는 것이 갈릴레이의 결론이다. 따라서 운동을 측 정하기 위해서는 스피드건을 두 번 쏴야 한다.

뉴턴은 이를 더 체계화했다. 힘을 가했을 때 속도가 잘 변하는 것을 가볍다고 하고, 속도가 잘 변하지 않는 것을 무겁다고 할 수 있는데, 이러한 정도를 나타내는 것을 질량이라고 한다. 이를 정리한 것이 뉴턴의 운동 제2법칙이다.

이제 다시 제논의 문제제기로 돌아가자. 어떤 운동을 기술하기 위해, 최소한 두 개의 정보(앞의 예에서는 스피드건이 잰 속도)와 시간간격이 필요하다. 이런 구조를 수학에서는 다음과 같이 표현한다. 물리학에 등장하는 운동 방정식은 2차 미분방정식이다. 이의 특징은, 위치가 시간에 따라 변화하는 속도뿐만 아니라, 속도가 시간에 따라 변화하는 것이 중요하다는 것이다. 결국, (위치가 시간에 따라 변화하는 것)이 시간에 따라 변화하는 (웅?) 두 꺼풀의 변화를 생각하기 때문에 2차라고 부른다. 두 개의 정보가 필요한 이유는 그 때문이다.

이 운동은 물체가 공간을 이동하는 것뿐 아니라 시간에 따라 변화하는 모든 현상에도 확장된다. 컴퓨터를 껐다 켜도 완벽하게 *끄기* 직전부터 다시 이어서 사용할 수 있을까. 그게 가능하다면 얼마나 많은 정보가 필요할까. 컴퓨터에는 고유의 시계가 있고 이를 클럭이라고 한다. 이 클럭이 두 번 째각거릴 때가 최소 시간 단위이다. 만약 한 순간에 기억장치의 모든 정보를 저장한 뒤, 다음 클럭에 다시 기억장치의 모든 정보를 저장할 수 있다면, 컴퓨터를 다시 껐다가 켜도 이 두 정보를 통해 원래 컴퓨터가 하던 일을 복구할 수 있다.

5   자연의 법칙은 이차 미분, 즉 점을 두 개 찍는 것으로 이미 충분히 기술된다. 점을 세 개 이상 찍는 것은 일상 생활에서 전혀 필요하지 않다. 우주의 근원을 기술하는 방정식도 충분하다.

6   피직스 월드Physics World 2002년 9월호에 실린 설문조사에서 이 전자 겹실틈 실험이 가장 아름다운 실험으로 꼽혔다. 누군가는 조금

다른 실험이라고 보아야 한다고 할 수도 있겠지만 본문에서 비슷한 점과 차이점에 대하여 설명할 것이다.

이 실험은 파인만(2009)의 맨 앞에 등장하는 강의를 바탕으로 한 것이다. 어떤 양자역학책도 그 영향력을 벗어날 수 없을 것이다. 세상의 모든 책은 이와 같이 겹실틈 실험 아니면 슈테른과 게를라흐의 실험Stern-Gerlach experiment, 또는 플랑크Max Planck의 흑체 복사 실험blackbody radiation 해석 가운데 하나로 시작한다. 다만 이 책은 파인만이 이야기한 관찰observation에 대해서는 다른 관점을 가지고 해석할 것이다.

7   술취한 사람, 주정뱅이는 물리학에 많이 등장한다. 조사해보면 random walk라는 현상에서 가장 많이 등장할 것이다. 의지가 없는 기체 분자들이 어떻게 이동할지를 간단히 생각할 수 있는 모형이다.

8   상대성이론은 양자역학과 비슷한 20세기에 태어났지만 뉴턴역학을 더 확장한 것이므로 고전역학이다.

9   이상한 생각 하지 말고 공부나 하라는 뜻은 아니다. 양자역학은 해석은 할 수 없지만 올바른 계산결과를 주므로 계산에 충실하면 된다는 한 가지 입장이다.

이 말은 파인만이 한 말로 알려져 있으나, Physics Today, April 1989, page 9 에 실린 말이다. 이에 대한 머민의 해명으로는 Mermin (2004)를 참조하라.

10  물에서 일어나는 파도를 통하여 관계가 없어 보이는 현상인 전자의 평균 개수를 잘 예측할 수 있었다(세숫대야 안을 들여다보며 미래를 예언하곤 했던 노스트라다무스가 이 방법을 사용하지 않았을까?). 이 둘은 원론적으로는 아무런 관계가 없다. 이 두 현상을 기술하는 수학이 똑같을 뿐이다. 물에서 일어나는 파도와 전자를 기술하는 파동처럼, 서로 달라보이는 현상을 보편적으로 통합하여 기술할 수 있

는 것이 물리의 힘이다.

11   하일브론 (1992)에서 재인용.

12   가령, 동전을 네 번 던져 네 번이 내리 앞면이 나왔다고 하자. 지금까지는 확률이 1/2이 아니고 4/4=1이었다. 여섯 번째에는 앞면이 나올까 뒷면이 나올까? 동전을 충분히 많이 던지면 확률이 1/2으로 다가가므로 여섯 번째에는 뒷면이 나올 것이라고 예측하는 것이 옳을까? 그러나 지금까지 네 번 던진 것이 다섯 번째에 영향을 미치지 않으므로, 이번에도 동전 앞면이 나올 확률은 1/2일 뿐이다. 이를 도박사의 오류라고 한다.

사실은 네 번 내리 앞면이 나왔으므로, 다섯 번째에도 앞면이 나오리라고 예상하는 것이 현명할지도 모른다. 왜냐하면 동전에 이상이 있어서 앞면만 나왔을 수도 있기 때문이다. 설사 동전이 완전히 정상이라고 하더라도 네 번이 내리 앞면이 나올 확률은 1/16, 즉 6% 이다. 백 명이 모두 동전을 네 번 던지면 그 가운데 여섯 명에게 이런 일이 일어나는 것이다.

그렇다면 왜 더 많이 동전을 던져 확률이 1/2로 희석되는 것일까? 지금까지 동전을 네 번 던져 네 번 앞면이 나왔다고 하더라도, 여섯 번을 더 던지면 앞 뒤가 대강 고르게 나올 것이다. 이중 앞면이 세 번, 뒷면이 세 번 나왔다면 총 열 번 가운데는 앞면이 일곱 번, 뒷면이 세 번 나와서 5/5에서 7/10이 되어 1/2에 가까워졌다. 만약 여기에서 90번을 더 던져 앞면이 52번, 뒷면이 48번 나온다면 56/100으로 1/2에 더 가까워진다. 던질 때마다 서로가 영향을 주지 않아도 그렇다. 이를 더 많이 반복하면 1/2에 더 가까워진다.

13   큰 수가 아니어도 확률이 할 수 있는 일이 있다. 이는 동전의 경우 앞, 뒤 두 경우 밖에 없다는 성질과도 관련이 있다. 만약 경우의 수가 둘이 아닌 여럿이라면 확률이 할 수 있는 일이 있다. 다음 번에 주사

위를 던질 때 1이 나오는 데 돈을 건다면, 나머지 다섯 숫자가 나오는데 돈을 거는 것보다는 불리할 것이다. 그러나 주사위를 던져 홀수 또는 짝수가 나오는데 돈을 건다면 이는 그야말로 복불복이다.

14 $dv/dt = F.$ 이를 뉴턴의 두 번째 운동 법칙이라고 한다.

정확히는 왼쪽 변에 속도의 변화 $dv/dt$ 대신 운동량의 변화 $dp/dt$ 라고 써야 하지만 여기에서는 크게 차이를 두지 않는다($p = mv$에서 질량 m을 1로 두었다고 생각하자). 운동량은 속도에 질량을 곱한 것이며, 질량이 클수록 같은 힘을 가해도 잘 움직이지 않는다.

질량과 속도를 독립적으로 정의하는 것은 불가능하다. 이에 대해서는, 위키백과. https://ko.wikipedia.org/wiki/질량 이나 Jammer (2009) 또는 최강신. (2016). 빛보다 느린 세상. MID을 참조하라.

게다가, 가속도를 일으키는 것을 힘으로 정의하면, 힘이 가속도를 일으킨다는 말은 순환 논리가 된다.

15 Laplace (1814).

16 앞면과 뒷면이 나올 확률이 같지 않을 수도 있다. 동전을 100번 던졌는데 앞면이 63번, 뒷면이 37번 나왔다. 평가하기에 따라서 앞면과 뒷면이 균일하게 나오는 동전에서도 있을 수 있는 일이라고 할 수도 있다.

더 잘 알 수 있는 방법이 있다. 동전을 직접 보고 확인하면 된다. 관찰해보니 앞면과 뒷면이 모두 평평한 것이 아니라 뒷면이 둥근 것이었다. 윷놀이를 할 때 한 면이 둥글어서 모보다는 윷이 더 많이 나왔다.

실제 동전도 앞면과 뒷면에 다른 그림이 양각으로 새겨져 있으므로 1:1은 아니다. 다만 0.499999928과 0.50000012의 차이이므로 거의 1:1이다. 고전역학에서는 완벽한 1:1이라는 것이 이상한 것이다. 그러나 양자역학에서는 완벽한 1:1이 있을 수 있다.

17 모든 것이 결정되는 고전역학에도 이런 비슷한 현상이 있다.

모든 것이 어떻게 결정되는지 원칙적으로 알더라도, 현실적으로 계산 능력이 부족하면 현상을 예측할 수 없는 상황도 있다. 이를 카오스$^{chaos, 혼돈}$이라고 한다.

연필을 넘어뜨리는 예로 다시 돌아가 보면, 연필 끝이 너무 가늘어서 연필이 어디로 쓰러질지 모른다. 이를 초기조건의 민감성이라고 한다.

**질문:** 그렇다면 이 세상 모든 것들도 이 불확실함 때문에 예측할 수 없어야 하는 것 아닌가?

그래도 대개의 경우는 대충 하면 맞는다. 그것은 선형성이라는 성질 때문이다. 두 배 세게 던지면 두배 빠르게 간다. 모양은 같다. 카오스는 비선형에서 나온다. 다른 성질은 그래도 안정된 구간이 있다는 것이다.

18 정확히 말하면, 실틈이 두 개였으므로, 두 점에서 시작하는 구면파원이 되었다.

19 과학의 범주에 들어가지 않는다고 해서 나쁜 것은 아니다. 이 세상에는 과학이 아니지만 배우고 때때로 익히면 즐거운 것들이 많이 있다. 객관적으로 합의할 방법이 없을 뿐이다. 그러면 골치 아프기는 하다.

20 이를 통하여 난수를 만들 수 있다. 일상생활의 많은 곳에 난수가 필요하다. 가장 대표적인 것이 복권이다. 공에 숫자를 매겨서 일정한 개수의 공을 뽑아야 하는데 어느 누구도 어떤 공이 나올지 알아서는 안된다.

난수를 만드는 것은 컴퓨터 공학의 더 큰 과제이다. 어떻게 난수를 만들 수 있을까? 컴퓨터에게 '아무 수나 만들어 보라'고 지시할 수 있다. 그러나 이것은 컴퓨터가 할 수 있는 일이 아니다. 컴퓨터는 구체적으로 지시된 것만 할 수 있다. 3,327의 다음 수, 34+45 또는 어렵기는 하지만 원주율의 소수점 아래 7,235번째 자리수를 찾으라고 할 수 있다. 그러나 '아무 것이나 하라'는 지시는 할 수 없다.

보통 컴퓨터는 미리 준비된 난수 목록을 많이 만들어놓고, 난수를 만들라는 명령이 실행되면 그 시각을 번호로 환산하여 해당하는 난수를 출력한다. 이는 난수를 만들라는 명령이 실행된 시간만 알면 100% 완전히 발생되는 난수를 예측할 수 있다는 뜻이다.

컴퓨터를 떠나서도 고전역학에서는 난수를 만들 수 없다. 주사위를 던져 여섯 개의 난수를 만들 수 있다고 반문할 수도 있다. 그러나 앞서 설명한 것과 같지 고전역학에서는 주사위를 어떻게 던지는지, 어떤 자연법칙이 주사위가 운동하는 데 기여하는지를 알면 원칙적으로는 100% 주사위가 주는 눈을 예측할 수 있다. 그러나 양자역학의 코펜하겐 해석에서는 모든 것을 알고 있는 사람도 결과를 알 수 없으리라고 본다.

21 원래 영의 실험은 다음과 같이 고안되었다.

전구 뒤에 홑실틈이 하나 놓여있다. 홑실틈으로 전구에서 나온 빛을 한 번 걸러주어야 한다. 그렇게 하지 않으면 겹실틈 양쪽에 다른 위상의 빛이 들어갈 수 있기 때문이다. 전구에서는 너무 많은 빛이 나온다. 홑실틈을 거친 빛은 하나의 위상을 갖고 겹실틈에 들어가기 때문에, 동시에 양 손가락으로 물을 두드린 것과 같은 효과가 난다.

겹실틈은 전통적으로 유리판에 촛불로 그을림을 만든 뒤, 면도날 두 장을 겹친 것으로 그어 만들었다. 그러나 겹실틈도 인터넷 상점을 찾아보면 싼 값에 쉽게 구할 수 있다. 현대 과학의 특징은 실험 도구를 쉽게 살 수 있다는 것이다.

상황은 다르지만 사실상 같은 원리를 가진 것으로 비슷한 무늬를 만들 수 있다. 컴팩트 디스크(CD)를 아무 것이나 한 장 가져와 노

래가 기록된 면으로 레이저를 반사시켜 상을 얻어도 비슷한 무늬가 나온다.

22　빛의 역할 가운데 하나는 전자기력을 전달하는 것이다. 전기 신호나 자석 힘 교환을 정교하게 관찰해보면 빛 속도의 지연이 있다. 이를 고전적으로는 전기마당electric field이 퍼진다는 것으로 이야기했다. 전기장이 다시 전하를 띤 입자와 만나서 전기힘을 전달한다. 빛의 입자성을 받아들이면 전자기력은 입자의 교환을 통하여 이루어진다고 볼 수도 있다. 빛은 빛의 속도로 움직이므로(당연한 이야기는 아니다) 상대성이론과 결합한 양자역학을 생각해야 한다. 특수 상대성이론과는 아무런 문제 없이 통합할 수 있는데 이 이론을 양자마당 이론quantum field theory이라고 한다.

23　보조 추진 장치가 있기는 하지만, 이는 예상했던 자취를 벗어날 때 이를 아주 조금 수정할 수 있을 뿐이다. 우주선에는 연료를 실을 공간이 부족하다.

24　악기나 스피커는 소리를 발생시킬 뿐 아니라 공명을 시켜야 비로소 큰 소리를 낼 수 있다. 전자 기타를 앰프에 연결하지 않고 연주해보면 포크 기타에 비해 소리가 작은 것을 알 수 있다. 공명통 안에는 소리 파동이 정상파standing wave로 갇힌다. 고등학교 물리 교과서를 참조하라. 한 쪽이 갇히고 반대쪽이 열린 통에 갇힌 정상파 가운데 가장 긴 파동의 모양을 보면 파장이 소리 파장의 1/4이 된다. 따라서 악기와 스피커의 크기가 파장에 의해서 결정된다.

질문: 귓속에 들어가는 작은 이어폰도 제법 저음을 잘 낸다.

답변: 역시 이어폰의 크기와 소리 파장은 비슷한 크기여야 한다. 다만 진동하는 고막의 움직임을 소리로 인식하는 것은 뇌인데, 뇌는 착각을 많이 한다. 가령, 긴 파장의 낮은 음이 존재하지는 않지

만 이 음의 배음만 존재해도 뇌는 이 음이 있다고 착각한다. 정상파는 한 종류만 있는 것이 아니라 통에 갇힐 수 있는 파장은 여러 파장이 있다.

25 이 영역의 빛을 가시(볼 수 있는)광선이라고 한다. 한자를 점점 안 쓰게 되는 세대의 글쓴이는 가시광선이라고 하면 장미나 생선의 가시가 생각난다.

26 파동이 선형 결합을 한다고 한다. 그러나 어떤 파동을 생각하느냐에 따라 파동 두 개가 부딪쳐 튕겨나가는 일도 있다.

27 빛과 소리는 모두 파동이라는 점에서는 같지만, 할아버지가 있는 방에서 출발한 파동이 어떤 것은 도착하고 어떤 것은 도착하지 못한다. 즉, 할아버지 모습은 보이지 않고 (빛은 전달되지 않고) 목소리만 들린다. 이는 빛의 파장이 소리의 파장보다 훨씬 짧아서 그런 것이다. 파장이 짧으면 에돌아가지 않고 반사되거나 흡수된다.
실제로는 소리의 많은 비율이 문이나 창문을 투과한다. 즉 소리가 창문을 흔들고, 창문이 다시 반대쪽 공기를 흔들어 소리가 전달되는 것이다.

28 드브로이는 상대성이론의 에너지 공식 $E = \dfrac{mc^2}{\sqrt{1 - \frac{v^2}{c^2}}}$ 과 양자역학의 가정인 플랑크-아인슈타인의 관계식 $E = hf$를 모든 물질에 적용하려고 노력하였다. 신기하게도, 이 관계를 잘 따라가 운동량에 들어가 있는 속도를 군 속도group velocity로 해석하면 이 관계식을 얻는다.

29 이는 입자 물리학의 표준모형Standard Model을 바탕으로 한 것이다. 표준모형은 수조 분의 일 센티미터쯤까지의 크기에서, 이 세상에서 일어나는 모든 힘과 모든 기본 입자를 다 설명한다. 이는 실험으로 검증된 것으로는 가장 근본적인 이론이다. 이보다 더 큰 크기에서 일어나는 일에 대해서는 새로울 것이 없고, 표준모형에서 알려주는 힘과 입자의 상호작용으로 모든 것을 환원론적으로 설명할 수 있다

고 기대한다.

그러나 아직 실험을 통해 검증을 받지는 않았지만 이보다 더 작은 세계에 대하여 기술하는 이론들이 있다. 빛이나 전자도 더 기본적인 단위로 환원할 수 있다는 이론적인 예측들이 있다. 예를 들면 끈이론에서는 하나의 끈이 어떤 방식으로 진동하느냐에 따라서 전자나 광자처럼 다른 양상을 만들 수 있다고 보고 있다.

30 국립과천과학관의 천체투영관이 건축가 버크민스터 풀러가 만든 구조물 형태이다. 풀러렌이란 이름은 여기에서 나왔다.

31 Gerlich 외 (2011).

32 파동의 간섭으로 가끔 사라지는 사람이 있을지도 모른다. 그래도 휴대 전화가 보급되고 언제 어디서나 사진을 찍을 수 있게 되면서 UFO를 발견하는 사람이 급격히 줄었다.

33 Tonomura (1989)를 참조하라. 이 장의 링크 뒤에 토노무라 연구실이 있는 히타치의 홈페이지에도 설명이 잘 나와 있다. 곽영직 (2016)에도 설명되어 있다.

34 일부 나라(가령 미국) 사람들은 '사이' 처럼 읽는다.

35 파동함수가 복소수여야 하는 더 중요한 이유가 있다. 양자역학의 위치 $x$와 운동량 연산자 $p$가 $[x, p] = i\hbar$의 관계를 만족한다. 즉, 파동함수를 한 번 미분한 $p = -i\hbar\frac{\partial}{\partial x}$ 과 운동량이 관계가 있다. 여기에서 다루는 평면파가 운동량의 고유상태인데, 파동함수의 위상에 $ixp/\hbar$가 들어있다. 또, 시간 진행에 대한 슈뢰딩거 방정식을 생각하면, 에너지의 고유상태인 파동함수를 생각해야 하는데, 시간의 진행 $H = i\hbar\frac{\partial}{\partial t}$ 의 고유함수이기 때문에 위상에 $-iEt/\hbar$가 들어있어야 한다. 슈뢰딩거 방정식은 시간에 대하여 한번 미분한 방정식이므로 시간이 들어있는 항에 허수 $i$가 들어있다.

36 사람에 따라 복소수를 실수 두 개를 모아놓은 것이라고 보기도 한다. 이것도 옳은 관점이다. 다만 이 두 수가 구별되며, 특별한 곱셈

규칙을 가진다는 것이 중요하다. 모아놓은 두 실수를 괄호로 묶고, 컴마로 구분하자 $a + i\,b = (a, b)$. 그러면 $(1,0)$ 은 $(0,1)$과 다르다. 중요한 것은

$$(a,\ b)\cdot(a,\ b) = (a^2 - b^2,\ 2ab)$$

이다. 앞서와 같은 규칙을 만족하도록 약속할 수 있다.

복소수가 실재하느냐 하는 논쟁이 있어왔다. 사실은 무리수가 실재하느냐도 논쟁이 되어 왔다. 제곱해서 2 가 되는 수가 있으냐 하는 것인데, 이 수가 없다면 정사각형의 대각선 길이를 이야기할 수가 없다. 마찬가지로 복소수가 없다면, 실수만으로 이루어진 방정식인 $x^2 = -1$도 풀 수 없다. 이를 만족하는 해가 $x = i$ (그리고 물론 $x = -i$ )이다. 이를 확장해서, 모든 이차 방정식을 언제나 복소수로 풀 수 있다. 방정식의 계수가 복수수여도 상관 없다. 사실은 이차 방정식만 아니라, 차수가 더 크더라도, 계수가 복소수인 다항 방정식은 복소수 해가 있다는 것이, 대수학의 기본 정리Fundamental theorem of algebra이다.

37 많은 사람들이 세상에서 가장 아름다운 수학식으로 오일러의 식

$$e^{\pi i} + 1 = 0$$

을 꼽는다.

그 이유는 우선, 자연의 기본이 되는 모든 수들이 들어있기 때문이다. 1은 최초의 수이자 으뜸이 되는 수이며, 곱셈의 항등원이다. 0은 덧셈의 항등원이자 아무 것도 없는 것을 '나타내는' 수로서, 숫자의 혁명을 가지고 온 수이기도 하다. 원주율 $\pi = 3.14159\cdots$ 는 곧은 것과 굽은 것, 길이와 각도를 이어주는 수로서, 각도 $2\pi$는 완전한 한 바퀴를 나타내는 수이다. 지수함수의 밑 $e = 2.71818\cdots$ 은 모든 거듭제곱과 관계있는 수이다. 마지막으로 허수단위 $i$는 제곱하면 -1이 되는 수로, 이 세상의 모든 다항 방정식을 풀 때 열쇠가 되는 수이다.

오일러의 식에는 이 숫자들이 모두 들어있을 뿐 아니라, 이들이 수학의 기본 연산들로 한꺼번에 연결되어 있다. 덧셈 기호를 보고 더하기가 들어 있다는 것을 쉽게 알 수 있고, 빼기는 이를 거꾸로 하는 것이다. $\pi i$라고 쓴 것은 사실은 $\pi$와 $i$의 곱이며 나눗셈은 이의 역이다. 또 지수는 거듭제곱을 확장한 것이며 $b$가 자연수라면, $a^b$는 $a$를 $b$번 곱한 것이고, log는 이의 역이다. 마지막으로 이들은 등호 = 로 연결되어 있다. 가끔 이 식을 $e^{\pi i} = -1$처럼 쓰는데 글쓴이는 이 식이 세상에서 가장 못생긴 식이라고 생각한다.

이 식은 모든 숫자(특히 $b$에 해당하는 수)를 복소수로 확장했을 때 나오는 식이다. 이래도 복소수가 세상에 존재하지 않는다고 말할 수 있을까?

그런데 원주율 $\pi$의 정의가 마음에 안 든다고 하는 사람들이 나타났다. 다각형의 넓이를 비롯한 많은 수학식을 들여다보면, 이를 원으로 확장시켰을 때 언제나 비슷한 꼴의 식이 나오는데, $\pi$를 쓰면 매번 추가로 2가 함께 나타나기 때문이다. 위에서도 벌써, 한 바퀴 회전이 $\pi$가 아니라 $2\pi$이고, $\pi$는 반 바퀴일 뿐이다. 또 삼각형의 넓이를 나타내는 식이 (밑변의 길이)×(높이)/2이다. 이를 이용하여 모든 정다각형의 넓이를 똑같은 모양의 삼각형으로 나누어 일관되게 계산할 수 있다. 계산해보면 해보면 (정다각형의 높이) = (둘레의 길이) ×(중심에서 각 변까지의 거리)/2라고 할 수 있다. 이제, (중심에서 각 변까지의 거리) 를 반지름 r이라고 생각하고 다각형의 둘레의 길이 대신 원주($2\pi r$)를 생각하면 원의 넓이 $r \times (2\pi r)/2$가 자연스럽게 나온다.

따라서 사람들은 $2\pi$를 더 자연스럽다고 보고 이를 하나의 기호로 쓰자고 주장했다. 이 수를 나타내는 기호는 $\tau$(그리스 알파벳 타우 tau)이다. $\pi$대신 $\tau$를 쓰면 식이 $\tau r^2/2$가 되어 자연스러운 모양이 된다. 글쓴이가 매번 헷갈리는 것은 뜻은 π에 2를 곱한 것인데 τ 기호는 π 기호를 반으로 나눈 것이 되기 때문이다. 그러나 τ 를 쓰자고 주장하는 사람들은 대신 이 글자를 회전을 나타내는 단어(그리스어 tornos, 영어turn)의 앞자로 기억하자는 제안을 한다.

글쓴이는 취지에 깊이 동감하면서도, 세상에서 가장 아름다운 오일러의 식이 망가질 것을 우려하여 τ 기호를 쓰기를 주저했다. 이를 사용하면 $e^{\tau i} = 1$이 되어 세상에서 가장 못생긴 식과 비슷해지기 때문이다. 그러나 τ 사용자들은 이에 대한 답도 마련해놓았다. 바로,

$$e^{\tau i} = 1 + 0$$

이 되어 다시 위에 설명한 모든 요소가 등장하기 때문이다! 자세한 것은 http://tauday.com을 참조하라.

38 상수 $e$의 다른 정의는, $x$에 대한 함수 $a^x$를 생각하여 얻을 수 있다. 여기에서 윗첨자 $x$는 거듭제곱을 실수에까지 확장한 것이다. 이 함수의 기울기가 $x=0$에서 1이 되는 $a$가 있는데 그 수를 $e$라 부른다. 아니면, 시간이 아주 많은 분은 $1 + \frac{1}{1} + \frac{1}{1 \cdot 2} + \frac{1}{1 \cdot 2 \cdot 3} + \frac{1}{1 \cdot 2 \cdot 3 \cdot 4} + \cdots$을 계산해도 $e$를 얻을 수 있을 것이다.

39 확률을 순수하게 수학적으로 정의할 수 있다(콜모고로프Kolmogorov). 어떤 사건이 일어날 경우의 수들의 집합을 생각하고, 경우의 수가 몇 개 포함되느냐에 따라 값을 갖는 함수를 생각할 수 있다. 이'확률 함수'는 모든 경우의 수를 다 고려하면 1이 되고, 아무 경우도 고려하지 않으면 0이 된다. 또 두 묶음의 경우의 수들이 중복되지 않으면(독립 사건), 전체 경우의 수의 함수는, 각 경우의 수의 함수값을 더한 것이 된다.

만약 경우의 수가 벡터로 나타난다면 복소 벡터의 절댓값 제곱이 방금 보았던 확률 함수와 정확히 똑같이 행동한다는 것을 보일 수 있다. 양자역학의 파동함수는 힐베르트 공간의 벡터로 생각할 수 있

다. 따라서 파동함수의 절댓값 제곱이 확률 함수의 정의를 똑같이 만족한다. 글리슨Gleasson의 정리에 따라, 이러한 확률 함수를 나타 낼 수 있는 것은 힐베르트 공간의 벡터들이나 밀도 행렬density matrix 뿐이라는 것을 보일 수 있다. 힐베르트 공간의 벡터 역시 밀도 행렬 로 나타낼 수 있다.

40 이를 디랙 표기법 또는 브라켓 표기법이라고 한다. 파동함수와 같은 복소 함수를, 벡터를 확장한 것으로 볼 수 있다. 파동함수 둘의 내적 은 자연스럽게 공간에 대한 적분으로 이해할 수 있는데, 이 때 두 파 동함수는 $\langle \varphi | \psi \rangle$ 처럼 쓴다. 괄호로 묶인 것과 같은 모양이다. 영 어로 괄호는 braket이다. 우리가 쓴 파동함수는 이의 반이라고 볼 수 있는데, $\langle \varphi |$ 는 bra 벡터, $| \psi \rangle$는 ket 벡터라고 부른다. 디랙의 재치 있는 이름붙이기를 따라, 우리도 $\langle \varphi |$를 괄 벡터, $| \psi \rangle$를 호 벡터라 고 부르면 어떨까? 왜냐하면 $\langle \varphi | \psi \rangle$는 괄호로 묶여있기 때문이다.

41 계수의 절댓값 제곱은 확률의 비율만을 준다. 그래도 비율 말고 확 률 자체를 다루는 것이 편리해서 다음처럼 쓴다.

$$\psi = \frac{1}{\sqrt{2}} \psi_1 + \frac{1}{\sqrt{2}} \psi_2$$

그러면 계수의 제곱은 각각 1/2로, 50%의 확률을 나타낸다.

42 아까와 같은 파동함수를 쓰는데 왜 이번에는 기둥 두 개가 아니라 넓 은 기둥 하나만 있을까? 실틈이 매우 좁으면 실틈을 떠난 직후에는 왼쪽 파와 오른쪽 파가 겹칠 겨를이 없어 두 기둥만 생긴다. 그러나 스크린이 실틈에서 멀리 있다면 왼쪽 파와 오른쪽 파가 더해진다.

43 전자공학을 배우면, 사인 함수를 쉽게 계산하기 위하여 임시로 복소 수를 만들어 쓰기도 한다. 이 경우는 어떻게 다를까?

가령 복소수를 쓰지 않고, 왼쪽 실틈에서 퍼진 파동을 $\cos kr_1$, 오른 쪽 실틈에서 퍼진 파동을 $\cos kr_2$로 기술할 수 있다(파동이 약해지 는 효과는 편의상 넣지 않았다). 여기에서 $k=2\pi/\lambda$이고, $r_1$은 왼쪽

실틈에서 스크린 위의 점까지의 거리, $r_2$는 오른쪽 실틈에서 스크린 위의 점까지의 거리이다. 이 둘이 간섭해서 생기는 복잡한 물결파는 $\cos kr_1 + \cos kr_2$ 로 기술하면 되는 것 아닌가. 겹실틈의 간섭무늬는 $|\cos kr_1 + \cos kr_2|^2$ 이다. 한편 복소수로 이를 나타내면, 왼쪽 실틈에서 퍼진 파동은 $e^{ikr_1}$, 오른쪽 실틈에서 퍼진 파동은 $e^{ikr_2}$로 나타낼 수도 있다. 파동함수의 합으로 간섭을 설명할 수 있고, 이의 절댓값 제곱 $|e^{ikr_1} + e^{ikr_2}|^2$이 비슷한 값을 준다. 만약 겹실틈과 스크린 사이의 거리가 충분히 멀면 $r_1$ 과 $r_2$가 거의 비슷하여, 간섭무늬로는 차이 $(\sin kr_1 - \sin kr_2)^2$가 0에 가깝다. 차이를 알 수 없다.

44  월터 무어 (1997)에서 인용.

45  Kopparapu (2013).

46  태양으로부터 지구의 거리가 지금보다 조금만 가깝거나 멀다면 우리가 살아있기 힘든 환경이 되었을 것이다. 이 문제는 조금 다른 문제이다.

47  **뉴턴의 중력 법칙:** 두 물체의 질량이 클수록 서로 세게 당기고, 거리 제곱에 반비례하게 약해진다. 쿨롱의 전기 법칙: 두 물체의 전하가 클수록 서로 세게 당기고, 거리 제곱에 반비례하게 약해진다.

48  절대 영도는 원자가 안정된 상태를 갖고 불필요한 외부 효과를 배제하기 위한 이상적인 조건이다. 우리가 사용하는 원자는 세슘-133이라는 원자이다. 모든 원자는 원자핵을 이루고 있는 양성자의 갯수로 분류할 수 있는데, 세슘은 양성자가 55개인 원자로 정의된다. 한편 모든 원자의 질량은 양성자와 중성자가 대부분을 차지하는데, 이들의 질량은 거의 비슷하다. 같은 세슘도 중성자의 갯수가 다른 동위원소가 있는데 특별히 우리가 원하는 성질을 가진 것은 중성자의 갯수가 78개(따라서 질량은 133)인 세슘이다. 세슘 원자의 바닥 상태는 6개의 스핀 상태를 가질 수 있다 (스핀 5/2)이 가운데 전자의 스핀이 원자의 스핀과 일정한 각도를 갖는 두 상태(F=4와 F=3라고 부

른다)이다. 이 두 상태의 에너지 차이가 있는데, 이때 광자가 방출 된다면, 광자의 진동수는 Hz(1초당 한번)의 단위를 가지므로 시간 을 정의할 수 있다.

49 제논의 역설이 떠오른다. 공간이 연속적이어서 여기에서 저기로 순 조롭게 갈 수도 있겠지만 공간이 이산적이면 이동은 어떻게 할 수 있을까? 예를 들면 바둑 판의 격자에서는 가로 19줄, 세로 19열 가 운데 한 위치만 차지할 수 있다. 이것도 19×19개의 파동함수가 중 첩되어 있고, 측정을 통하여 하나의 위치만 선택되는 과정을 통해 움직일 수 있을까? 상호작용이 이웃한 것만 있으면, 이웃한 칸으로 만 갈 수 있다.

50 로저 펜로즈 (1995). Tanner 강연에 호킹과 펜로즈의 논쟁 가운 데 호킹은 이런 말을 했다. "그런 [동물학대적인] 생각실험은 요새 는 가당치 않다. 그래도 헤르만 괴링이 했다고 기록된 '슈뢰딩거의 고양이라는 말을 들으면 총을 꺼낸다'는 말에 많이 공감한다." 그 러나 네티즌 EAS의 말에 따르면 괴링의 이야기는 사실 한스 요슈 트의 연극에 나오는 말이라고 한다. https://mattleifer.wordpress. com/2006/10/03/28/

51 CBS News. (2013, 9월). Cat videos take over Internet, mar- keting world. https://www.cbsnews.com/videos/cat-vide- os-take-over-internet-marketing-world/

52 정확히 말하면, 각 상태에 대한 파동함수는 일단 따로 써야 한다. 예 를 들어, (원자가 붕괴한 상태) ⋯ (망치가 움직인 상태)는 사실 원 자와 망치라는 두 물리 대상의 상호작용이다. 따라서 파동함수를 두 개 나란히 써서 |원자를 가져다놓은 상태> |망치를 연결해놓은 상 태>가 |원자가 붕괴한 상태> |망치가 움직인 상태>로 변환되는 것 이다. 연결고리로 이어지는 것이 많으면 그만큼 파동함수가 많이 겹 쳐진다(곱해진다).

**53** 원자의 붕괴를 설명하는 것은 약한 상호작용이다. 가장 널리 알려진 것은 베타 붕괴인데, 중성자가 양성자, 전자, 반중성미자로 바뀌는 것이다. 방사선은 이 전자가 나오는 것이고, 베타 붕괴에서 나왔기 때문에 베타선이라고 부른다. 베타 붕괴가 일어나는 것은 이 네 입자들이 서로 상호작용하기 때문이다. 우리가 양자역학(의 상대론적인 확장인 양자마당 이론)을 통해서 알 수 있는 것은 이들이 상호작용할 확률 뿐이다. 즉, 우리가 이해하는 것은 이들이 무너질 시간당 확률이나 반감기밖에 알 수 없다. 대강 말하면 양자 상태는 에너지와 시간의 불확정성 원리 때문에 짧은 시간동안 순간적으로 에너지가 넘칠 수 있다. 이 에너지 넘침이 성냥에 불을 붙이듯 반응을 일으키고 더 안정된 에너지 상태로 갈 수 있다.

**54** 여기에도 문제가 있긴 하다. 고전적인 대상도 맥락이 없으면 아무 이해를 할 수 없다. 네커 정육면체Necker cube라고 하는 다음 그림을 보자. 입체 도형을 평면에 그리는 방식을 이해한 사람은 이를 육면체로 본다. 반면 이런 경험이 없는 사람에게는 평면의 선들로 보인다.

이 그림에 익숙해진 사람은 이 상자를 2차원 도형들로 보기가 오히려 더 힘들다. 입체로 보인다고 하더라도 이 상자의 앞면이 어느 면인지 한번 생각해보자.

덜 익숙한 그림이 있는데, 정육면체를 위에서 본 다음 그림이다.

이 그림이 3차원 입체로 보이기 시작한다면, 어디가 윗면이고 어디가 바닥 면인지 다시 한번 생각해보자.

446

어떤 것도 경험이 없으면 내가 보는 것이 무엇인지 알 수 없다는 이 성질을, 노우드 러셀 헨슨은 관찰의 이론 의존성Theory dependence of observation이라고 한다. 헨슨(2007)을 참조하라.

이런 이상한 것들을 눈으로도 볼 수 있다. 현대 미술의 큰 부분이 이런 문제의식을 가지고 있다. 끊임없이 우리의 시각 인식에 대한 의문을 제기한다. 가령 글쓴이는 이 글을 쓰는 동안 "What is art? - 현대미술 쉽게 보기" 전시회에서 보는 것과 실재하는 것에 대한 생각을 많이 할 수 있었다.

55 광자의 편광을 재는 것도 편광판을 통과하고 나서 스크린에 빛이 점을 남기는 것으로 알 수 있다. 복굴절을 이용하면 다른 편광상태는 다른 경로를 따라 굴절한다. 이것도 위치로 잰다. 전자의 스핀을 재는 슈테른-게를라흐 실험도 스핀 때문에 입자의 경로가 나뉘는 것으로 스핀을 잰다.

모든 물리량은 위치로 변환해야만 측정할 수 있다는 성질은 양자역학의 해석에서 중요하게 작용한다. 광자의 편광이나 전자의 스핀도 실재하는지 단언할 수 없다. 고전역학의 각운동량에 해당하는 상호작용을 일으키기는 하지만 실제로 광자가 흔들리거나 전자가 자전하는 것은 아니다.

56 운동량은 질량과 속도를 곱한 양이다. 모든 물체의 질량이 같으면 속도만 생각하면 될 것이다. 그러나 운동량이 속도보다 더 근본적인 개념이라고 생각해야 되는 상황들이 있다.

첫째, 우리는 사실 전자와 같은 물체의 속도를 관찰한 적이 없다. 고전적인 상황에서는 물체가 이동하는 모습이 순간순간 보이지만 전자는 그렇지 않다. 전자의 속도를 재는 유일한 방법은 위치를 두 번 재어, 시간으로 나누어 보는 것이다. 위치만을 잴 수 있다. 그럼에도 불구하고 운동량은 필요하다. 현재 위치에서 시간이 흘러 어디로 갈 지 예측하려면 운동량을 알아야 한다.

둘째, 전자기 힘을 받아 움직이는 전자를 이해하려면 수식을 써서 조금 더 형식적인 면을 생각해봐야 하는데, 운동량에 전자기마당의 기여를 더한 것이 속도로 해석된다. 전자기학이나 양자마당 이론 책에서 Peierls 대입Peierls substitution 또는 최소 결합minimal coupling 을 참조하라.

셋째, 4장에서 배우게 될 해밀톤 역학에서는 위치와 운동량을 기본 개념으로 보는데, 운동량은 파면이 퍼져나가는 느리기와 관계가 있다.

57 더글러스 호프스태터. (1979). 괴델, 에서, 바흐. ···Ant Fugue에 나오는 이야기를 바탕으로 했다.

58 사실 각 음을 듣는 것도 그렇다. 공기가 귀의 고막을 일정하게 흔드는 것이 소리로 들린다. 만약 공기가 고막을 1초에 한 번 꼴로 흔들면 소리가 들리는 것이 아니라 고막이 흔들린다고 생각할 것이다.

59 우리는 소리가 그렇게 흔들리는데 그런 소리가 나리라는 감흥을 이해할 수 없다. 빛이 그렇게 흔들리는 것이 왜 다른 색으로 보일지 이해할 수 없다. 물론 직접 보는 것과 빛이 얼마나 자주 움직이는지는 관계가 없다. 음악과 같이 같은 성질을 가진 것이 계속 정도가 심해지는 것이 아니라 완전히 다른 색으로 보이는 것이다. 이는 33장에서 더 자세하게 다룰 것이다.

60 Tegmark, Max (1998)에서 재인용.
Tegmark (1998)는 양자 자살을 통하여 외부 세상을 알 수 있다고 주장한다. 영화 인셉션Inception에서 극단적인 행동을 통하여 한 단계 위의 세상으로 나가는 것과 같은 원리이다.

61 펜로즈 외 (2002).

62 동료 데이빗 무디가, 데이빗 봄이 물리학과 철학에 모두에 대해 조

금 잘 알고 있다고 했던 것에 대하여. Towler, Mike. 케임브리지 강의록. http://www.tcm.phy.cam.ac.uk/~mdt26/PWT/lectures/bohm7.pdf

63 따라서 왜 슈뢰딩거 방정식이 파동의 고유방정식이 되는지, 파동함수를 $re^{iS/\hbar}$ 꼴로 놓아야 하는지를 결과적으로 설명할 수 있다.

64 이 상태는 원자 상태와 고양이 상태의 얽힌 상태이다. 즉 측정은 언제나 얽힌 상태를 만든다. 상호작용은 언제나 얽힌 상태를 만든다. 얽힘에 대해서는 4부를 참조하라.

65 밝기와 빛이 담고 있는 에너지는 비례한다. 에너지는 움직이는 양의 제곱에 비례할 때가 많다. 용수철이 압축되거나 늘어날 때, 이 용수철에 축적된 에너지는 변화된 길이의 제곱에 비례한다. 잘 알고 있는 것처럼, 일정한 속도로 이동하는 물체의 운동 에너지는 속도의 제곱에 비례한다. 화살표가 나타내는 것은 전기마당 또는 자기마당의 세기라고 할 수 있는데, 역시 이 파동의 에너지는 화살표 길이의 제곱에 비례한다.

66 디랙 (1958) 2장이나 Maudlin (2011) 1장을 참조하라.

67 함수도 기하학의 벡터처럼 내적을 정의할 수 있다. 벡터의 내적을 정의할 수 있으면 크기도 정의할 수 있다는 말이다. 이렇게 벡터의 성질을 함수로 확장하는 것을 힐베르트Hilbert벡터라고 한다. 이 함수(힐베르트 벡터)들이 사는 공간을 힐베르트 공간이라고 한다. 양자역학 표준 교과서를 참조하라.

68 그러면 벡터로 쉽게 표현할 수 없는 원편광도 나타낼 수 있다. 파동 함수의 계수의 제곱은, 복소수에 대해서는 절댓값 제곱을 생각하게 된다.

69 원문: If, without in any way disturbing a system, we can predict with certainty (i.e., with probability equal to unity) the value of a physical quantity, then there exists an element of reality

corresponding to that quantity.

**번역:** 만약 계를 망가뜨리지 않고 확실하게 (즉, 1의 확률로) 어떤 물리량의 값을 예측할 수 있다면, 그 양에 대한 실재적인 요소가 있다고 할 수 있다.

70 교환가능성은 원래 측정이 아닌 연산자에 대하여 쓰는 말이다. 실제로 측정할 수 있는 물리량에 대하여 양자역학에는 연산자operator 가 존재한다. 양자역학에서는 계에 대한 정보가 파동함수에 들어 있기 때문에, 파동함수에서 물리량을 끌어내는 것은 연산자에 대한 기댓값(또는 고유방정식)이다. 이 기댓값을 실험의 관측값과 비교하게 된다.

파동함수는 힐베르트 공간의 벡터로 주어지며, 선형 대수학에서 한 벡터를 다른 벡터로 변환시켜 주는 함수(또는 사상)을 연산자라고 한다. 연산자를 두 개 벡터에 가하게 되면, 가하는 순서에 따라 다른 벡터를 준다. 이를 연산자가 교환가능하지 않다고 하는 것이다. 여기에 대응하는 실제 행동이, 해당하는 물리량의 측정으로 나타나므로, 이 책에서는 측정이 교환가능하지 않다는 말을 비슷한 뜻으로 쓰겠다.

71 얽힘entanglement이라는 단어의 어원. E. Schrödinger. (1935). Discussion of Probability Relations between Separated Systems, Mathematical Proceedings of the Cambridge Philosophical Society, 31 (04).

72 어떤 원자의 특정한 상태로 전자가 들뜨면, 중간 들뜬 상태와 바닥 상태로 줄줄이 내려오면서cascade 광자 두 개를 거의 동시에 쏠 수 있다. 프리드만Freedman과 클라우저Clauser는 칼슘 원자의 $4p2\ {}^1S_0$ 상태에서 $4s\ 4p\ {}^1P_1$으로 떨어지고 $4s2\ {}^1S_0$으로 연속하여 떨어지면서 초록색과 보라색 광자 둘이 나오도록 하는 실험장치를 처음 만들었

으며, 이후 실험가들도 이와 비슷한 상태를 이용하여 실험하였다.

여기에서 중요한 것은 한쌍의 광자를 동시에 만드는 것보다는 두 광자가 서로 반대 방향으로 날아가고 편광(각운동량)의 얽힌 상태를 본문처럼 만드는 것이 중요하다.

73 잔잔한 호수 위에 배가 두 척 가만히 떠있다. 한 쪽 배에서 다른 쪽 배를 밀면, 밀린 배가 움직이기 시작할 뿐 아니라, 민 사람의 배도 반대쪽으로 움직인다. 배를 밀려고 고생해서 힘을 준 것은 한 쪽뿐이지만, 자신은 가만히 있고 한쪽 배만 움직이도록 할 방법은 없다. 외부에서 이들을 건드리지 않고 이들끼리 힘을 주고받는다면 이 때 변하지 않는 양이 있다. 이것이 운동량이다.

마찬가지로 회전에 대해서도 보존되는 것이 있다. 배를 타고 갑자기 문을 열면 배는 반대 방향으로 돌아간다. 이번에는 돌아가는 것의 총량이 보존되기 때문이다.

가만히 있는 원자에서 두 개의 광자 동시에 나온다면 각운동량이 보존되어야 한다. 빛의 각운동량은 편광과 관계가 있다. 만약 광자 하나가 시계 방향으로 돌고 있었다면 다른 하나는 반시계방향으로 돌아야 한다. 이를 선편광으로 비슷하게 환원할 수 있다. 광자 하나가 위아래로 편광이 되어 있었다면 다른 하나는 좌우 방향으로 편광이 되어 있어야 한다.

74 만약 오른쪽 광자를 개의치 않고 왼쪽에서만 측정한다면, 편광판을 통과한 광자가 검출될 확률은 반이다. 첫 번째와 두 번째 경우가 이에 해당하는데, 확률이 같은 네 경우 중 두 경우이므로 반이다. 따라서 이 말을 바꾸어 말하면 다음과 같다.

왼쪽에서 상하로 편광된 광자가 검출되었다면(앞 절에서 보았던 것처럼 두 번에 한 번 꼴일 것이다), 오른쪽에서도 똑같이 편광된 광자가 검출된다.

따라서 한 쪽 광자가 스크린에 검출되었다면, 그 광자의 편광을 알 수 있으며, 다른 쪽 광자의 편광도 알 수 있다.

광자를 하나씩 쏘지 않고 이들의 다발인 빛을 쏘아서는 이러한 상관관계를 알 수 없다. 두 가지 경우가 고루 섞여, 양쪽에 원래 밝기의 반인 빛이 도달하기 때문이다.

75 일반적으로 양쪽 편광판이 서로 평행이 아닐 수 있다. 이때 사잇각을 잴 수 있다. 이제 한 광자가 한쪽 편광판을 통과했다는 것을 알았다고 하자. 그러면 말루스의 법칙을 이용하여, (다른 광자가 반대편 편광판을 통과활 확률) = (사잇각의 코사인 제곱)임을 확인할 수 있다.

76 팀 로빈스와 멕 라이언이 나오는 영화 〈아이큐〉(I.Q., 1994)는 아인슈타인의 숨겨진 천재 조카가 있다는 설정으로 시작하는 가상의 이야기를 담고 있다. 거기에서 아인슈타인과 장난꾸러기 친구들이 등장하는데 이들이 바로 현대의 양자역학을 시작시킨 논문의 공저자 포돌스키와 로젠이다(라고 생각했는데, IMDB에 찾아보니 포돌스키는 나오지만 로젠은 안 나오나 보다).
http://www.alamy.com/stock-photo-joseph-maher-gene-saks-walter-matthau-iq-1994-78307388.html

77 빛이라는 특정한 것이 중요한 것이 아니라, 물질이 서로 주고받는 영향의 전달 속력이 있다. 빛이 대표적으로 이 속력에 따라 움직이기 때문에 흔히 빛의 속력을 이야기한다. 빛보다 빠르게 신호를 전달할 수 있다면 원인과 결과에 문제가 생긴다. 보는 사람에 따라 결과가 먼저 일어나고 원인을 나중에 관찰하게 되는 것이다. 예를 들면, 깨졌던 유리가 점점 질서 정연해지면서 깨지기 전의 유리를 보게 된다. 죽었던 사람이 살아나면서 가슴에서 총알이 빠져나가 총으로 들어가고, 방아쇠를 당겼던 손이 풀어지는 것이다. 빛보다 빠르게

있다는 가정 아래, 이는 객관적인 관찰이어서, 누구나 그 사람의 관찰이 옳다는 것을 객관적으로 인정할 수 있다. 세상이 돌아가는 것에 모순이 생기는 것이다. 자세한 것은 최강신 (2016)을 참조하라.

78 측정한 다음에는 파동함수를 재구성할 수 있어야 한다. EPR의 원래 논문에는 나와 있지 않지만 아마도 이들은 다음과 같은 상황을 생각했을 것이다. 지구에서 |어떤 편광⟩이 |↑⟩성분을 가지고 있고, 구지에서 지구에서 |어떤 편광⟩이 |↗⟩편광을 가진다는 것을 알았으므로 이 두 정보를 조합하면

$$|어떤 편광⟩ = a\,|↑⟩ + b\,|↗⟩$$

로 재구성할 수 있다고 기대했을 것이다.

편광 성분만을 알았지 이들이 어떤 비율로 결합되었는지는 아직 모르는 복소수 $a$, $b$를 측정해서 결정해야 한다.

EPR은 앙상블 해석을 지지했다. 즉 파동함수가 광자 한 쌍에 대한 정보를 나타내는 것이 아니라 비슷한 실험을 여러 번 했을 때 나오는 통계적인 정보를 파동함수가 요약한다고 생각했다. 만약 똑같이 준비된 광자가 백만 개쯤 있으면 |↑⟩성분을 가질 확률과 |↗⟩성분을 가질 확률을 통계적으로 측정할 수는 있다. |↑⟩성분으로 측정된 광자가 오십만 개쯤, |↗⟩성분으로 측정된 광자도 오십만 개쯤 있을 수 있기 때문이다. 따라서 계수의 절댓값 제곱의 비는

$$|a|^2 : |b|^2 = 1{:}1$$

이다.

이는 사실상 편광을 고전적으로 측정하는 것이다. 만약 파동함수가 광자 한 쌍에 대한 정보를 나타낸다고 믿는 사람에게는 비슷한 광자를 만들어 여러 번 실험한다는 것이 의미가 없을 것이다.

그러나 고전적으로도 해결되지 않는 문제가 있다. 절댓값 제곱을 안다고 해서 복소수를 알 수 있는 것은 아니기 때문이다. 특히 편광판

과 축이 일치하기만 하면 광자는 통과한다. 예를 들면 [ | ] 편광판은 $|\uparrow\rangle$ 상태의 광자와 $|\downarrow\rangle$ 상태의 광자를 구별하지 않고 통과시킨다. 따라서 지구에서는 [ | ] 편광판을 통과했다고 하더라도 $|\uparrow\rangle$인지 $|\downarrow\rangle$인지 구별하지 못하기 때문에, 구지에서 얻은 결과를 가지고

$$|\uparrow\rangle + |\nearrow\rangle, \quad |\downarrow\rangle + |\nearrow\rangle, \quad |\uparrow\rangle + |\diagdown\rangle, \quad |\downarrow\rangle + |\diagdown\rangle$$

가운데 어떤 것을 만들어야 할 지 결정할 수 없다. 다만 첫 번째 상태와 네 번째 상태는 전체 부호만 다르므로, 파동함수 전체의 크기가 중요하지 않은 양자 역학에서 같은 상태라고 볼 수 있다, 두 번째 상태와 세 번째 상태도 마찬가지이다. 그러나 첫 번째 상태와 두 번째 상태를 쉽게 구별할 수는 없다.

79  봄의 전통에 따라 대부분의 책은 편광이 아니라 스핀 1/2 상태를 사용한다. 그러면 $x$방향 스핀과 이에 90도 돌아간 $z$방향이 수직인 것처럼 느껴진다. 실제 공간은 수직이지만 스핀 1/2상태의 $x$방향 고유상태와 $z$방향 고유상태들은 수직이 아니다. 따라서 이들을 $x$, $z$성분으로 분해해봤자 별 도움이 되지 않는다.

이를 스핀 1 광자의 편광으로 써보면, $\uparrow$방향 고유상태와 $\nearrow$방향 고유상태로 분해하게 되는데 사실 이는 편광을 실체로 본다고 해도 의미 없는 두 방향이다. 이 둘은 수직인 방향이 아니기 때문이다. $\uparrow$방향과 →방향 성분을 알아도 도움이 안 된다. 이 둘은 교환가능한 방향이기 때문이다.

80  Bertlmann and Zeilinger (2002)에서 인용.

81  가령 $|\uparrow\rangle - |\nearrow\rangle$ 상태는 [ | ] 성분을 1 만큼 가지고 있고, [ / ]성분을 -1 만큼 가지고 있다. [—]성분도 가지고 있는데 이를 구하기 위해서는 상태를 다시 전개하여 계수를 읽으면 된다.

$$|\uparrow\rangle - |\nearrow\rangle = |\uparrow\rangle - \frac{1}{\sqrt{2}}(|\uparrow\rangle + |\rightarrow\rangle) = \frac{\sqrt{2}-1}{\sqrt{2}}|\uparrow\rangle - \frac{1}{\sqrt{2}}|\rightarrow\rangle$$

82  양쪽으로 간 광자쌍의 편광을 어떻게 동시에 측정할까? 이들은 빛으

로 신호를 주고받을 수 없을 정도로 멀리 떨어져 빨리 측정된다. 역시 편광판을 통과시켜 보아서, 이를 통과하여 스크린에 점을 남기는지를 확인하면 된다. 두 지점 A, B를 동시에 측정하여 한 번에 한 쌍씩 결과를 비교해보면 된다. 물론 양쪽 실험 결과를 동시에 볼 수 없으니 나중에 비교해보고 그것이 동시에 이루어졌다는 것을 추정해야 한다.

이를 구현하려면 잘 맞추어진 두개의 시계를 스크린에 놓고 나중에 기록된 시간을 함께 살펴보면 된다. 왼쪽 스크린에 점이 찍히면 시간 기록계를 작동하여 점이 찍힌 시각이 오후 4시 37분 22초라는 것을 기록할 수 있다. 마찬가지로 오른쪽 스크린에 점이 찍힌 시각도 오후 4시 37분 22초라는 것을 기록할 수 있다. 이 두 시각을 실시간으로 동시에 확인할 수는 없지만 (왜 그럴까 생각해보자) 나중에 두 시계를 모아서 같은 시각이 기록되어 있는지 확인해볼 수는 있다. 기계와 스크린의 거리가 같다면 이 두 광자는 동시에 발사된 것이다. 거리가 다르더라도 광자의 속도를 알기 때문에 동시에 나온 광자쌍인지를 확인할 수 있다. 이러한 방법으로 정밀하게 측정해보면 위의 결과와 같이 양쪽에 동시에 점을 남긴다는 것을 알 수 있다.

사실 광자를 한 쌍씩 비교하면 충분히 실험을 반복하는 데 오랜 시간이 걸린다. 1초에 수천 개씩은 광자를 만들어야 오류를 통계적으로 줄일 수 있다. 그러면 두 검출기에 관찰된 광자 한 쌍이 동시에 만들어졌는지는 어떻게 확인할 수 있을까? 거리와 시간을 아무리 정밀하게 측정한다고 하더라도 무수히 많이 만들어지는 광자쌍 두 개를 콕 찍어 구별할 수 있어야 한다.

하나의 광자로는 구별할 수 없지만 여러 개의 광자로 신호의 묶음을 보내면 된다. 예를 들면, ↑편광을 1 로, →편광을 0 으로 신호를 만들어 보낼 수 있다. 가령, 왼쪽 측정장치에서 000110110010100

을 측정했고, 오른쪽 측정장치에서 111001001101011 을 검출한 기록이 남아 있다면 이들을 맞추어 볼 수 있다. 다음 표에 보면 잘 겹치는 부분이 있고(짙은 색으로 표시하였다), 이들이 항상 반대 편광을 가지고 있다는 것을 확인할 수 있다.

| 0 | 0 | 0 | 1 | 1 | 0 | 1 | 1 | 0 | 0 | 1 | 0 | 1 | 0 | 0 |
|---|---|---|---|---|---|---|---|---|---|---|---|---|---|---|
| 1 | 1 | 1 | 0 | 0 | 1 | 0 | 0 | 1 | 1 | 0 | 1 | 0 | 1 | 1 |

실제 실험에서 이렇게 확인하기가 말처럼 쉽지는 않다. 광자가 이상한 곳으로 날아가서 검측이 안되거나 이상한 곳에서 날아온 다른 물체가 측정 장치를 건드려서 광자를 측정한 것으로 오류를 일으킬 수도 있다. 그래서 이렇게 신호가 겹치는 부분이 100% 일치하지 않고 90%정도만 일치해도 충분히 우리가 원하는 정도로 정확하게 광자쌍의 편광을 확인할 수 있다.

실제 실험에서는 이렇게 임의의 방향으로 편광판을 1초에 수천 번씩 계속 바꾸어야 하기 때문에 특별한 아이디어와 장치가 필요하다. 측정하기 직전 편광축 방향을 바꾸어가면서 측정하는 것은 너무 힘들다. 원자의 움직임에 비해 돌려야 할 편광판이 너무 무겁기 때문이다. 이를 제일 먼저 해결한 것은 알랭 아스페Alain Aspect의 연구팀이었다.

84 편광판을 돌리는 것이 아니라, 편광에 따라서 광자가 다른 곳으로 이동하는 장치를 만들었다. 이를 통하여 처음으로 벨 부등식을 확인하였고 이후 더 정교한 실험들이 벨부등식을 통하여, EPR의 예측이 틀리고 양자역학이 맞다는 것을 더 확신해 가고 있다.

85 If [숨은 변수 이론] is local it will not agree with quantum mechanics, and if it agrees with quantum mechanics it will not be local. This is what the theorem says. 벨(2004), 65 쪽.

86 빛으로 하는 실험의 한계는, 편광을 확인하는 실험은 언제나 측정할

수 없는 상태가 있다는 것이다. 가령, 편광축을 상하로 해서 편광판을 놓으면, 좌우 편광된 빛은 편광판을 통과할 수 없다. 광자 하나만 쏘았을 때는, 쏜 광자가 편광판에 흡수되어서 통과하지 못했는지, 아예 처음부터 빛을 쏘지 않은 것인지를 구별할 수가 없다.

전자의 스핀을 측정하는 실험은 이 한계를 극복할 수 있다. 언제나 모든 상태를 살릴 수 있다.

87 편광되지 않은 광자도 있을까? 임의의 각도로 편광된 빛이 들어오는 것을 흔히 편광이 안 되어 있다고 할 수 있다. 편광이 되어있느냐 하는 것은 측정장치가 얼마나 정밀한가와 관계 있다. 측정장치가 충분히 정밀하다면 언제나 편광된 빛을 보게 될 것이다. 빛을 받는 부분이 너무 넓어서 한꺼번에 하나씩 빛을 받는 것이 불가능하면, 충분히 작게 수광부를 만들 수 있다. 또 광자를 빨리빨리 볼 수 있다면, 광자 하나는 빛의 편광 각도를 계속 잴 수 있다면 15, 34, 182, 322도… 계속 편광된 빛이 닿을 것이다.

그러나 이는 고전적인 개념이다. 양자역학에서는 이러한 빛의 편광이 모두 중첩될 수 있다. 중첩된 성분의 평균이 0 이면 편광되었다고 할 수 있을 것이다.

그러나 양자역학의 얽힌 상태는 (적어도 코펜하겐 해석에 따르면) 편광상태가 아예 없는 것들이다.

88 그렇다면 '빛보다 빠른 세상'이 되는 것인가?

89 이를 검출 허점detection loophole이라고 한다.

90 해킹, 이언. 정혜경 옮김. (2012). 우연을 길들이다. 바다출판사.

91 에드워드 위튼의 말. Wolchover (2017)에서

92 원본 파동함수 |A⟩를, 크기가 1인 어떤 틀 파동함수 |e⟩에 복사한다고 하자.

수학적으로는 상태 |A⟩|e⟩을 유니터리 변환하여 복사된 함수 |A⟩|A⟩

를 얻는 것이 목표이다(위상은 생략한다). 다른 파동함수 |B⟩도 같은 방법으로 복사할 수 있다고 하면 ⟨B|에 와 |e⟩|A⟩를 내적하여 ⟨B|A⟩⟨e|e⟩를 얻고 이를 복사하여 ⟨B|A⟩⟨B|A⟩를 얻을 수 있다. 그런데 ⟨e|e⟩의 크기는 1 이고 이 변환은 유니터리 변환이므로 |⟨B|A⟩|² = |⟨B|A⟩| 이 된다. 이를 만족할 수 있는 것은 |A⟨ = |B⟩ 이거나 수직일 때 뿐인데 둘은 다르다고 했으므로 이를 일반적으로 만족하는 것은 불가능하다.

93  원리는 같지만 사실은 스크린 대신 CCD 소자를 이용한다. 작은 전자나 빛이 들어오면 형광 물질에 에너지를 전달하여 빛이 켜지도록 한 뒤, 이 빛을 증폭시킨다. 이는 한 순간에 일어나지만 우리는 저장장치에 화상을 담아 기록할 수 있다. 점들을 겹쳐 기록한 것이다.

94  우리가 사물을 볼 수 있는 것은 두 가지 경우이다. 사물 자체 그 색의 빛이 나오는 경우인데, LED 전광판에서 초록색이나 주황색 빛은 반도체에서 탄생한 빛이 직접 나오는 것이다. 레이저 포인터에서 나오는 빨강색이나 초록색 또는 우리가 블루레이 디스크에 들어 있는 푸른 레이저도 진짜 그 색의 빛이다. LCD 텔레비전에서 나오는 것은 그 색의 빛이 직접 나오는 것이 아니라 백라이트에서 나온 흰색 빛이 빨강, 파랑, 초록색 필터에 걸러져서 나온 색을 보는 것이다. 어떤 필터에 얼마나 걸러지느냐에 따라 색이 다르게 흡수되고 남은 색이 나오는 것이다.

그러나 이는 많이 인위적인 장치이고, 실제로 우리가 사물을 보는 것은 물체에 반사된 빛을 보는 것이다. 나뭇잎이 초록색인 것은 흰색 태양빛이 나뭇잎에 부딪히면서 초록색을 제외한 빛을 흡수하기 때문이다. 검은 물체는 들어온 빛을 거의 다 흡수하고 반사하는 빛이 거의 없다.

우리가 빛을 받아들이고 색을 알아 보는 것은 LCD 텔레비전에서 빛을 만들고 색을 만드는 과정과 정확히 반대이다. 눈의 망막에는 막대 모양(간상, 기둥 모양) 세포와 원뿔 모양(원추) 세포가 있다. 원뿔 세포는 세 종류가 있는데 각각 빨강, 초록, 파랑에 민감하다. 빨강색을 보면 빨강색을 잘 감지하는 원뿔 세포는 밝은 빛을 보는데 초록, 파랑색을 보는 세포는 어두운 빛을 본다. 이를 우리 뇌에서는 빨강색이라고 판단한다.

한편 노란색을 볼 때는 빨강색 세포와 초록색 세포가 비슷한 밝기의 빛을 본다. 이를, 우리 뇌는 노란 색을 본다고 생각한다.

95  이 장의 내용은 Arnol'd (1989)의 46 장을 따른다.

96  이것도 모르고 저것도 모르므로 이 둘은 '모르는 것'으로 통합되었다.

97  이 경로 적분을 식으로 써보면 아주 이상한 적분이 된다. 원점에서 x로 가는 경로를 10개로 쪼개면 $\int dx_1 \int dx_2 \int dx_3 \cdots \int dx_{10}$ 을 적분해야 한다. 그러나 실틈의 겹겹은 한없이 가까이 해야만 빈 공간을 만들 수 있으므로, 10개로는 부족하고 경로를 무한히 많이 쪼개야 한다. 적분을 무한히 많이 해야 한다. 그래서 처음에는 수학자들이 파인만 적분을 받아들일 수 없었다. 오히려 이 적분 방법이 수학의 적분을 새로운 방향으로 발전시키게 되었다.

# 우연에 가려진 세상

생각실험으로 이해하는 양자역학

**초판 1쇄 인쇄**   2018년 1월 11일
**초판 2쇄 발행**   2022년 10월 18일

**지은이**   최강신

**펴낸곳**   (주)엠아이디미디어
**펴낸이**   최종현
**기획**   김동출
**편집**   최종현
**디자인**   김민정
**경영지원**   윤 송

**주소**   서울특별시 마포구 신촌로 162, 1202호
**전화**   (02) 704-3448      **팩스**   (02) 6351-3448
**이메일**   mid@bookmid.com      **홈페이지**   www.bookmid.com
**등록**   제2011 - 000250호
**ISBN**   979-11-87601-56-2 93430

책값은 표지 뒤쪽에 있습니다. 파본은 구매처에서 바꾸어 드립니다.